石油和化工行业“十四五”规划教材

化学实验室安全原理

RAMP原则的运用

许峰 赵艳 刘松 主编

化学工业出版社

·北京·

内容简介

《化学实验室安全原理：RAMP原则的运用》以目前国际上普遍采纳的化学实验室安全教育的科学原则——RAMP原则为主线，将化学实验室安全教育课程分为6章，分别是：绪论、识别危害（R）、风险评估（A）、风险最小化（M）、应急预案/环境保护（P）以及实验室安全文化和实验习惯。书中列有大量的实验室安全事故案例，以警示读者居安思危，提高安全意识。每章后附有参考文献和习题，书后附有运用RAMP原则分析具体实验的案例。

本书可作为高等院校化学类、化工类和材料类相关专业本科生及研究生的实验室安全课程教材，也可供实验室管理人员参考使用。

图书在版编目（CIP）数据

化学实验室安全原理：RAMP原则的运用/许峰，赵艳，刘松主编．—北京：化学工业出版社，2023.8（2024.9重印）

ISBN 978-7-122-43780-8

Ⅰ.①化… Ⅱ.①许…②赵…③刘… Ⅲ.①化学实验-实验室管理-安全管理-教材 Ⅳ.①O6-37

中国国家版本馆CIP数据核字（2023）第125058号

责任编辑：汪 靓 宋林青　　装帧设计：史利平

责任校对：王鹏飞

出版发行：化学工业出版社（北京市东城区青年湖南街13号 邮政编码100011）

印　装：大厂聚鑫印刷有限责任公司

787mm×1092mm 1/16 印张 $14\frac{3}{4}$ 字数363千字 2024年9月北京第1版第2次印刷

购书咨询：010-64518888　　售后服务：010-64518899

网　址：http://www.cip.com.cn

凡购买本书，如有缺损质量问题，本社销售中心负责调换。

定　价：42.80元

前言

高校实验室是高等教育中开展科学研究和实验教学的主要场所，承载着培养新时代创新型人才和科技创新的使命。实验室安全是高校安全工作的重要组成部分，实验室安全教育已经被纳入大多数高校相关专业的本科和研究生教学培养方案。强化安全意识、培养安全道德、提高安全知识水平，是培养高素质人才不可或缺的一环。同时，随着我国经济和科技的进步，近年来，蓬勃发展的化学科研机构与化工生产行业也越来越重视改善生态环境、提高居民安全和增进民生福祉，“绿水青山就是金山银山”的绿色发展理念已经深入人心。为了顺应和契合社会对安全、绿色发展方向的需求，高校化学实验室安全课程的内容和形式也正在被不断地探索和调整。

自 2015 年以来，湖南大学化学化工学院面向不同专业学生开设了化学实验室安全的专业核心课程和通识课程。在对课程教学进行不断反思、调研和整理之后，本教材应运而生。本书主要包括以下三大特色：（1）系统性和国际性：本书以目前国际上普遍采纳的化学实验室安全教育的科学原则——RAMP 原则为主线。“RAMP”一词是“Recognize hazards（识别危害）”“Assess risks（风险评估）”“Minimize risks（风险最小化）”“Prepare for emergencies/Protect environment（应急预案/环境保护）”四个英文词组的首字母缩写。美国化学会网站安全专栏曾对该原则进行了重点介绍，John Wiley and Sons 出版社的化学实验室安全经典教材 *Laboratory Safety for Chemistry Students* 将该原则作为主线组织教学，当前以该原则为主题的教学研究论文也层出不穷。尽管如此，国内目前还没有一本以运用 RAMP 原则为主线的化学实验室安全教材，本书力争填补这一空白，为我国化学实验室安全教育提供新的视野。（2）可读性和专业性：本书搜集了许多化学实验室及相关行业的安全事故案例，并对世界著名高校化学实验室的相关安全网页和安全管理进行了调研、整理和归纳。同时，本书内容不仅引用了大量化学实验室安全领域与安全教育最新学术成果，还从其他学科（如分子毒理学、安全管理学等）中吸收相关专业知识，试图为学生揭示化学实验室安全知识背后更深层次的原理。（3）面向学生：化学实验室安全牵涉人员广泛，不仅包括学校的分管领导、有关职能部门、二级院系和实验室安全管理人员，还有为数众多的学生。本书编写的角度正是针对后者——实验室中真正负责实验方案设计和操作的实验人员、可能有着不同学习背景和实验经验的学生。希望通过本书，帮助实验人员系统掌握化学实验室安全知识、技术和管理规定，深入思考它们的原因和原理，通过安全知识和科学原理二者的融合，达到相得益彰的效果，进而提高实验人员参与实验室安全文化建设的主动性以及化学行业人员的安全意识和职业道德。

本书共分 6 章，包括：绪论、识别危害、风险评估、风险最小化、应急预案/环境保护、实验室安全文化和实验习惯。每章后附有习题和主要参考文献。此外，书末还附有将 RAMP 原则运用于实验的简单案例。

本书得到国家自然科学基金项目（基于 RAMP 原则的化学实验室安全教育的传播与科普，批准号：22142012）基金资助，在此表示感谢。

由于时间仓促及作者水平有限，书中难免存在缺点和错误，敬请广大读者批评指正，在此表示衷心的感谢。

许峰　赵艳　刘松

2023 年 3 月

目录

第 1 章

绪 论

1.1 安全是科学的一部分

1.1.1 化学实验室安全课程的现状

近些年来，各类实验室安全事故时有发生，总会引起广泛的关注和讨论。表 1.1 中列举了近十几年来全球范围内影响较大的高校实验室安全事故[1]。这些事故，既有可能发生在我们身边，也有可能发生在世界各地不同文化和学术背景的高校实验室中。根据媒体报道的数据估算，由于缺乏足够的安全知识而导致的科研实验室事故平均每周高达 2.5 起。如果考虑未被公布的事故以及大量“未遂（near misses）”事件，安全事故实际的发生频率可能更高。实验室事故频繁发生，防不胜防，面对这样的情形，全社会正从不同角度和层面进行思考，并探索如何进行更加科学、深入和系统的实验室安全教育。

表 1.1 近十几年来全球范围内影响较大的高校实验室安全事故[1]

年份	机构	事故描述
2018	北京某大学	三名研究生在进行废水处理时死亡
2018	印度科学研究所	一名研究员死于高压氢气瓶爆炸
2015	北京某大学	一名博士后死于氢气爆炸
2015	健康科学大学	休伊·希普死于易燃气体爆炸
2014	得克萨斯农工大学(卡塔尔)	哈桑·卡迈勒·侯赛在石油实验室爆炸中身亡
2011	耶鲁大学	米歇尔·迪福死于车床意外事故
2009	芝加哥大学	马尔科姆·卡萨尔班死于与鼠疫相关的细菌感染
2008	加州大学洛杉矶分校	西哈巴诺·桑吉死于叔丁基锂引燃烧伤

在 2021 年发表的《中国高校实验室安全的现状、挑战和未来方向》论文中，分析了 2001—2018 年发生的 110 起高校实验室安全事故，总结了事故的主要类型，及其在不同类型实验室的分布[2]。其中，化学实验室以 72 次事故、78 人受伤、8 人死亡，成为高校危险实验室之首。无论是科研机构还是企业单位，化学实验室安全管理都已成为工作重点之一，大部分高校都已经建立由校级到院级再到实验室的多级安全管理制度。作为实验室安全管理中最重要的环节，专门的化学实验室安全课程理应成为所有化学相关专业的本科生、硕士和博士研究生培养体系的重要一环。

尽管如此，对于化学实验室安全课程，目前仍然存在一些误区：①长期以来，因认为化学实验室安全科学并不涉及高深莫测的专业理论知识，“化学实验室安全”方面的课程很少单独作为一门课程被安排在教学计划中。当前，这一状况正在慢慢转变，越来越多的课程设计者意识到，实验室安全课程应该与物理、数学等基础理论课程以及其他实验课程一样，被纳入专业培养体系。顶级学术期刊 *Nature Chemistry*（《自然·化学》）和美国化学会教育专业期刊 *Journal of Chemical Education*（《化学教育学刊》）近年来多次发表关于化学实验室安全教育的文章，呼吁“化学实验室安全课程应该成为科研训练和人才培养的一部分”。②高校安全教育中涉及化学实验室安全教育的内容，多以较为零散、短暂的培训和讲座形式，穿插在学生的其他专业课程和实验室科研活动之间。这种缺乏系统化教育体系的现状，与化学实验室安全的重要性之间，存在矛盾。这一现状可能会导致化学相关专业学生的安全意识淡薄和安全道德缺失，甚至会因为缺乏必要的实验室安全知识和技术而酿成安全事故。一言以蔽之，专为化学相关专业学生设计的具有针对性的、系统化的化学实验室安全课程十分重要，却仍很稀缺。

1.1.2 化学实验室安全课程的意义

近年来，化学科学研究与行业发展的重点正在向改善环境、居民安全和人类福祉的方向转移，“绿水青山就是金山银山”。对化学实验室安全课程的思考和重新设计，顺应和契合了社会对安全、绿色发展方向的需求。哈佛大学 Whitesides 教授在化学领域顶尖学术期刊 *Angewandte Chemie International Edition*（《德国应用化学》）上撰写的 *Reinventing Chemistry*（《重塑化学》）一文中指出[3]：

在过去，战争直接催生了一系列与化学相关的科技，化学曾迎来了它的“黄金岁月”。然而，这种战争时代背景下高速发展的阶段已经结束了。随着政府监管力度的加大（尤其在环境保护方面）以及对产品安全要求的日益提高，企业成本逐渐升高。从二十世纪九十年代起，工业界已将关注重心转移到了对既有工艺和安全管理的改进上。

即使如此，化学化工行业的大型安全事故仍在发生，并造成了严重的经济损失和社会影响，如天津港爆炸事故（2015）、德国路德维希港巴斯夫总部工厂爆炸事故（2016）、黎巴嫩贝鲁特港爆炸事故（2020）等（图 1.1）。因此，对化学品安全以及化学化工研究安全的关注仍需不断提升。

(a)

(b)

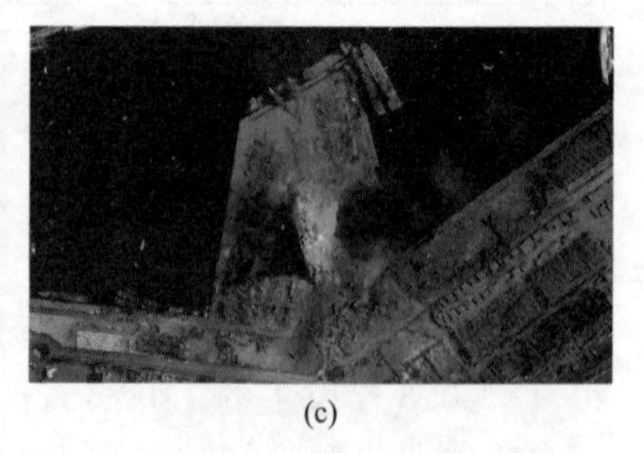
(c)

图 1.1 (a) 2015 年 8 月 12 日，位于天津市滨海新区天津港的瑞海公司危险品仓库发生火灾爆炸事故；(b) 2016 年 10 月 17 日，全球最大化工企业巴斯夫（BASF）位于德国路德维希港的总部工厂发生爆炸事故；(c) 2020 年 8 月 4 日，黎巴嫩首都贝鲁特港口区因 2750 吨硝酸铵保存不当，发生剧烈爆炸，造成大量人员伤亡

化学实验室，作为化学科学研究的重要组成部分，其安全教育的重要性和迫切性不言而

喻。对化学实验室安全教育课程的内容和范式进行变革，将有助于为科研机构和化工企业培养和输送具有安全意识和专业知识的人才，有利于降低行业的安全风险。我们还注意到一个现象，即有关“化学实验室安全”的话题与案例正在传统媒体和网络新媒体上引发越来越广泛的关注与讨论。这既表明了大众安全观念和意识的建立，也侧面反映了大家对化学研究和实验室的好奇和兴趣。因此，安全课程的建设和安全教育的范式改革，不仅能够为化学相关专业学生提供更有效的专业培训，还能促进化学实验室安全知识的科普和传播，有利于揭开化学、化学实验室以及化学研究的“黑匣子”，打消大众对它们的顾虑，为多角度介绍和推进化学科学与化工行业的发展提供契机。

不仅如此，通过对化学实验室安全课程的重新设计和思考，我们会发现其深度和跨度都远超预想。它不仅涉及化学实验室中的化学反应原理，还涉及安全心理学（如对实验事故的反思），不同类型的实验室管理（如对人员、设备和化学试剂的管理等），道德（如环保意识、合作精神），文化（如破窗效应、故意视而不见、“房间里的大象”等），制度和法规制定（如化学药品的订购、废弃物的处理方法、危险化学品的运输等），成本（如每一个环节的经济和环境成本、碳达峰与碳中和等），甚至可以为其他行业（如航空业和医疗业）安全提供参考，相互借鉴。因此，化学实验室安全课程可以与不同领域的知识相互融合、交叉和延伸，博采众长，有助于在提升化学实验室安全的同时，助力科学发展，为了解世界提供一个不同的视角和层级。

1.1.3 化学实验室安全课程与我们

对于开设和学习化学实验室安全课程的意义，除了从以上宏观视角寻找答案，作为化学相关专业的学生，能否从中获得更多与自己更切身相关的答案呢？

我们在生活或学习中往往有这样的经历：对于过去的某一场景、某件事情的反应和处理并不满意，往往在很长一段时间之后的某一个时刻，才似乎想明白，当时应该如何正确面对。通常情况下，这种延迟的答案并不会造成很严重的后果。但是，安全事故的突发性和严重性，往往只允许我们在非常窄的时间窗口内做出反应并及时采取正确的处理方式。所以，安全课程的目的之一，就是帮助你我在真正事故发生之前，分析、评估可能发生的各种情况及相应的风险等级，并在大脑中储备合理的处理方案。正如《左传》所说：“居安思危，思则有备，有备无患。”

安全课程的第二个目的是：为你提供一个安全的学习和工作环境，同时也为实验室的其他同学（同事、老师等）提供一个安全的学习和工作环境。实验室是一个多人共用的学习工作场所，每个人的一举一动都可能对其他人造成影响，每个人也会同时受到其他人的影响。“城门失火，殃及池鱼。”因此，实验室中的每个人都接受专门的安全培训，对于身边的其他同学、同事、老师等至关重要，对于确保我们自身在实验室中的安全，也极其重要。例如，有的人在水槽边洗完烧杯，可能造成附近地面积水和湿滑，未能及时清扫或警示其他人，可能造成其他人摔倒；有的人在制备剧毒的光气，而不告知附近活动的同学、同事；有的人进行冷凝回流的过夜实验，因为没有考虑到夜间水压可能升高，橡胶管冲出排水口，导致实验室发生水灾，进而破坏和损毁实验室其他人的实验记录、仪器和电脑，所有实验成果毁于一旦。在这些事故中，你既可能是这个“有的人”，也可能是被影响的“其他人”。所以，确保每个人都学习安全课程、接受安全培训势在必行。

实际上，安全课程的目的远不止以上两条，它引发的思考还能帮助我们揭露在心理和文化等层面上存在的盲区。当人们回顾以前发生的安全事故时，可以找到事故发生的四种起因：我没想到（I didn't think）、我没看到（I didn't see）、我不知道（I didn't know）、我没问过（I didn't ask）。这些都表现出了所谓的“鸵鸟心态”（图 1.2）。当我们做出决定，选择一无所知或者毫无准备地走进实验室，对实验室的危害抱着一种鸵鸟心态，将自己暴露在实验室危害当中，那么实验室发生事故的概率和风险将大大提高。实验室的危害和风险永远不会因为我们“没想到”“没看到”“不知道”或者“没问过”而神奇地消失或者减少半分。这种无视实验室危害、掩耳盗铃式的实验室行为，还与另外一种现象有关：“房间里的大象（the elephant in the room）”。“房间里的大象”这个概念常用来描述“一个非常明显的问题和事实，却因问题太过庞大或麻烦，被人刻意地回避及无视的情形”。当我们身处实验室，或许会因为自己是学生、自己刚进入实验室、实验室明明有那么多人都没提出意见等理由，对实验室里存在的隐患“大象”视而不见。正如 Margaret Heffernan 在题为 *Wilful Blindness*（《故意无视》）的 TED 演讲中指出的，故意无视，并不只发生在某种文化、某片地区或者某个行业，“真相是，这是人类的通病。我们所有人，在某些情况下，都是故意视而不见的。”显然，故意无视实验室的安全隐患，有可能造成巨大的、直接的伤害。因此，安全课程的设立，有助于向每一个实验室人员揭露这些盲区，并引发讨论和改进，从而有效避免实验室事故的发生。

(a)

(b)

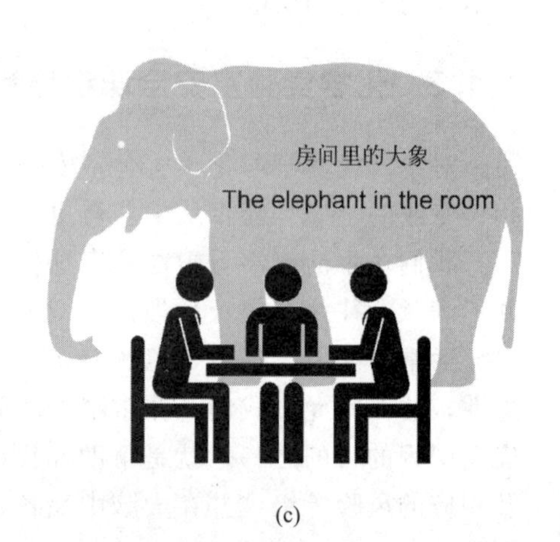

(c)

图 1.2 （a）鸵鸟心态、（b）事故发生的四大起因和（c）房间里的大象

1.1.4 漫话化学实验室安全

正如我们前面所介绍，化学实验室安全的内涵是极其丰富的，其内容形式既可以是专业严肃的，又可以是生动活泼的。目前，不少教育研究者正在探索如何采用影视、短视频、游戏（如密室逃脱和扑克等）、虚拟平台、漫画等方式，“寓教于乐”地开展实验室安全教育。其中，安全漫画、海报被认为是一种直接、醒目和灵活的安全教育形式，是实验室安全文化建设的重要环节。因此，在开始对“化学实验室安全”展开深入、系统的讨论之前，我们可以先借助一组漫画、海报来了解一些关于化学实验室安全的具体场景和知识（图 1.3）。

（1）危害无论大小和类型，都请报告（Hazards come in all shapes and sizes. Report them all）

SAFETY ISN'T A SLOGAN.

IT'S A WAY OF LIFE.

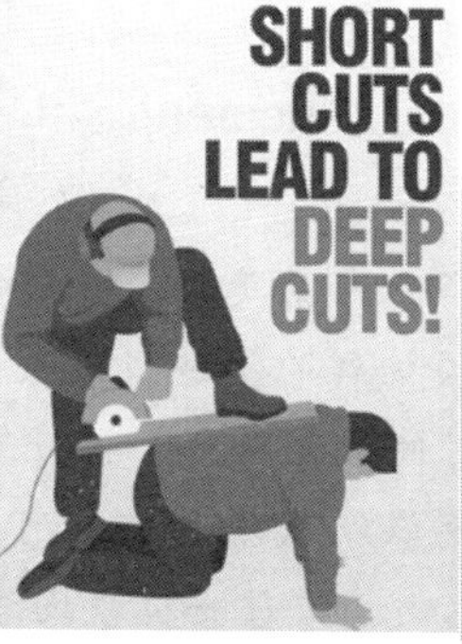

Advances in Science, 37. Iconoclastic researcher Dr Alvin Henderson demonstrates that it IS in fact possible to become too familiar with the safety rules.

图 1.3　安全漫画、海报

这幅漫画关乎实验室安全的两个要点：第一是我们需要注意识别和分析实验室内外“危害”的大小及种类。这里提到了一个叫作“危害（hazard）”的概念，它有别于实验室安全中被称为“风险（risk）”的概念，在1.4节中，我们会详细介绍这两个概念的区别。第二是在发现实验室存在的危险源时，不能故意无视“房间里的大象”，应当及时报告，并知道向谁报告和报告哪些内容。第二点往往容易被我们忽略，但这是预防实验室安全事故的重要保障。

（2）报告实验室中的所有事故（Report all incidents. It makes the workplace safer）

除了在发现危险源时应当主动报告外，对已经发生的事故，也要养成及时报告的习惯，这样可以确保及时解决问题，消除隐患，防止同类型事故再次发生，为实验室所有的成员提供一个更加安全的工作环境。

“incident”和“accident”的区别

虽然“incident”和“accident”这两个词在中文里都有“事故”的含义，但是当我们提到实验室事故的时候，指的究竟是哪一个呢？Robert H. Hill 教授[4] 指出，“incident”是指未事先计划的、未能预料到的、造成不良后果的事件，它们往往会带来不良影响，如受伤、死亡和损坏，或者对健康、财产、材料或者环境造成不良后果。“accident”通常表示概率事件，隐含着不可避免以及找不到特定可预防起因的意味。很多安全专家不喜欢“accident”这一表述，因为他们相信每一桩事故总是由一个或者多个可预防的起因造成的，在这些起因当中，一些是显而易见的，而另一些则相对隐晦、极难察觉，需要专家通过深入、仔细调查才能发现。因此，我们提到的实验室“事故”，指的其实是“incident”，而并非统计学上可能的或者缺少可预防性的“accident”。

（3）时刻佩戴护目镜（Always wear your goggles）

这幅漫画似乎在说，“曾经有一副护目镜摆在我面前，但我没有珍惜。等到失去了双眼我才后悔莫及，尘世间最痛苦的事莫过于此。如果上天可以给我再来一次的机会，我会对那副令我不适的护目镜说：我应当时刻佩戴你。（While itchy goggles you may despise，you'll wish you had worn them when you lose your eyes.）”护目镜（goggles）作为化学实验室中必备个人防护设备（PPE）之一，其重要性不言而喻。在后面的章节中，我们将对实验室中常见的不同类型个人防护设备进行系统介绍。

（4）安全从不妥协（Safety never compromise）

安全事故的发生及其后果从来都不会因为任何人或者任何理由而妥协，也不会因为鸵鸟心态或故意无视而有所改变，防微杜渐、防患未然才是避免事故发生的有效手段。

（5）安全不是喊喊口号（Safety isn't a slogan）

安全从来不是空洞和形式化的口号，而是一种可以一以贯之的生活方式。（It's a way of life.）比如，当我们离开实验室或者宿舍时都应该养成一种习惯，对房间的情况（水、电、气等）仔细检查一遍；当我们驾驶汽车时，应提前检查车况、系上安全带；同样地，当我们在进行实验操作时，也应预习，穿戴个人防护设备，作好防护，并全程抱着认真的态度。

（6）今天的未遂事件可能就是明天的事故（A near miss today could be an accident tomorrow）

这幅漫画呼应了第一、二幅漫画，提醒我们重视任何可能导致事故的因素，不能存在侥幸心理。即使未遂事件没有造成严重的后果或损伤，我们也应当及时报告，这样才能及时发现问题、重视问题。

（7）投机取巧带来更深伤害（Short cuts lead to deep cuts）

这幅漫画提醒我们，在实验室和生产活动中，一定要对投机取巧的心理有所警觉。关于造成实验室事故的多种可能心理状态，我们将在 1.3 节进行更加系统的介绍和讨论。

（8）运气迟早会用完，但安全是一辈子的事（Luck runs out，but safety is good for life）

运气可以是一时的，但迟早会用完。一旦事故发生，对受害人的影响可能是长久甚至是永久的。“墨菲定律”是指“凡是可能出错的事，大概率会出错”。其成立有两个条件：一是事件有大于零的概率；二是样本量足够大（比如时间足够长，人数足够多等）。当犯错的次数足够多时，实验室安全事故的发生将成为一种必然。

（9）及时清理，避免滑倒（Wipe up and avoid a slip up）

我们在日常生活中，不难遇到以下两种场景。一是下雨天同学们带着雨具进入教学楼或者实验楼区域，很容易造成地面湿滑。二是同学们在实验过程中或者实验结束后，在水槽边清洗仪器，容易导致水槽周围地面积水。这两种情况都可能造成实验室事故，给自己和他人带来安全隐患。

（10）倒入以前，请再三确认（Know for sure，before you pour）

通过化学实验室安全课程的系统学习，我们将认识到，开展一个实验时，不仅要对化学反应目标产物的理化性质有所了解，同时也要评估反应中可能生成的副产物、中间产物等，确保安全防护措施充足到位。

另外，我们还将强调化学废弃物的处理。随着我们从刚进入实验室的新生逐渐成长为可独立设计和操作实验的专业人士，我们应学会主动思考和查找资料，根据废弃物的性质设计废弃物处理方案。有一则真实的案例：某课题组硕士研究生将含有王水的反应残余液体直接倒入普通的废液桶中，具有高度反应性的王水与废液发生强烈化学反应，短时间内产生大量气体，导致爆炸，险些酿成严重后果。这一未遂事件，应当引起我们的反思。

（11）主动成长，积极收拾（Sadly，your mother doesn't work here…So clean up your own mess）

漫画的原话是：“很遗憾，你的妈妈不会跟着你进入实验室，一直照顾你。所以，请自己收拾残局。”虽然这里似乎采用了一种非常不耐烦的语气，但这句话的核心在于督促同学们克服散漫的个性，养成良好的实验习惯，主动成长，培养实验操作的条理性和良好的实验素养。

（12）不要让一切为时已晚（Help before it's too late）

在一切未晚之前，请及时行动。通常情况下，发生事故的当下，比如说实验室的局部小火发展为不可控的严重火灾之前，或者是需要急救的时刻等，我们只有很窄的时间窗口可对事故进行处理。因此，通过安全课程的学习，为实验做好应急预案，无论是在心理层面还是实际层面，都将有助于在紧急时刻提供“未为晚也”的帮助。

（13）有些实验室老手会对实验室规定置若罔闻、熟视无睹（It is in fact possible to become too familiar with the safety rules）

置若罔闻是事情已经发生却置之不理，而熟视无睹则是经常可以看见但是当作没看见一样。在实验室中，有一些所谓的实验室老手可能比实验室新手更加不重视和不遵守实验室规则。究其原因，可能源于老手们将实验室安全规定视为一种空洞的口号、对实验室规定不完全理解甚至是曲解，或者抱着侥幸心理等。这一类人可能以“只在实验室待一小会儿”为借口，既不穿实验服，也不佩戴防护镜和手套。因此，这则漫画提醒我们，不要盲目相信实验室的一些资历较老的同学或者工作人员，更不应该盲从。

思考

(1) 你还能找到哪些跟实验室安全有关的标语或漫画呢？

(2) 你可以自己设计一张实验室安全相关的标语或漫画吗？

1.2 化学实验室安全的相关标签和标志

1.2.1 GHS 标签

2003 年，联合国开始采用“全球化学品统一分类和标签制度”(Globally Harmonized System of Classification and Labeling of Chemicals，GHS)(图 1.4)。我国的化学化工实验室安全管理同样采用 GHS 标签。GHS 包括了对健康危害、物理危害和环境危害的分类标准，并对有害化学品标签应标注的信息进行了具体规定。根据 GHS 标签，我们可以识别化学品的危害类别，并且警示使用者采用防护措施，将暴露在化学品后可能产生的危害最小化。

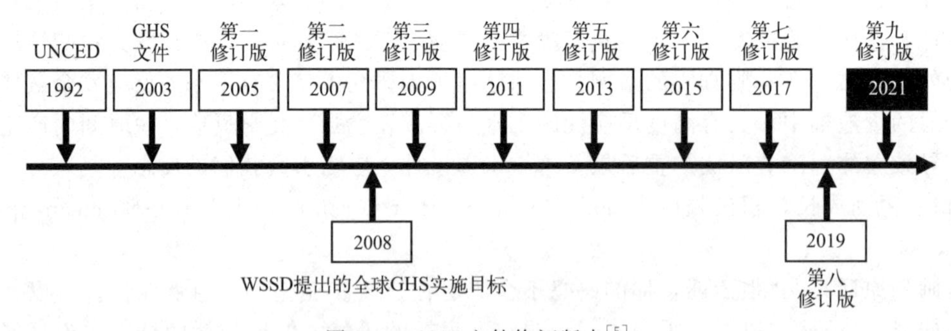

图 1.4 GHS 文件修订版本[5]

GHS 标签共有 9 个，包含 8 个危险符号和 1 个感叹号符号。

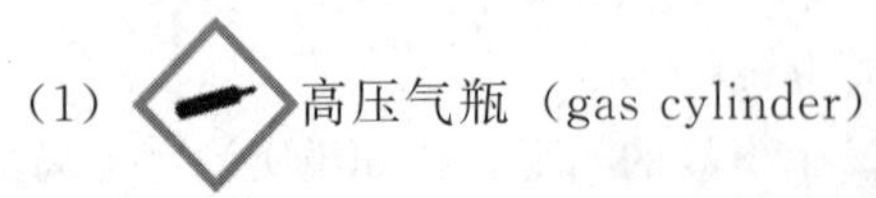

(1) 高压气瓶 (gas cylinder)

贴有这一标签表示瓶内储存有加压气体，如压缩气体、液化气体、冷冻液化气体和溶解气体。气体钢瓶可能伴随其他健康危害，比如爆炸、毒性、易燃性、腐蚀性等，具有潜在的不可预测性和危险性，一旦发生泄漏或者刺穿，甚至会导致瓶体在实验场所乱窜。此外，当气体逸出时，容器会变得非常冰冷，因此冻伤也是高压气瓶可能造成的伤害之一，这一点常常被忽略。

（2）火焰（flame）

火焰标签十分形象地表明该化学品具有易燃性，属于可燃物。可能出现火焰标签的化学品有：易燃品（易燃气体、易燃气溶胶、易燃液体、易燃固体），自燃物（自燃液体、自燃固体），自热物质，遇水放出易燃气体的物质，自反应物质，有机过氧化物等。燃烧的三要素包括：可燃物、引火源和助燃剂。当处理贴有这一标签的化学品时，一定要避免三要素同时存在，将引燃该化学品的风险降至最低。

（3）圆圈上方火焰（flame over circle）

这一标签与火焰标签有所不同，在火焰下方多了一个圆环，表明该物质是氧化剂，如氧化性液体、氧化性固体等，如果处理不当，可能导致火灾危害。氧化剂还可能会释放出氧气或其他氧化性物质，导致某些通常情况下不易燃烧的物质迅速燃烧，或者使某些易燃物质在没有火焰的情况下发生自燃，大大提高了发生火灾或者产生爆炸的风险。

（4）爆炸弹（exploding bombs）

这一标签用于标识某些本身具有爆炸性或者因使用不当可能具有爆炸性的化学品，如不稳定爆炸物、爆炸物、自反应物质和有机过氧化物等。这一类物质应当由接受过特殊培训的专业人员处理。注意，贴有这一标签的物质还可能对温度和光敏感。

（5）环境危害（environmental hazard）

贴有这一标签表明该物质会对水生环境产生危害，包括对水生生物的急性毒性危害和慢性毒性危害。

（6）骷髅和交叉骨（skull and crossbones）

贴有这一标签表明物质是致命的、有毒的或者有害的。一旦吸入、吞入或者与皮肤接触，会对人体产生危害。化学品上标明的“急性毒性（致命或有毒）”是指单次剂量或者短时间（24 小时）内多次剂量可导致的症状。当我们无法改变某种物质的毒性时，则需要通过适当的操作和防护，将暴露在这种物质下的风险最小化。

（7）健康危害（health hazard）

这一标签是用于警示化学品的慢性健康危害以及特定健康危害，包括：致癌性、生殖细胞致突变性、生殖毒性、呼吸道致敏、特定靶器官系统毒性（单次接触或重复接触）和吸入危害。长期接触这些化学品会带来慢性健康危害。

（8）腐蚀（corrosion）

这一标签用于标识能灼伤人体组织或对金属等物品造成损坏的固体或液体。这一类化学品可能腐蚀金属甚至人体组织如皮肤和眼睛，造成破坏性和不可逆的损害，因此在处理这类物质时需要特别谨慎。

(9) 感叹号

带有感叹号标签的化学品导致的危害较小，比如对皮肤、呼吸道、眼睛等器官产生刺激，导致皮肤红肿、咳嗽、发炎或者瘙痒等症状。这一类危害通常情况下是可以逆转的，在适当的医疗救助之后可降至最低。当物体上已经贴有、、标签时，表示其可造成较大的健康危害，则不再出现标签。

在这九种标签中，可能造成健康危害的有、、、，可能造成物理危害的有、、、、，可能造成环境危害的是（表 1.2）。

表 1.2　GHS 标签所代表的危害类型归类

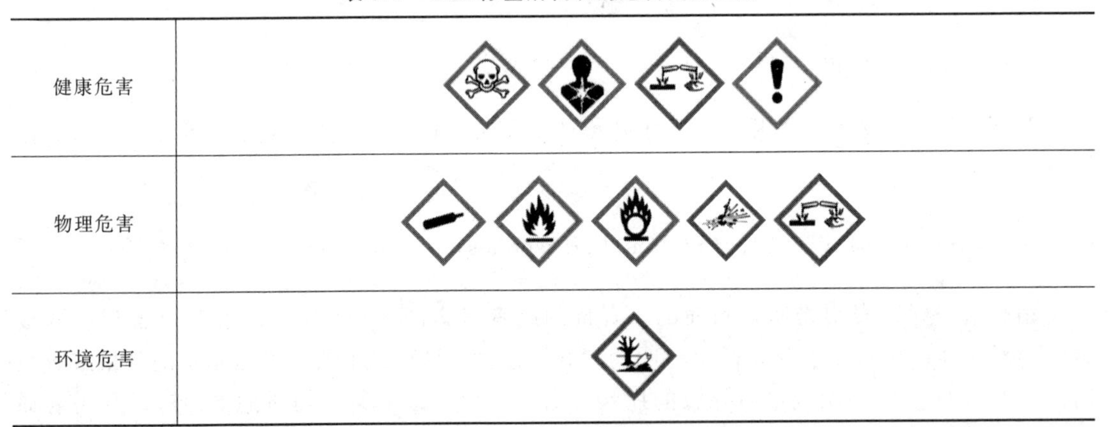

健康危害	
物理危害	
环境危害	

1.2.2　实验室常见标志

除了 GHS 标签以外，在化学实验室还会经常见到一些其他化学品标签和安全标志。

（1）化学品标签

2009 年 6 月，对应联合国 GHS 文件的第二修订版，我国公布了《化学品分类和危险性公示 通则》（GB 13690—2009），该通则于 2010 年 5 月开始实施，是我国进行化学品分类管理的基础标准。对应联合国 GHS 文件第八修订版，国家标准计划《化学品分类和标签规范》（20120103-Q-469）对 GB 13690—2009 进行修订，通则中 GB 30000.2—2013～GB 30000.29—2013 已于 2014 年 11 月实施。其分别针对一个特定的危险种类或一组密切相关的危险种类进行详细规定：爆炸物、易燃气体、气溶胶、氧化性气体、加压气体、易燃液体、易燃固体、自反应物质和混合物、自燃液体、自燃固体、自热物质和混合物、遇水放出易燃气体的物质和混合物、氧化性液体、氧化性固体、有机过氧化物、金属腐蚀物、急性毒性、皮肤腐蚀/刺激、严重眼损伤/眼刺激、呼吸道或皮肤致敏、生殖细胞致突变性、致癌性、生殖毒性、特异性靶器官系统毒性一次接触、特异性靶器官系统毒性反复接触、吸入危害、对水生环境的危害和对臭氧层的危害。

规范中规定，标签上要求的信息包括危险象形图、信号词、危险说明、防范说明、产品标识符和供应商标识等。危险象形图使用黑色符号加白色背景，红色边框要足够宽，要醒目；信号词包括“危险”和“警告”。常见标签要素的分配如表 1.3 所示。

表 1.3　爆炸物、加压气体、氧化性液体、有机过氧化物标签要素的分配

爆炸物						
不稳定爆炸物	1.1 项	1.2 项	1.3 项	1.4 项	1.5 项	1.6 项
					无象形图 1.5,底色橙色	无象形图 1.6,底色橙色
危险	危险	危险	危险	警告	危险	无信号词
不稳定爆炸物	爆炸物;整体爆炸危险	爆炸物;严重进射危险	爆炸物;燃烧、爆炸或进射危险	燃烧或进射危险	遇火可能整体爆炸	无危险说明
《规章范本》无指定象形图(不允许运输)	1.1 * 1	1.2 * 1	1.3 * 1	1.4 * 1	1.5 * 1	1.6 * 1

注：关于《规章范本》中象形图要素颜色的说明：

1）1.1、1.2 和 1.3 项：符号：爆炸的炸弹，黑色；底色：橙色；项号（1.1、1.2 或 1.3，根据情况）和配装组（*）位于下半部，数字“1”位于下角，黑色；

2）1.4、1.5 和 1.6 项：底色：橙色；数字：黑色；数字“1”在底角处；配装组（*）位于下半部，数字“1”位于下角，黑色；

3）1.1、1.2 和 1.3 项的象形图，也用于具有爆炸次要危险性的物质，但不标明项号和配装组。

加压气体				
压缩气体	液化气体	冷冻液化气体	溶解气体	备注
				在《规章范本》中： 1)不要求用于毒气或易燃气体。 2)图形符号的颜色 ·图形符号、数字和边线可采用白色而不一定黑色。 ·背景色两种情况都保持绿色。 3)图中数字 2 为 GB 6944—2012 中的第 2 类。 4)货物运输图形标志的最小尺寸为 100mm×100mm。 5)尺寸也可以缩小,见《规章范本》。
警告	警告	警告	警告	
内装加压气体;遇热可能爆炸	内装加压气体;遇热可能爆炸	内装冷冻气体;可能造成低温灼伤或损伤	内装加压气体;遇热可能爆炸	
2	2	2	2	

氧化性液体				
类别 1	类别 2	类别 3	—	备注
				在《规章范本》中： 1)图形符号的颜色 ·图形符号(火焰在圆环上)：黑色； ·背景：黄色。 2)图中数字“5.1”为 GB 6944—2012 中第 5 类第 1 项。 3)货物运输图形标志的最小尺寸为 100mm×100mm
危险	危险	警告		
可引起燃烧或爆炸；强氧化剂	可加剧燃烧；氧化剂	可加剧燃烧；氧化剂		

有机过氧化物				
A 型	B 型	C 型和 D 型	E 型和 F 型	G 型
				本危险类别没有分配标签要素
危险	危险	危险	警告	
加热可引起爆炸	加热可引起燃烧或爆炸	加热可引起燃烧	加热可引起燃烧	
与爆炸物(采用相同的图形符号选择过程)				在《规章范本》中不使用

注 1：对 B 型，在《规章范本》第 181 特殊规定可能适用（经主管部门批准，可免贴爆炸物标签。见《规章范本》第 3.3 章）。

注 2：《规章范本》图形标志的颜色：

—有机过氧化物象形图：符号（火焰）：黑色或者白色；底色：上半部红色，下半部黄色；数字“5.2”位于下角：黑色；

—爆炸品象形图：符号（爆炸的炸弹）：黑色；底色：橙色；数字“1”位于下角：黑色。

（2）安全标志

安全标志一般由图形符号、安全色、几何形状（边框）或文字构成，用以表达特定的安全信息。安全标志分为警告标志、禁止标志、指令标志和提示标志四大类。

警告标志：正三角形边框，提醒人们对周围环境引起注意，以避免可能发生危险。

禁止标志：带斜杠的圆边框，用于禁止人们的不安全行为。

指令标志：圆形边框，强制人们必须做出某种动作或采用防范措施。

提示标志：正方形边框，用于向人们提供某种信息。

多个标志牌在一起设置时，按照警告、禁止、指令、提示的顺序排列。可以理解为：首先帮助辨识危险源；确定了危险源之后，根据相应危险因素从禁止做哪些和必须做哪些两方面进行行为规范，从而避免危险发生；如果危险发生，则按照指示标志采取正确、有效、得力的措施，保护人身安全，对危害加以遏制。

安全标志包含4种安全色：红色、黄色、蓝色和绿色。其中，红色用来传递禁止、停止、危险或提示消防设备、设施的信息，对比色为白色。黄色用来传递注意、警告的信息，对比色为黑色。蓝色用来传递必须遵守规定的指令性信息，对比色为白色。绿色用来传递安全的提示性信息，对比色为白色。

在实验室中，还有很多常见的警告标志，用于提醒危险。

生物危害指的是物质会对人类及环境产生危害，包括有害细菌，病毒，真菌（霉菌、酵母）和寄生虫。一般而言，霉菌和酵母不会引起食品中的生物危害，虽然某些霉菌、藻类能产生有害的毒素，但通常将这些毒素归纳为化学危害的范畴。

电离辐射是一切能引起物质电离的辐射总称，其种类很多，包括高速带电粒子（α粒子、β粒子和质子等）、中性粒子和电磁波（X射线、γ射线等）等。

非电离辐射是指能量比较低，并不能使物质产生电离的辐射，包括声辐射（超声波、地震波等)，引力辐射和低能量的电磁辐射（紫外线、可见光、红外线、微波及无线电波等）等。

值得注意的是，由于每一个实验室都具有它的独特性，所以采用的实验室标志形式、种类和标准都可能存在区别。在进入实验室时，一定要注意环境中的安全标志。当你遇到新的图标，并对它的含义感到困惑时，请不要觉得不好意思或者嫌麻烦，一定要去询问相关人员或主动查阅资料，了解它所代表的意义。

请问你在生活中还见到过哪些与实验室安全有关的标志？

1.3 化学实验室危害的相关因素

要探讨“安全”话题，可以使用否定法来进行提问，也就是：实验室事故有哪些？导致这些事故发生的不安全因素又有哪些？当我们想清楚这些问题之后，更容易理解应当如何避免实验室安全事故的发生。常见的实验室事故主要分为三类：火灾、爆炸事故，腐蚀、灼烧事故，以及中毒事故（对实验室具体隐患的分析讨论详见第 2 章）。导致这些事故发生的不安全因素，也就是化学实验室危害的相关因素，可以概括为：物理环境、危险实验和人的因素（图 1.5）。

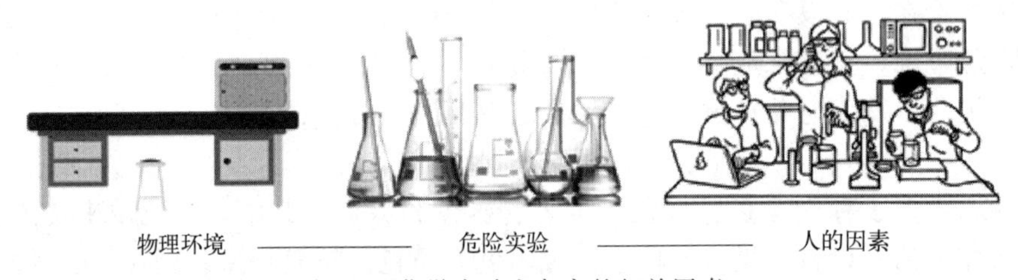

图 1.5 化学实验室危害的相关因素

1.3.1 物理环境

实验室中的设备和环境是可能发生危害的客观因素。

化学实验中用到的各种仪器设备，如钢瓶、烘箱、马弗炉、低温冰箱、辐射类仪器、激光装置、通风橱（柜）、手套箱等，由于操作失误或仪器故障引起的着火、爆炸和触电等均属于实验室危害。

事故案例

案例 1：2017 年 3 月，某大学化学实验室学生在实验中处理一个约 100 毫升的反应釜时，反应釜发生爆炸，导致学生左手大面积创伤，右臂贯穿伤。

案例 2：2016 年 1 月，某大学一化学实验室内存放化学药剂的冰箱因电路老化自燃，引发火灾。

实验室的用水用电安全、化学品储存、危险废弃物、个人防护用品等，则属于环境因素，有可能造成安全事故。例如，实验用水造成的地面污水残留易造成意外跌倒事故，地面杂物无序堆积易造成碰撞甚至延误逃生，室内空气循环不良易造成气体中毒事故，在存放大量有机溶剂附近的实验台进行明火实验易造成火灾事故。保持干净整洁、有条理的实验室环境可有效降低此类危害的发生概率，就好像对一个餐馆而言，要顺利完成一道道美食的烹饪，拥有一个干净整洁、有条理的厨房至关重要。

1.3.2 危险实验

正如每一道菜的烹饪难度和危险程度有所不同（如简单的蛋花汤、油炸臭豆腐以及使用喷枪制作的焦糖布丁），不同化学实验的难度和危险程度也各不相同。一些实验室涉及危险化学品的使用、高温高压反应操作、产生有毒有害气体等，均属于危险实验，由此采取的防护措施也不尽相同。

事故案例

案例 1：2022 年 4 月，某大学发生一起实验室金属粉末爆燃事故，造成一博士研究生严重烧伤。

案例 2：2018 年 12 月，某大学一实验室进行垃圾渗滤液污水处理科研实验期间，实验现场发生爆炸，事故造成 3 名参与实验的学生死亡。这场事故的直接原因是：在使用搅拌机对镁粉和磷酸搅拌、反应过程中，料斗内产生的氢气被搅拌机转轴处金属摩擦、碰撞产生的火花点燃爆炸，继而引发镁粉粉尘云爆炸，爆炸引起周边镁粉和其他可燃物燃烧。

化学实验中用到的一些化学试剂，若使用、处理或存储不当，有可能引起着火、爆炸和中毒等安全事故。因此，在使用化学试剂前，充分了解试剂的物理、化学性质非常重要，例如乙醚、乙醇、丙酮、二硫化碳、苯等有机溶剂易燃，金属钠、钾、铝粉、电石、黄磷以及金属氢化物与水直接接触可引发火灾等。另外，如果实验涉及各种极端条件（如高温、高压、低温、低压等）和专门设备（如手套箱）时，需要事先接受相关使用操作的培训。总之，实验前对实验的风险类型和级别的评估环节必不可少。在第 3 章中，我们将继续深入探讨。

1.3.3 人的因素

人的因素可以概括为行为动作、心理和生理三种。很多事故都是由人的不安全行为引发的，准确认识、纠正并制止这些不安全行为，可以有效地预防事故发生。

事故案例与斯普纳误置现象

2007 年 8 月，某高校实验室李某在准备处理一瓶四氢呋喃时，由于没有仔细核对，将一瓶硝基甲烷当作四氢呋喃加入氢氧化钠中。大约一分钟后，试剂瓶中冒出白烟。发现状况后，李某立即将通风柜玻璃门拉下，此时瓶口的烟变成黑色泡沫状液体，随后发生爆炸，玻璃碎片将李某和同实验室的一名老师的手臂割伤。

造成该事故的主要原因是李某粗心大意，未对使用的化学试剂进行仔细核对。除了实验台药品杂乱无序、药品过多，李某粗心大意的原因也可能与经常发生在我们生活中的斯普纳误置现象有关。安全专家James Reason在他写的《生活中的差错》一书中记下了如下故事和思考：

"20世纪70年代早期的一个下午，我正在煮一壶茶。茶壶放在厨房灶上，没有盖盖子（那时候冲泡的更多的是茶叶，而不是茶包）。一只猫——一只令人感到嘈杂的缅甸猫——出现在厨房门口的附近，它不停地叫，希望得到食物。我不得不承认自己有点讨厌这只猫，但它希望得到食物的需求还是获得了我优先的关注。我打开一罐猫食，用勺子深入罐子并且挖了一大勺猫食放进了茶壶里。但我并没有把茶叶放在猫的吃饭碗里。这是不对称的行为互换现象，又称斯普纳误置现象（Spoonerism）。"

《企业职工伤亡事故分类》（GB 6441—86）中将人的不安全行为归纳为14类：操作失误、忽视安全、忽视警告；造成安全装置失败；使用不安全设备；手代替工具操作；物体存放不当；冒险进入危险场所；攀、坐不安全位置；在起吊物下作业、停留；机器运转加油、修理、检查、调整、焊接、清扫等工作；有分散注意力行为；在必须使用个人防护用品用具的作业或场合中，忽视其使用；不安全装束；其他；对易燃、易爆等危险物品处理错误。

这些不安全行为的根源可以归结为安全意识薄弱，可以从安全心理的角度来加以探讨。以下是常见的几种不安全的心理状态。

① 省能心理：例如，图凉快不穿实验服，不查询所使用化学药品的安全信息就直接使用，为图方便不按照相关规定购买、存放和管理易燃易爆化学品等。

② 侥幸心理：碰运气，认为某种不安全操作从未或多年未引发过事故，所以不安全操作不一定会引发事故。

③ 过分自信：相信自己有能力避免事故发生。有人曾做过实验，让受调查的人评估自己在各个方面的能力，诸如学习能力、工作能力等。然后让他们根据"高于平均水平""符合平均水平"或者"低于平均水平"这三项标准来对照自己。结果发现，在所有能力的自我评估中，选择"高于平均水平"的比例都要超过一半。这显然有违客观规律，现实中符合平均水平的人肯定是最多的，不可能出现大多数人都超越平均水平的现象。这就表明，人们往往下意识地高估自己的能力，对自己在很多方面的能力过于自信。

④ 群体心理：这种心理在社会里随处可见，比如一群人闯红灯过马路，从众聚集"看热闹"等现象。有些群体心理可以起到正面作用，比如同一间寝室的同学可以互相激励而同时上进。而有些群体心理引发的则是负面作用，比如一些同学在不遵守安全操作规程时并未发生事故，实验室的其他人也就跟着不按规程操作，否则就有可能被别人说技术不行或胆小鬼。这种从众心理严重威胁着实验室安全。

⑤ 逆反心理：这种心理可能表现为显性对抗，比如，因错误行为受批评后非但不改正，反而乱发脾气，甚至骂骂咧咧，继续违规操作，这类显性对抗在实验室中可能比较少见。比较常见的是隐性对抗，即表面接受，但心理反抗，阳奉阴违，口是心非。后者的危害可能更大。

⑥ 凑兴心理：由凑兴而带来风险的情况多发生在年轻学生身上，他们精力旺盛、生性好动，加之缺乏安全知识和经验，常有些意想不到、没有节制的行为，危害实验室安全。比如，因为凑兴心理，在实验室趁其他同学不注意抽取、挪动其座椅，导致同学摔倒，极易引发其他实验室安全事故。

⑦ 不注意与注意：对自己的实验关注程度不够，如没有对反应温度、反应物质加入速度进行控制，导致反应程度过于剧烈。需要指出的是，过于专注自己的实验，而忽略了实验

的周遭环境和其他实验人员，也可能发生安全事故。比如在转移自己的反应时，因为撞到身边的其他同学，而导致溶液翻倒倾洒。

⑧ 疲劳：无论是生理上还是心理上的疲劳都与实验室安全息息相关。学生参与实验久了难免出现心理疲劳，形成懒惰心理，明明知道物质有毒，但进入实验室工作几年之后渐渐不戴手套、不好好穿防护服，这就是习惯成自然，放松了警惕。同学们在日常生活中，一定要学会发现自身的疲劳感，尽量学会合理面对和调整，在必要时刻，可以向家人、朋友、导师和专家寻求帮助。

实际上，实验室安全事故往往是环境、实验和人的因素共同作用的结果，“破窗效应”理论就可以很好地解释这一现象。

破窗效应

1969 年，美国斯坦福大学心理学家 Philip Zimbardo 进行了一项实验，他找来两辆一模一样的汽车，把其中一辆停在加州帕洛阿尔托的中产阶级社区，而另一辆停在相对杂乱的纽约布朗克斯区。他将停在布朗克斯的那辆车的车牌摘掉，把顶篷打开，结果车子当天就被偷走了。而放在帕洛阿尔托的那辆车，一个星期也无人理睬。后来，Philip 用锤子把那辆车的玻璃敲了个大洞。结果，仅仅过了几个小时，它就不见了。以这项实验为基础，政治学家 James Q. Wilson 和犯罪学家 George L. Kelling 提出了一个“破窗效应”理论，认为：如果有人打坏了一幢建筑物的窗户玻璃，而这扇窗户又得不到及时的维修，别人就可能受到某些暗示性的纵容，去打碎更多的玻璃。久而久之，这些破窗户就给人造成一种无序的感觉，在这种公众麻木不仁的氛围中，犯罪就会滋生、猖獗。

“破窗效应”理论体现的是细节对人的暗示效果，以及对事件结果不容小视的作用。当实验室的环境和安全管理混乱时，破窗效应无疑将会显现，从而导致严重的实验室安全事故。同时，我们应当从对“破窗效应”的认知中提醒自己，养成良好的生活、学习和实验习惯，营造良好的环境，将有助于我们事半功倍。

1.3.4 安全事故模型和生产法则

英国曼彻斯特大学教授 James Reason 于 1990 年提出“瑞士奶酪事故模型（Swiss Cheese Model）”，将多级安全系统比喻成层叠的瑞士奶酪（图 1.6）[6]。奶酪上的孔洞代表各种个人和系统的安全漏洞和故障，每一片奶酪都成为一道阻拦事故发生的安全屏障。尽管大部分事故发生的风险都被层层“奶酪”抵挡消除，但是当每层奶酪上的孔洞发生全部重叠，即多个个人和系统故障同时出现时，事故就会发生。其他模型还有多米诺骨牌模型（Domino Model）、社会技术系统风险管理框架（Socio-Technical Risk Management Framework，STRMF）、基于系统理论的事故模型与过程（Systems-Theoretic Accident Model and Processes，STAMP）和功能共振分析方法（Functional Resonance

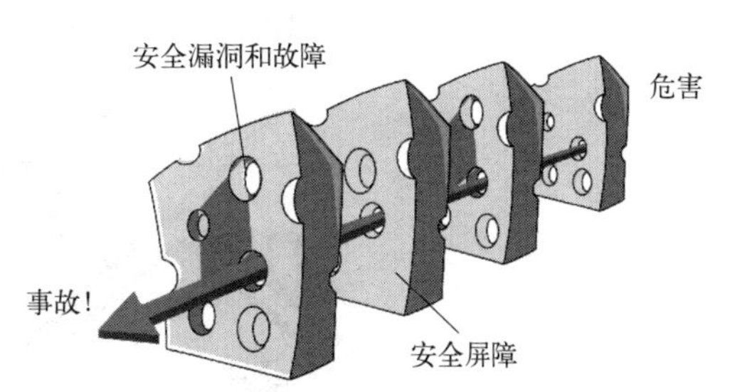

图 1.6 瑞士奶酪事故模型示意图

Analysis Method，FRAM）等[5]。

工业生产上判定危险源时，还会用到其他安全生产法则，比如“金字塔法则”“墨菲定律”“海因里希法则”“不等式法则”“九零法则”“冰山理论”等，同学们可以自行查阅资料进行了解。实际上，这些安全生产法则同样也适用于实验室安全事故的防范。事故的发生存在一定的必然性，我们只能尽量去降低其发生的概率，但无法保证完全避免。只有把这些潜在的隐患和风险都找出来并消灭掉，才能最大程度地保证实验安全。

另外，从管理制度上加强实验室安全管理也是避免事故发生的重要手段，比如实验室的安全管理是否应有专人负责，是否应该强制规定实验持续的时间和共同开展实验的人数，是否应该有更严格的约束，长期接触生化试剂的研究生是否应该得到更多的劳动保护等。从 2015 年开始，我国高校实验室实行“高校领导下的主任负责制”，并逐步健全多级责任体系，在全国高校中每年进行一次实验室安全检查。通过严格的管理制度，督促实验室人员及时消除隐患，杜绝累积效应，防止事故发生。总而言之，提高安全意识，时刻不能放松。

1.4 危害≠风险

“危害（hazard）”和“风险（risk）”是在实验室安全中非常重要的两个概念。我们经常会在产品介绍或者视频媒体上听到某些广告商、自媒体、研究机构等介绍某种产品存在危害，或者说有些使用方法是不安全的，具有一定的风险。但实际上，很少有人能够准确区分“危害”和“风险”两个概念，尽管它们的内涵不尽相同。

危害是指有可能带来某种危害的事物或行为，是伤害的潜在来源。而风险是指在某种特定情况下暴露在危险或者不安全的场景中受到伤害的概率。我们可以用鲨鱼和闪电来解释这两个概念的区别：对于人类来说，海中的鲨鱼是一种危害，而选择与鲨鱼共泳则是一种风险；雷雨天的闪电是一种危害，而在闪电时站在树下则是一种风险（图 1.7）。

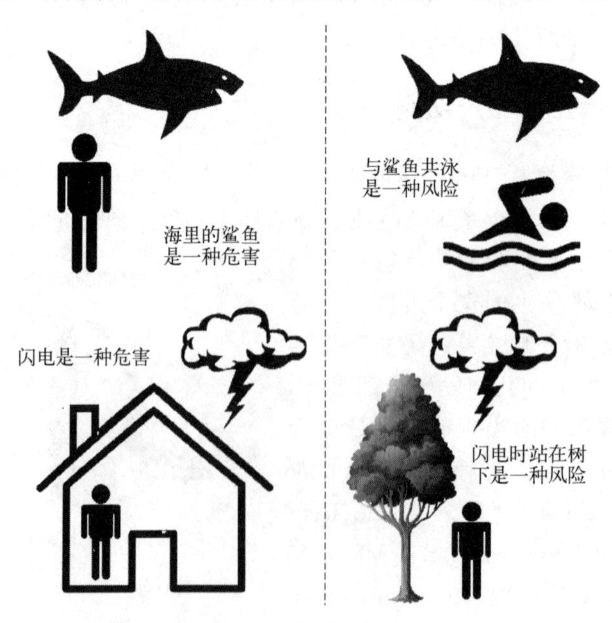

图 1.7 危害≠风险

在实验室中，很多化学品本身就具有危险性，而且这种危险性是无法改变的。举例来说，实验室常用洗液——重铬酸钾，它是一种危险的无机化学试剂，既有毒性又有致癌性，在实验室中可作为强氧化剂使用，并常用于清洗玻璃仪器。在生活中，它还可以被密封在酒精测试仪中，帮助交警来分析呼出气体中的酒精含量。可见，尽管这是一种很危险的物质，但如果按照规定进行安全存放，在安全剂量范围内使用，就不会对人类和环境产生危害。而一旦人们通过呼吸道吸入、食道吞入或者皮肤接触等方式暴露于重铬酸钾后，受到伤害的概率则会增大，就会产生急性中毒、接触性皮炎、铬溃疡等健康危害。

有时，即使某种物质公认是无害的，危险性很低，也可能会引起巨大的危害。比如生活中常见的面粉，人们通常认为它不是危险物质，但是，如果面点师傅长期暴露在含有大量面粉粉尘的空气中，则会引发皮炎、结膜炎、鼻炎甚至是哮喘等病症。

因此，风险是一种可能性，其大小与暴露程度有关。同时，暴露在危害中的方式、地点、时间、剂量等都可能对风险产生影响。在实验室中，除了化学品本身的危害性以外，化学品的使用量和状态（固、液、气态），以及对这些化学品的操作方式，都会影响风险的级别。危害是我们所生活的世界的一部分，实验室安全训练的目的就是尽可能减小风险，把伤害最小化。

加强对危害和风险的认识，更主要的目的是提高人们在使用某一物品或进行某一项活动时的安全性。例如，科学家们对毒素的研究能够找出潜在危害物质，当这些危害物质被用于化学、物理或生物制品时，即可给出安全临界值，某物质含量低于多少时即便暴露也不会引起危害。根据研究结果，人们可以通过该物质的暴露频率、途径和时长等因素计算出风险。但是，有些风险是难以测量的，原因可能是系统太过复杂，如气候变化；也可能是缺少评估风险的数据和合适的工具，如纳米材料。当人们对于风险的程度意见不一致时，负责决定安全级别的政府机构就要本着预防的原则，提供合理的级别建议和预防方案。当有充足的数据表明某一活动可能对人类健康以及环境带来不可逆转的损害时，即使没有绝对的证据或因果关系可以证明这一点，我们也需要采取适当的措施来预防危害发生。事实证明，预防是降低风险的最佳手段。

对于不能确定的风险，一旦有了最新的数据资料，就需要重新进行评估。进行风险评估时要以事实为依据，而不是仅靠人们的主观臆断。这就涉及了人们对风险的认知和接受度，这些因素通常既客观又主观。例如，乘坐飞机往往被认为是一种比乘坐汽车危险度高的出行方式，因为航空事故造成的人员伤害比汽车事故要严重得多。但实际上所有数据都证明，乘坐飞机比乘坐汽车要安全，汽车事故发生的概率要远大于航空事故。人们一旦认定某件事有风险，这种观念就很难改变，哪怕所有的证据都证明这件事并不存在风险。例如，对于某一项正在进行中的研究，尚存在争议的科学论述或媒体耸人听闻的报道都有可能引起公众的恐惧。假如调查表明 A 物质可能对老鼠有害，实验结论尚需要进一步研究来确认，但是媒体上很快就会报道类似于“A 物质能毒死人”的新闻。公众对某种事物的恐惧一旦形成，即使没有确凿的证据证明存在这种风险，人们还是会采取预防措施来尽量降低伤害。

火鸡和农场主

刘慈欣在《三体》中写了一则故事：一个农场里有一群火鸡，农场主每天中午十一点来给它们喂食。在舒服安逸的环境里生活了一段时间的火鸡们发现了这个规律：“每天上午十一点，就有食物降临。”但是，在感恩节那天，火鸡们被送上了餐桌。对于火鸡而言，随着时间的推移，由于农场主定时投喂它们，它们获得安逸生活的概率会越来越高。但是，感恩节是一条未知信息，如果火鸡知道所有可能的风险，就有必要重新评估它们的“安全”。但是，直到被农场主宰杀的那一刻，它们才知道自己漏掉了一条重要信息。因此，我们应当不断更新安全信息和数据，实事求是地对风险进行评估。

1.5 实验室安全的 RAMP 原则概述

本书的第 2 至 5 章将围绕一条简称为“RAMP”的安全原则展开。RAMP 原则是目前国际上最新且公认的化学实验室安全教育的科学原则。RAMP 原则由四个英文短语的缩写组合而成：**R**ecognize hazards（识别危害），**A**ssess risks（风险评估），**M**inimize risks（风险最小化），**P**repare for emergencies/**P**rotect environment（应急预案/环境保护）。美国化学会网站专栏对 RAMP 原则在实验室安全中的运用进行了专门介绍和强调。由 Robert H. Hill 教授和 David C. Finster 教授主编的经典化学实验室安全教材 *Laboratory Safety for Chemistry Students*（《化学实验室安全》），也是以这条原则为主线组织教学[4]。除此以外，文献库中有大量基于 RAMP 原则的安全教育研究文献，也表明该原则正引起相关学者及教育者的重点关注[7-10]。

这里，我们将以《基础无机化学实验》课程中的实验“三草酸合铁酸钾的制备和性质”实验为例，简要介绍一下 RAMP 原则在化学实验室安全中的运用。

（1）R：识别危害

该实验的所有危险源：①所有化学试剂（反应物、中间产物、最终产物与副产物）的具体相关信息（注意：这点最重要）；②反应条件与反应过程，如加热、加压、电、搅拌等。

“三草酸合铁酸钾的制备和性质”实验

涉及的化学试剂包括：莫尔盐 $[(NH_4)_2Fe(SO_4)_2 \cdot 6H_2O]$、草酸（$H_2C_2O_4$）、草酸钾（$K_2C_2O_4$）、高锰酸钾（$KMnO_4$）、三水合三草酸合铁(Ⅲ)酸钾（$K_3[Fe(C_2O_4)_3] \cdot 3H_2O$）、乙醇（$CH_3CH_2OH$）、硫酸（$H_2SO_4$）等。通过实验数据手册及化学品安全技术说明书（Material Safety Data Sheet，MSDS）等数据库，查找各种化学物质的理化性质，包括其易挥发性、毒性、腐蚀性、强氧化性等。

反应条件与反应过程：在“草酸亚铁的制备”步骤中需要进行“小火加热溶解”并“加热煮沸”，在“Fe(Ⅱ) 氧化成 Fe(Ⅲ)”步骤需要进行水浴加热，可能造成反应加热过度或引发起火、烫伤等；在“酸溶、配位反应”步骤需要用到乙醇、丙酮溶剂以及冰水（冰块），可能产生明火或加热板起火、通过呼吸或皮肤进入身体以及造成冻伤；“$C_2O_4^{2-}$ 的测定”和“Fe^{3+} 的测定”步骤需要使用硫酸溶液，直接接触皮肤可能造成灼伤；“$C_2O_4^{2-}$ 的测定”步骤温度过高可能导致草酸分解生成 CO 有毒气体。

（2）A：风险评估

从三方面评估风险：①暴露于以上危害中的可能性大小；②根据化学试剂的性质和用途考虑化学品暴露的程度；③后果严重性。

“三草酸合铁酸钾的制备和性质”实验

通过要求学生做好实验预习、提前熟悉实验流程，提醒学生在使用明火和加热装置时集中注意力，避免实验中因粗心大意和手忙脚乱而引发起火和烫伤；要求在使用明火、加热和产生挥发性气体时在通风橱内进行，可以有效减少在这些危险源中的暴露；通过佩戴丁腈手套、护目镜，穿好实验服，可以有效避免化学试剂与皮肤的直接接触；在设计实验方案时，尽可能降低反应规模，减少化学试剂使用量，可以进一步降低风险。

（3）M：风险最小化

根据风险的分级控制措施（hierarchy of controls，图1.8），可采用以下五种方法（有效性从强到弱）实现风险最小化和安全管理：完全消除（elimination）危害、部分替代（substitution）危害、采取工程控制措施（engineering controls）改善实验室硬件条件、采用管理控制措施（administrative controls）优化实验室管理和配备个人防护装备（personal protective equipment，PPE）。

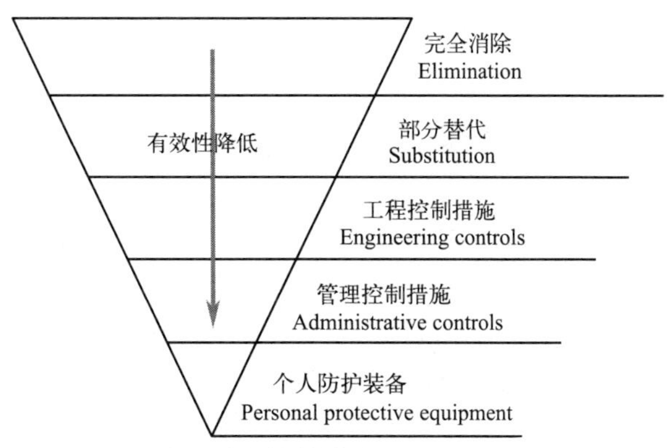

图1.8 风险的分级控制措施（hierarchy of controls）

“安全管理”的含义

“安全管理”一词，在不同使用场景中的含义是不同的。“安全管理”一词既有广义含义safety management，又有狭义含义safety administration。其广义含义可理解为“事故预防”；而一些场景中，如“化学实验室易制毒、易制爆化学品的安全管理”“化学实验室的多级安全管理制度”等，提到的“安全管理”取的是其狭义含义，可理解为“管理控制（administrative control）”。因此，“安全管理”的广义和狭义含义的区别与联系为：安全管理作为一个整体，涵盖了包括管理控制、个人防护在内的多方面内容，管理控制是安全管理的一部分内容。

个人防护装备包括：①个人防护装备种类；②个人防护装备防护等级；③应对实验事故的个人防护装备。

“三草酸合铁酸钾的制备和性质”实验

必需的个人防护装备：阻燃实验服、丁腈手套、护目镜。实验操作在通风橱中进行，确保通风橱的正确使用。

（4）P：应急预案/环境保护

应急预案应当包括：①紧急装置（急救箱、冲淋装置、洗眼器、灭火器和其他灭火器材等）的位置与检查；②紧急联系人、联系方式与响应时间，以及紧急情况急救人；③疏散逃生路线以及具体事故应急处理方案与演习。

环境保护应当主要考虑实验废弃物的处理，包括：①废弃物类别，以及是否有害；②不同类型废液及废液与废液缸（桶）的相容性问题；③提前给不同类别废液缸（桶）贴好标签，以方便废弃物分类处理。

“三草酸合铁酸钾的制备和性质”实验

应急预案应该包括：锐器割伤、皮肤或眼睛腐蚀、烫伤、起火等内容。

应该提前准备有机和无机废液缸（桶），无机废液缸（桶）应区分氧化、还原两种，注意不能将强氧化性的高锰酸钾和硫酸与还原性物质混倒。

1.6 化学实验室中的“黑匣子思维”

加利福尼亚州圣迭戈先进化学品安全咨询机构负责人 Neal Langerman 在 2009 年发表的一篇关于“化学实验室化学反应事故”的文章中曾指出一个令人痛心的结论：绝大部分的学术实验室都属于不安全的学习或者工作场所；只有极大地改变我们的实验室安全实践方式，方能改善这一情况[11]。尽管如此，此后数十年里，化学实验室中的严重安全事故依旧时有发生。当科研人员对学术实验室安全进行回顾和反思时，仍然只能得到一个遗憾的结论——这些年，我们对于学术实验室安全问题的理解和处理还远远不够。除了围绕自身学科思考，我们是否能够从其他行业和学科中获得更多关于安全问题的理解和启发呢？比如当今世界上的两个与生命安全关系最紧密的行业：航空安全和医疗安全。在《黑匣子思维——我们如何更理性地犯错》一书中，作者对比了航空和医疗业对于失败（事故）的不同态度和思维方式，并对我们无法理性面对失败（事故）的原因进行了分析，揭示了“黑匣子思维”和“开路循环”态度的运用对工作和日常生活的重要性，可以为化学实验室安全提供重要借鉴[12]。

1.6.1 黑匣子思维和开路/闭路循环

我们知道，黑匣子是“航空飞行记录器”的俗称。通过记录飞行数据和驾驶舱内的声音（包括对话），黑匣子可以为航空事故调查提供客观、全面的信息。随着科技进步，黑匣子也在不断更新换代，记录的数据种类和数量也在不断增加。一旦发生航空事故，航空公司往往会迅速成立调查小组，根据黑匣子存储和提供的信息，对事故发生的原因进行详细分析，并将事故调查报告提供给全世界的航空公司和飞行员免费查阅。得益于这种思维和严肃对待各种事故的态度，整个航空业可以从各种记录和总结的事故中不断学习，吸取经验教训，保证极低的飞机事故发生率（八百三十万分之一，相当于每 100 万次飞行中只有 0.12 次事故发生）。

将上述航空业中对待事故的处理方式推而广之，“黑匣子思维”指的是“一种经常可以在失败后展开调查、总结教训并从中学习的意愿和决心。这种思维模式能指导人们建立一种机制和观念，让各行业从错误中学习，而不是被失败吓倒。”

由此，我们可以拓展“黑匣子思维”，将其进一步应用于化学实验室安全管理。凭借“黑匣子思维”，促使我们改变对化学实验室安全事故视而不见、逃避甚至是恐惧的态度，对化学实验室安全的大小事故（包括未遂事件）进行报告、记录、调查分析、总结和分享讨论，并能将化学实验室安全相关的碎片化信息进行整合并转化为一种简要、方便、系统性、可传播的知识。在化学实验室中培养学生、教师、科研或管理人员等的“黑匣子思维”，将有助于逐渐降低化学实验室事故发生率，尽可能减少甚至避免事故可能造成的严重伤害。

在《黑匣子思维》一书中，作者还提出了“开路/闭路循环（open/closed loop）”的概念：“闭路循环指的是关于错误和缺点的信息，被人为曲解或忽视导致失败，发生后无法进步；而开路循环则指向进步，因为针对错误的反馈信息得到了妥善的处理。”这两种面对失败时截然不同的态度，显然会带来不同的影响。作者还对开路/闭路循环思维在航空、医疗、司法等领域中造成的差异结果进行了比较和深入讨论分析。

同样的，在化学实验室中，持闭路循环消极态度的人，可能掩盖和粉饰错误而非直面错误，甚至对结果进行歪曲性解读。这些行为无疑都不利于消除隐患、减小风险。化学实验室中存在不少未遂事件，但是这些尚未造成严重后果的不安全行为，同样应当被报告、调查分析并采取预防措施。唯有持开路循环积极态度的人，才能够认识到并承认“我们以为自己知道的”与“我们真正知道的”之间、理论模型与实际系统之间存在的鸿沟，积极面对错误和失败，并将其视为学习的最佳途径，从中汲取教训，最终确保自己与实验室所有人员的安全。

(1) 请举出科学史中闭路（开路）循环思维的案例。

(2) 请举出化学实验室中闭路（开路）循环态度的一些表现。

1.6.2 我们无法理性面对失败（事故）的原因

通过学习航空安全的经验，建立化学实验室中的“黑匣子思维”，为我们提供了一种不同以往的面对事故和失败的思路和积极的开路循环态度。然而，开路与闭路循环并不是两个离散的状态，我们也很难直接对这两种状态进行定义和判别。但是，我们可以从两个方面来分析闭路循环态度，以此归纳得到我们无法理性面对失败或者事故的真实原因：认知失调和谴责文化。

“认知失调（cognitive dissonance）”这一概念最早由美国心理学家 Leon Festinger 提出，即当一个认知推断出另一个对立认知时而产生的紧张和不安状态。比如我们明知不应该熬夜，但是仍然想在睡觉前刷一会儿短视频或者打游戏，这时就会产生一种令我们觉得不舒服的失调。当我们意识到自己在实验室中犯错（或险些）造成事故时，我们的自信会受到威胁，这种感觉如芒在背。为了减少这种失调，我们有两种选择：一是承认自己的错误，二是掩盖逃避自己的错误。选择前者将动摇我们的自信，接受我们并没有自己想象中的聪明能干。选择后者，我们会通过修改、粉饰或者彻底忽视事实，从而获得自我安慰，拒绝学习和改变。尤其值得注意的是，人的心理活动和意识往往复杂、难以捉摸。掩盖逃避错误时的自我欺骗和自我辩护，并不等同于蓄意欺骗和辩护，因此犯错的事实以及导致犯错的原因将更加隐秘。这一点，在很多实验中已经得到证实。正如作者所说，“最善于隐瞒的不是那些有意自保的人，而是那些根本意识不到自己有什么事需要隐瞒的人。”正因如此，我们更加应该借用“黑匣子思维”，正视事故的发生，通过与他人讨论、组织和参与调查等来全面挖掘事故发生的真实原因。

“谴责文化”也是造成闭路循环态度的重要原因之一，因为它会带来自我保护。面对被谴责的恐惧会迫使人们隐藏关键信息。我们应该时刻谨记，我们所应对的世界具有复杂性，包括实验室中的事故。过早地、一味地谴责，可能属于一种叙述性谬误，是人类大脑偏见造成的一种过度简化的行为。当事故发生，在没有弄清事故发生的真相以前，应当避免直接谴责他人。只有通过深入彻底的调查，当所有人都明白会受到公正对待从而更愿意坦诚自己的错误与其他关键信息，才能发现真正的问题，进而有机会将深层次的系统性问题暴露出来并加以解决，举一反三，避免类似的实验室安全事故再次发生。

Robert H. Hill 教授在《化学实验室安全》一书中也强调：调查事故不是为了将事故归咎于个人并对个人进行谴责；我们应当关注的是，导致事故发生的多种决定因素以及如何管理这些因素以避免事故再次发生。具体而言，对事故的调查应该围绕“发生了什么”“事故如何发生”和“事故为何发生”三个问题，并将重点落在最后一个问题上，即“事故为何发生”。尤其值得注意的是，对于事故原因的调查结果，如果仅归咎于个人行为，说明调查只停留在了简单的、浅层的原因。要想接近和找到事故发生的真正原因，我们应当不断追问和回答“为什么”。简单举一个例子：

一名学生在实验操作中用嘴来吸移液管。

提问：为什么？**回答：**学生未能识别该错误操作存在的危害。

追问：为什么？**回答：**可能教师未能在实验前提醒学生正确操作。

追问：为什么？**回答：**可能教师未能意识到学生可能会存在错误操作。

追问：为什么？**回答：**可能教师在实验前未能花时间考虑和评估这一实验存在错误操作的可能和风险。

追问：为什么？**回答：**可能教师未接受过该实验操作存在危害和风险的培训。

追问：为什么？**回答：**可能学校和学院对教师的具体安全培训不够。

由此可见，实验室安全事故的发生，往往是由多种因素累积造成的（Reason 教授提出的“瑞士奶酪事故模型”），而不问青红皂白地谴责个人（比如责怪上述错误操作的学生），只是扬汤止沸，并不能减少和避免实验室中同类型事故的再次发生。因此，在实验室中我们应当尽量避免“谴责文化”，重点关注未遂事件和安全事故发生的真实原因，建立一种开放、诚实和包容的安全文化和观念。关于实验室安全文化的更多内容，我们将在第 6 章中继续展开讨论。

思考

（1）请同学们从《黑匣子思维》中找到“认知失调”和“谴责文化”表现的具体事例。

（2）请同学们就你们所知道的实验室某一事故展开调查和讨论，围绕“发生了什么”“事故如何发生”“事故为何发生”三个问题进行展开，并对“事故为何发生”进行至少五次发问和回答。

（3）请同学们思考我们还能从航空安全、医疗安全以及其他行业安全中汲取哪些与化学实验室安全相关的经验。

参考文献

[1] A Dana Ménard，Trant J F. A review and critique of academic lab safety research [J]. Nature Chemistry，2019，12 (1)：1-9.

[2] Bai M Q，Liu Y，Qi M，et al. Current status，challenges，and future directions of university laboratory safety in China [J]. Journal of Loss Prevention in the Process Industries，2022，74：104671-104772.

[3] George M，Whitesides. Reinventing Chemistry [J]. Angew. Chem. Int. Ed.，2015，54：3196-3209.

[4] Hill R H，Jr，Finster D C. Laboratory Safety for Chemistry Students [M]. Wiley，2013.

[5] Goh C T. GHS Implementation to strengthen global chemical hazard communication：Will we ever get there [J]. ACS Chem. Health Saf.，2021，28 (3)：153-158.

[6] Reason. The contribution of latent human failures to the breakdown of complex systems [J]. Philos Trans R Soc Lond B Biol Sci. 1990，327 (1241)，475-484.

[7] 郭丽芳，张玮玮，王明文，等．化学实验教学 RAMP 体系的风险识别与评估研究 [J]. 实验技术与管理，2017，12，272-274.

[8] 郭丽芳，刘杰民，王明文，等．化学实验教学 RAMP 体系的风险减控与应急实践 [J]. 实验技术与管理，2018，35 (02)：263-265.

[9] 赖瑢，朱可佳，李厚金，等．基于 RAMP 安全原则的有机化学实验安全教育探索 [J]. 大学化学，2020，35 (7)，123-129.

[10] 伍星光，侯磊，刘芳媛，等．安全思维和事故模型研究分析与展望 [J]. 石油科学通报，2020，5 (2)，254-268.

[11] Langerman N. Reactive chemistry incidents in laboratories [J]. Journal of Chemical Health and Safety，2009，16 (2)，23-26.

[12] 马修·萨伊德．黑匣子思维：我们如何更理性地犯错 [M]. 孙鹏，译．南昌：江西人民出版社，2017.

习题

1. GHS 是______________________的缩写。

2. ①风险和②危害并不等同：____指的是一个人或一群人暴露于一种有害物质或境况时引发的伤害、疾病、功能丧失或者死亡的可能性。而可能引发有害或负面效应的物质或是境况是____。海中的鲨鱼是一种____，与鲨鱼游泳是一种____。(填写①或②)

3. RAMP 原则中的 R、A、M、P 字母代表的含义分别是：____、____、____、____。

4. 连接危害和风险这两个概念的是（　　）。

A. 暴露　　B. 接触　　C. 吸入　　D. 刺伤

5. 墨菲定律成立的条件是（　　）。

(1) 样本要足够大；(2) 不能假设它不会发生的事件；(3) 事件有大于零的概率；(4) 事件可以成为必然

A. (1)，(4)　　B. (2)，(4)　　C. (1)，(3)　　D. (2)，(3)

6. 按安全色的使用规定，黄色表示的意思是（　　）。

A. 指令、遵守　　B. 停止、禁止、危险、消防设备

C. 注意、警告　　D. 安全

7. 请分别写出下列安全标签的含义。

(1)　(2)　(3)　(4)　(5)

8. 请根据有关参考文献 [大学化学，2020，35 (7)，123-129] 和实验讲义，分析如何将 RAMP 安全原则运用于“己二酸的制备”实验。

RAMP 原则Ⅰ识别危害

RAMP 原则的首字母 R 代表的含义是“识别危害（recognize hazards）”，即，识别实验室中可能引发有害或负面效应的各种物质或情境。化学实验室中存在的危险源主要包括：化学品中毒、火灾、爆炸、气瓶、加热体系与压力体系、外伤和辐射等。在本章中，我们将逐一介绍这些危险源。

2.1 化学品中毒

化学品种类繁多，其中的有毒化学物质，在生产、使用、存储和运输过程中均有可能对人体造成伤害，稍有不慎就容易发生中毒事故。识别化学品中毒危害，需要了解化学品进入人体的途径，知道影响化学品毒害性的因素，认识物质毒性的相关概念，并明白毒理学中常见的三大原理。

2.1.1 化学品进入人体的途径

化学品进入人体的途径主要有四种，分别是呼吸道吸入、皮肤接触、消化道吞入和刺伤。

（1）呼吸道吸入

各种气体、溶剂的蒸气、烟雾和粉尘等经人的呼吸道进入肺部，被肺泡表面吸收后，随血液循环进入人体，引起中毒。例如，若因操作不慎或者安全防护不周导致吸入丙烯酰氯（分子式为 C_3H_3ClO），可能会引起多种中毒症状，包括流鼻血和胃肠道溃疡等（图 2.1）[1]。

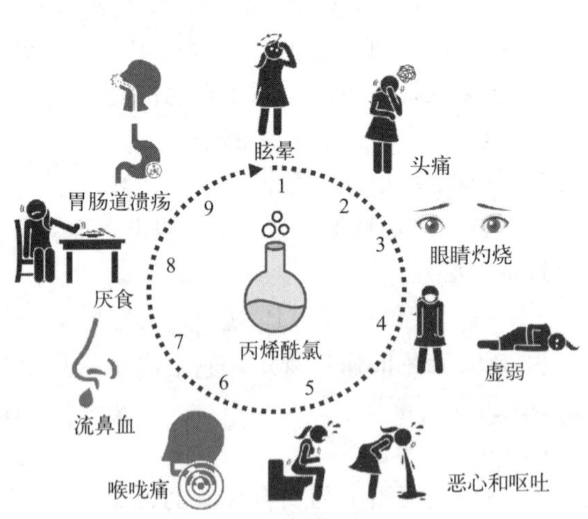

图 2.1 误吸入丙烯酰氯后的中毒症状

历史案例

有毒物质通过呼吸道进入人体引发中毒的案例有很多。十九世纪法国伟大的军事家、政治家拿破仑·波拿巴的死亡可以算是其中最著名的一桩。对于拿破仑的死因有众多猜测，其中一种看法认为，鉴于拿破仑的头发样品中砒霜含量高得非比寻常，这有可能与他被流放圣赫勒拿岛期间的居住环境有关。20 世纪 80 年代找到他卧室里的一块墙纸样品，检测结果发现砒霜的含量高达 0.12 g/m^2。研究表明砒霜含量在 0.015～0.6 g/m^2 的墙纸会对人体的健康造成影响，即使是含量低于 0.006 g/m^2，对健康也存在着潜在的危险。圣赫勒拿岛上天气温暖、潮湿，很可能刺激了墙纸里的霉菌繁殖，而这些霉菌可以通过化学反应去除墙纸里的砒霜来适应环境，从而释放具有高度毒性的三甲基砷气体（结构如图 2.2）。虽然产生的三甲基砷量不太可能杀死拿破仑，但墙纸应该是影响到了他的健康。

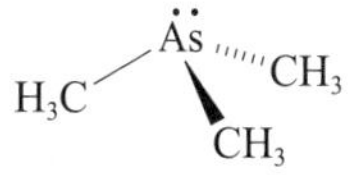

图 2.2　三甲基砷的结构

（2）皮肤接触

一些能溶于水或油脂的化学品可以经皮肤、黏膜吸收，再由血液运输到各器官，引起人体中毒。

经由皮肤吸收是高沸点化合物入侵的主要途径，如苯胺类、硝基苯等，而氯苯乙酮等毒性物质对人的眼角膜有较大危害。因此当皮肤上有伤口时，绝不能操作剧毒药品。

某些具有较好水溶性的无机盐，如硫酸铊(Ⅰ)，也可以通过皮肤接触进入人体引起中毒。为什么+1 价铊离子会有剧毒呢？从化学的角度来看，铊离子（Tl^+）与钾离子（K^+）电荷相同、半径相近，二者在性质上具有相似性。因此，铊中毒的症状可以认为是钾离子功能失效的直接后果（图 2.3）。这种由于离子相似性造成的毒性，也可以用来解释其他元素的毒性，如铍离子（Be^{2+}）和砷酸根（AsO_4^{3-}），它们分别表现出与镁离子（Mg^{2+}）和磷酸根（PO_4^{3-}）十分接近的化学性质，因此严重干扰人体内的正常化学反应。由于正常情况下自然界中存在的 Tl^+、Be^{2+}、AsO_4^{3-} 等浓度不大，人体并没有进化出处理这些物质的代谢机制。

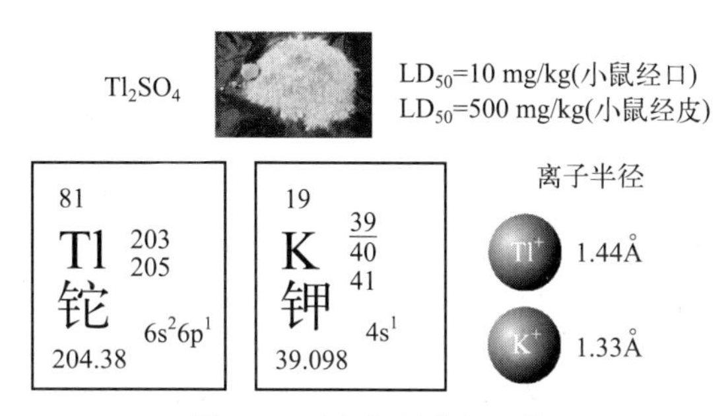

图 2.3　铊与钾的数据比较

（3）消化道吞入

化学品进入人体的第三种途径是消化道。在接触使用化学试剂后，由于个人卫生习惯不良，毒物可能随进食、吸烟等方式由消化道吞入而进入人体引起中毒。

（4）刺伤

在一些化学实验操作中，为了抽取和转移溶液，需要使用注射器和针头。然而，普通的实验手套和实验服对尖锐针头的防护效果十分有限。因此，在实验操作过程中或结束后处理针头时，都有可能发生针头戳破皮肤直接将有毒化学品注入人体的事故。

事故案例

2018 年 6 月，法国里昂大学一名 22 岁的学生用注射器转移二氯甲烷时，意外地将针头刺到手指上，注射器中残留的不足 100 微升的试剂进入体内。15 分钟后，他的手指泛起紫色血块，2 小时后创口发黑发烫，疼痛难忍。医生刺穿创口皮肤、割去伤口周围的组织并彻底清洁处理后，他的手指只剩下二分之一，伤口经重新植皮后仍需要依靠服用止痛药减缓疼痛。导师在征求了他的同意后，在 *ACS Central Science* 上专门发表了一份报告，详细地讲述了该事件的始末，以警示实验室针头危害（图 2.4）[2]。

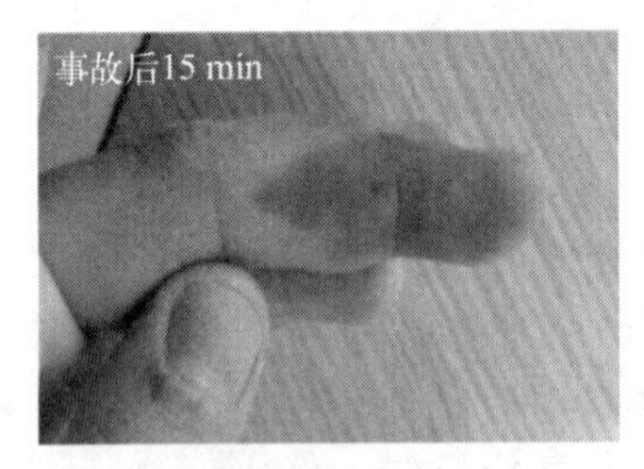

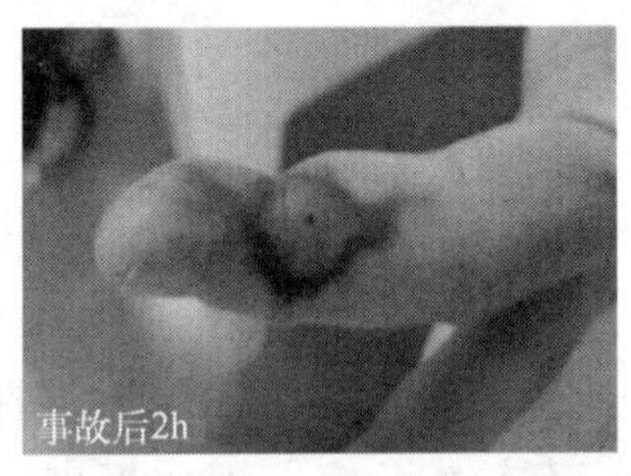

图 2.4　学生使用注射器转移二氯甲烷时意外将针头刺到手指的中毒症状[2]

2018 年 12 月，美国一名化验员在小鼠尾静脉注射时，将带有基因改造后牛痘病毒的针头刺进了自己的手指。在接下来的十几天里，她的手指变得肿大、发黑，并出现了高烧的症状，同时左腋窝淋巴结肿大，手指的疼痛、肿胀加重。直至注射了病毒抑制剂，高烧和淋巴结炎症才消失，但手指的状况变得更加糟糕，只能等待它慢慢恢复。

除了针头，沾有化学品的破损玻璃，也有可能造成中毒事故（在“2.6 外伤”中，我们将继续讨论这一危险源）。在使用和处理尖锐物品时，需要十分警惕，最好使用特殊材质的手套。此外，还应确保实验室配备用于存放尖锐废弃物的专用收集箱，并且确保其处于正常使用状态。

在真正发生刺伤事故以前，我们需要提前了解应当采取何种措施来处理这类事故，以最大限度地减少伤害。例如，意外注入任何溶剂，尤其是二氯甲烷等有毒溶剂，应予以高度重视，并立即采取行动。如果穿刺伤口和周围区域的颜色在短时间内变为粉红色或紫色，这很可能是组织坏死的迹象，必须迅速进行医学评估和治疗。发生事故后尽量不要惊慌，应尽快向其他实验人员、导师甚至是医务人员报告。不论是自己还是其他人受伤，都不要盲目自信，认为可以独自判断伤情、处理伤口。此时，获得其他有经验人员的支持和帮助，可能至关重要。

化学品进入人体后与人体发生作用的机制包括两种：与人体组织作用和进入大脑。了解这些机制，将有助于我们在使用相关化学品时提高警惕。

① 与人体组织作用。化学品一旦进入血液循环，通常很容易进入大多数组织。大多数毛细血管都有不小的孔洞，经此孔洞，化学物质往往能够自由进出大多数组织。

② 进入大脑。与普通人体组织不同，大脑有道特别严密的防卫机制，即血脑屏障。因为高脂溶性的物质能够在组织间移动，进入大脑。因此，在使用有机类高脂溶性物质时，需要特别注意。

2.1.2 影响化学品毒害性的因素

以下五种因素可不同程度影响化学品的毒害性。

（1）化学结构

化学结构是决定化学品毒性的物质基础，分子的取代基、异构体和立体构型，同系物的碳原子数和结构、饱和度等都可能影响毒性[4]。

化学结构影响化学品毒性实例[4]

① 烷烃类的氢被卤素取代后，毒性增强，且取代越多，毒性越大。毒性增强的原理可能是卤素取代氢原子后分子极性改变，更易与酶系统结合。例如：$CCl_4>CHCl_3>CH_2Cl_2>CH_3Cl$。

② 苯具有麻醉作用和抑制造血功能的作用，甲苯或二甲苯的造血抑制作用不明显而麻醉作用增强，苯胺具有形成高铁血红蛋白的作用，硝基苯或卤代苯则会产生肝毒性。

③ 取代基团位置和分子结构对称性也可影响毒性。如 o-氨基酚＞p-氨基酚；双(氯甲基)醚＞1,1-二氯甲醚。

④ 烷、醇、酮等碳氢化合物同系物的碳原子数越多，毒性往往越大（甲醇与甲醛除外），但当碳原子数目超过一定限度时（7～9 个），毒性反而迅速下降。例如：直链饱和烷烃 $C_3H_8\sim C_9H_{20}$ 的麻醉作用随碳原子数增加而增强。戊烷、己烷、庚烷毒性依次增强，但辛烷的毒性反而较低。其原因可能是随着碳原子数的增多，脂溶性增加、水溶性下降，不利于经水相转运，在机体内易滞留于最先遇到的脂肪组织中，不易到达靶组织。

⑤ ω-氟羧酸［$F(CH_2)_nCOOH$］的碳原子数为偶数时毒性大，奇数碳原子分子毒性小。

⑥ 碳原子数相同的同系物，毒性：直链化合物＞异构体，成环化合物＞未成环化合物。例如，将庚烷和异庚烷、正己烷和新己烷、环戊烷和戊烷分别进行比较，前者的麻醉作用大于后者。

⑦ 一般情况而言，毒性也会随着分子不饱和度增加而增强。例如，乙烷、乙烯和乙炔的麻醉作用依次增强。

（2）固体颗粒大小

当化学品密度和颗粒较小时，容易形成粉尘，增加了通过呼吸道进入人体的风险。还需要指出的一类情况是，在实验室称量固体化学品时，需要使用称量船或者称量纸，如图 2.5 所示，且该操作通常在通风橱中进行。我们应当注意，正常工作中的通风橱或实验室敞开的门窗所产生的较大风速，都有可能导致称量船或称量纸翻倒，从而使固体颗粒扬起，通过呼吸道进入人体。因此，在使用分析天平时，每次称量均应将天平门关好。使用开放式电子天平时，可佩戴口罩进行防护。

（3）溶解性

化学品的溶解性直接决定了其进入人体的途径，以及与人体组织或者大脑发生作用的机理。例如高脂溶性物质易进入大脑。

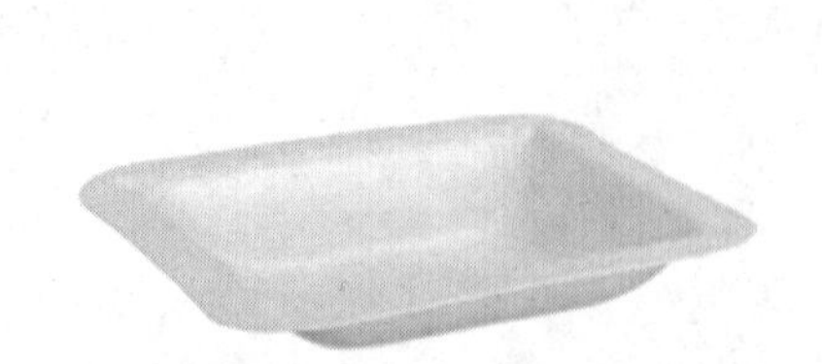

图 2.5　化学实验室用于称量化学品的称量船和称量纸

（4）挥发性

苯与苯乙烯的半数致死浓度均为 45 mg/L 左右，但前者的挥发性比后者大了 11 倍，经呼吸道吸入苯的危害性远大于苯乙烯。因此，应尽量避免吸入具有挥发性的化学品。即使有必要去闻化学品的气味，也不能把鼻子凑到试剂瓶口直接去闻，应该采用正确的方法：用手轻轻扇动瓶口的空气。

（5）颜色与气味

存放、处理或使用实验室中无色无味的化学品时，需仔细阅读标签。对于没有标签的无色无味化学品，应当十分谨慎。例如，无色无味的一氧化碳具有剧毒；外观与普通脱脂棉几乎无二的火药棉——纤维素硝酸酯，它的爆炸威力比黑火药大几倍；无色的浓硫酸具有很强的腐蚀性和反应性等。所以在实验室中接触各种化学品时，绝不能掉以轻心。

2.1.3　与有毒物质相关的概念

通常情况下，人们对有毒物质的定义是：通过接触、吸入、吞食等方式进入机体，并对机体产生危害作用，引起机体功能或器质性、暂时性或永久性的病理变化的物质。

在描述有毒物质的毒性，即物质引起疾病或死亡的能力大小时，最常用的概念是半数致死剂量（median lethal dose，LD_{50}）。半数致死剂量表示在规定时间内，通过指定感染途径，使一定体重或年龄的某种动物半数死亡所需的最小细菌数或毒素量。表达方式通常为有毒物质的质量和试验生物体重之比，单位为 mg/kg。常见化学物质的 LD_{50} 值见表 2.1。

表 2.1　常见化学物质的 LD_{50} 值

化学品	LD_{50}/(mg/kg)	化学品	LD_{50}/(mg/kg)
白磷，white phosphorus	3.03	氰化钠，sodium cyanide	6.4
水，water	＞90000	氯化钠，sodium chloride	3000
氟化钠，sodium fluoride	52	甲醇，methanol	5628
蔗糖，sucrose	29700	氰化氢，hydrogen cyanide	3.7
亚硝酸钠，sodium nitrite	180	盐酸，hydrochloric acid	238～277
钼酸钠，sodium molybdate	4000	甲醛，formaldehyde	600～800

一般而言，LD_{50} 数值高的物质，毒性小；数值低的物质，毒性大。对于某种特定化学品的 LD_{50} 数值，一般可以通过“MSDS（Material Safety Data Sheet，化学品安全说明书）”、*Bretherick's Handbook of Reactive Chemical Hazards*（《Bretherick 反应性化学危害手册》）及其他工具书和数据库获得（关于如何获取相关安全数据，详见“第 3 章 RAMP 原则Ⅱ风险评估”）。在使用和处理 LD_{50} 数值很小的化学品时，如白磷和氰化氢等，需要保持足够的注意力。

需要指出的是，LD_{50} 数值虽然十分重要，但并不是唯一和全面评估毒性的指标。LD_{50} 主要根据大鼠等实验动物一次急性暴露下引起的死亡数来确定，虽然 LD_{50} 在度量物质的严重危害时比较管用，但是却无法表征小剂量慢性毒副作用。如果只使用 LD_{50} 来描述一种物质的毒性，容易产生误导。比如 LD_{50} 数值相同的阿司匹林和滴滴涕（DDT，双对氯苯基三氯乙烷），前者是一种非处方药，而后者则是一种禁用的有机氯类杀虫剂。

描述毒性的另一个常用概念是半数致死浓度（median lethal concentration，LC_{50}），是指在一定实验条件下，引起受试动物发生死亡概率为 50% 的化学物质浓度，单位为 mg/L。半数致死浓度是衡量存在于水中的毒物对水生动物以及存在于空气中的毒物对哺乳动物乃至人类的毒性大小的重要参数。

此外，在有些化学品描述中，还会出现最低中毒剂量（lowest toxic dose，TDLo）、最低中毒浓度（lowest toxic concentration，TCLo）、最低致死剂量（lowest lethal dose，LDLo）或最低致死浓度（lowest lethal concentration，LCLo）等。

有一点值得强调的是，实验室中大多数化学品都是有毒物质，其毒性大小不一。化学品不等于剧毒物，很多人谈"化学"色变，是没有根据的。"毒理学之父"、瑞士医师和化学家帕拉塞尔苏斯（Paracelsus，1493—1541）在近 500 年前提出了一条关于毒理学的著名论断。

"What is it that is not a poison? All things are poisons and nothing is without poison. It is the dose only that makes a thing not a poison."

"什么不是毒药？所有物质都是毒药，不存在没有毒性的物质。毒药和良药的区别就在于剂量是否得当。"

上述论断引用率非常高，且适用于大多数物质。比如，LD_{50} 的单位是 mg/kg，意味着它与研究对象的体重有关。如图 2.6 所示，对于一个 75 kg 的成年人，即使是水和咖啡，当一次饮用量达到一定数值时，如 6 L 的水或者 118 杯约 240 mL 的咖啡，也会对人体造成极大的伤害。相反，某些物质剂量太小时，也可能造成伤害，比如人体内微量元素的缺乏，同样会引起贫血症、惊厥等身体疾病。简言之，"抛开剂量谈毒性就是耍流氓（the dose makes the poison）"。

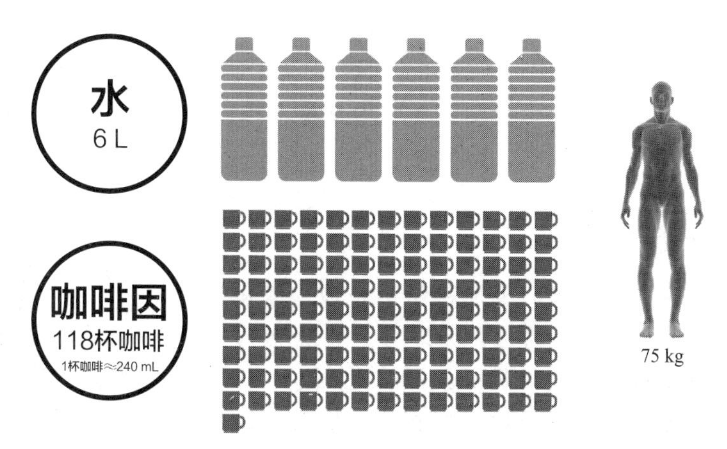

图 2.6　一次饮用 6 L 的水或者 118 杯约 240 mL 的咖啡也会对 75 kg 的人体造成极大的伤害

“抛开剂量谈毒性就是耍流氓”

实际上，很多食物中都含有对人体有害的天然化学物质，但是这些有毒物质的含量通常很小，远未达到有害程度。如图 2.7 所示，苹果、梨和李子等水果的果核中含有一种叫作苦杏仁苷的有毒物质。从它的分子式可以看出，这种化学名称叫作生氰糖苷的物质中含有氰基（—CN）官能团，有可能在人体内释放氰化物，导致人体中毒。此外，每千克梨中含有约 0.06 克的甲醛，每千克土豆中含有约 0.2 克的茄碱，西葫芦含有不同量的葫芦素 E。由此看来，尽管我们的日常食物中含有某些对人体有害的天然化学物质，但并不影响它们的食用安全性。由此，也进一步表明：不能说只要有有毒物质存在，就一定会对人体有害。

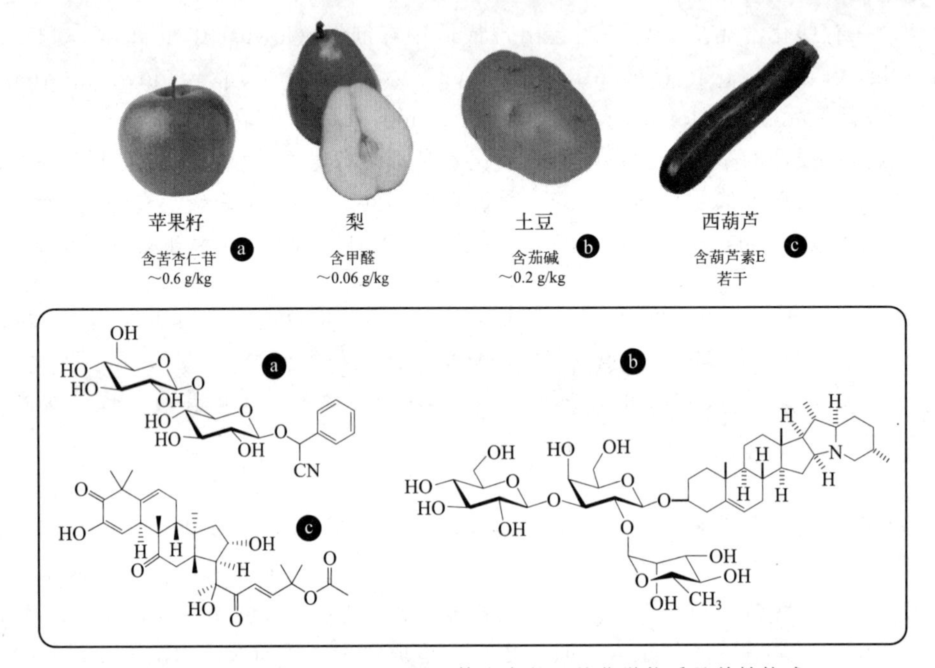

图 2.7　日常食物中含有的对人体有害的天然化学物质及其结构式

根据对人致死剂量的大小，化学物质的毒性一般可以分为五个等级，分别是微毒、低毒、中等毒、高毒和剧毒，我们可以通过前面提到的相关资料来查阅物质的毒理学参数，从而获取关于其毒性的详细信息。（化学实验室中常见金属、溶剂的毒性具体讨论，详见“第 3 章 RAMP 原则Ⅱ风险评估”。）

2.1.4　毒理学的三大原理

了解毒理学原理有助于我们更加科学系统地理解化学品中毒的危害。毒理学中常见的三大原理有：剂量-效应关系（dose-effect relationship），风险＝暴露×危害，个体敏感性、易感性和差异性。这些原理紧密相连，构成了毒理学的基石[3]（如图 2.8）。

图 2.8　毒理学的三大原理

（1）剂量-效应关系

“抛开剂量谈毒性就是耍流氓”这句话就是剂量-效应关

系的体现。剂量-效应关系关注的是多少量的化学物质会对生物体产生作用，以及产生怎样的作用。

效应（effect）表示暴露一定剂量外源化学物质后所引起的一个生物个体、器官或组织的生物学改变。剂量是动物或人接触化学物质在数量上的一种衡量，一般用化学物质的数量与体重的比值来表示。

$$剂量=\frac{物质的消耗量(mg)}{体重(kg)}$$

图 2.9 计算剂量时需要考虑体重

计算剂量时必须考虑体重（图 2.9）。相同量的化学品对成年人和儿童的影响是不同的。因此，成人可以服用的药，对儿童可能是禁用或慎用。即使是儿童药，由于儿童体重差异较大，也通常需要根据体重来计算用量。

反应（response）指在暴露于某一化学物的群体中，出现某种**效应**的个体在群体中所占比例，一般以百分比或比值表示，如患病率、死亡率、肿瘤发生率等[4]。

急性暴露与慢性暴露会造成不同效应。很明显，一次的大量饮酒与多次的少量饮酒，即使酒精量摄入总量相同，其效应也存在差异。

任何一种特定物质产生的效应，往往并不单一，而是一系列和多样的。这些效应随着剂量的大小、接触的时间长短和个体的差异而不同。识别单暴露源引发的急性反应相对容易，而辨别长期多暴露源下中毒反应的来源或机理则十分困难。例如，颜料、玩具等物品中的铅离子可能通过多种途径，如呼吸和消化道进入儿童身体，导致终身脑损伤等严重伤害。

（2）风险＝暴露×危害

在绪论部分，我们以鲨鱼和闪电为例，介绍了“风险”和“危害”的不同。对于人类来说，海中的鲨鱼是一种危害，选择与鲨鱼共泳则是一种风险；雷雨天的闪电是一种危害，在闪电时站在树下则是一种风险。危害是物质的天然属性，而风险是可以减小的。“风险”和“危害”之间通过“暴露”联系起来，即：

风险＝暴露×危害

风险的大小取决于暴露程度。减少在危险环境下的暴露程度，就能降低风险。可以说，没有暴露，风险将降低为零。暴露在危害中的方式、地点、时间、频次、剂量等因素都对风险的大小产生影响。在这些因素中，最重要的包括：暴露途径、暴露频率和持续暴露时间。

“暴露科学（exposure science）”的定义

人体通过身体边界（鼻、皮肤或口腔）与环境中一定浓度的物质在一段时间内的接触，物质穿过边界进入体内，形成了潜在的生物有效剂量[5]。

暴露途径是指有害物质进入到人体或其他生物个体的路线。在本章中我们已经讨论过，呼吸道、皮肤、消化道和刺伤是化学品进入人体的四条主要途径。需要注意的是，当各类物质通过不同的暴露途径进入人体时，吸收效率及其风险程度差异明显。

暴露频率不仅跟暴露出现的次数有关，也取决于两次暴露之间的时间间隔长短（暴露次数/间隔时间）（图 2.10）。因此，一种物质产生的效应/反应由暴露次数和时间间隔共同决定。以饮酒为例，十五分钟与四小时喝完 250 mL 烈性白酒，前者属于短时间内的高频暴露；一周每天都喝 250 mL 烈性白酒和每周仅一天喝 250 mL 烈性白酒，前者的频率明显更高，对饮酒者的健康影响更大。

图 2.10　暴露频率与暴露出现的次数及两次暴露之间的时间间隔长短有关

持续暴露时间与毒性也有密切的联系。同样以饮酒为例，一天内或几个小时内急性暴露于酒精会产生明显的迷醉状态，长期的慢性暴露于酒精会导致肝硬化。

(3) 个体敏感性、易感性和差异性

易感性是指对同一种有毒物质的同等暴露，一些人身体产生的反应比另一些人要大，它主要与年龄、性别、健康和遗传背景等因素有关（图 2.11）。

图 2.11　易感性主要与年龄、性别、健康和遗传背景等因素有关

敏感性与易感性有关，但一般指一些人对某些物质特别易感（图 2.12）。比如，对大多数人来说，被蜂蜇一次只是一件并不严重的事，而有些人则对蜂刺过敏，一次蜇伤也会有致命反应。不仅是蜂刺，花生、猫狗等动物、尘螨、咖啡等都可能引起一类人的过敏反应。据世界卫生组织统计，甚至还有一类人会表现出电磁辐射超敏反应，即 Wi-Fi 过敏。

图 2.12　少部分人对常见物质具有敏感性

敏感性中还有一种被称作“多重化学品敏感性（multiple chemical sensitivity，MCS）”的特殊现象。MCS 的特征是暴露于普通的食物、药品或化学品，多器官出现不良反应，而这些物质对大多数人不起作用。症状包括头痛、极度疲倦、注意力不集中、记忆力下降、哮喘以及其他一些主观性反应。MCS 被认为是在对一种化学品过敏之后而发展起来的。这种过敏泛化的结果，使得身体对同类化学品也过敏，低水平暴露就会导致过敏反应发生。

2.2 火灾

有关实验室火灾，本书将主要围绕以下几点内容进行讨论：一是面对火情，根据火灾发生、安全疏散及逃生自救的不同实际情况，应采取的一般处理原则；二是从燃烧三要素及燃烧反应的化学本质出发，探讨灭火的不同方式及常见灭火器的种类、使用及注意事项；三是介绍不同情况下的应急灭火处理，包括容器局部小火、反应体系着火、人体着火及烘箱着火等。

2.2.1 火灾发生后应采取的措施

（1）火灾发生

火灾发生时，应在向消防部门报警后，立即通知所在及相邻房间的人员进行撤离。在确保自己能安全撤离的情况下，采取正确的灭火方法和选用适当的灭火器材进行扑救。

常用的方法包括：

① 移走火点附近的可燃物；

② 关闭室内电闸以及各种气体阀门；

③ 对密封条件较好的小面积室内火灾，在未做好灭火准备前应先关闭门窗，以阻止新鲜空气进入，防止火灾蔓延；

④ 尽可能将受到火势威胁的易燃易爆危险化学品、压力容器等转移到安全地带；

⑤ 根据火灾的性质、类别选用如灭火器、灭火毯、消防栓等相应灭火器材进行灭火等。

（2）安全疏散

在听到火警警报或者采取相关措施对火灾进行扑救之后仍需立即撤离时，我们要面对的问题是如何确保安全疏散。

要做到有备无患，进入实验室时的第一要务是尽早熟悉消防疏散通道和疏散平面示意图（图 2.13）。不仅如此，在生活中（住宿、餐饮、学习和其他工作场所），我们也应当培养留意、关注消防疏散通道标识的良好习惯和安全意识，了解消防器材存放的位置，以备不时之需。

消防安全疏散示意图中应当非常清晰地标注火灾出口、逃生路线、报警点及灭火器等的位置。在有些示意图中还会注明集合点位置，以备发生火灾后，消防部门、学校学院及其他相关部门能第一时间对人员信息进行统计，确保没有人被困在火场。

思考

请找出：(1) 你周围的消防疏散通道标识和疏散平面示意图；(2) 你身边的灭火器材的类型和位置。

安全疏散时，注意事项主要包括三点：

① 在逃往紧急出口和集合点的疏散过程中，应当保持冷静，不要乱跑或盲目跟随别人，应辨清着火源方位和有毒烟雾流动方向，尽可能避开烟雾浓度高的区域，向火场上风处进行疏散。

(a)

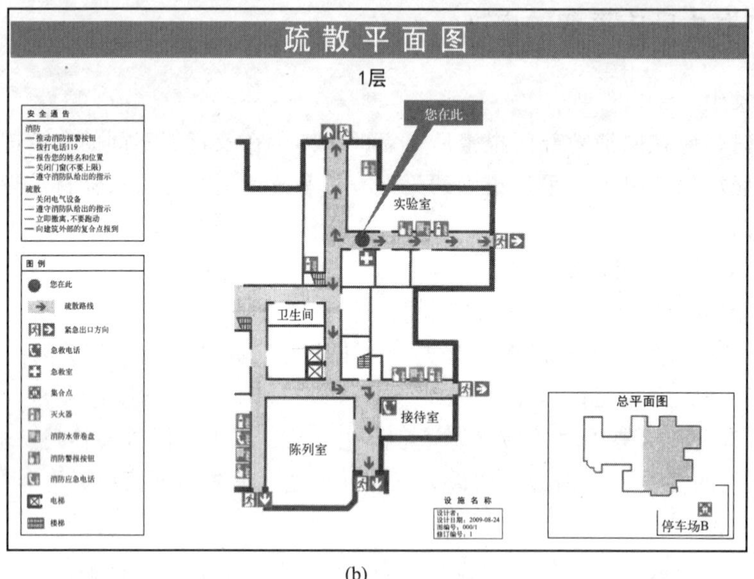

(b)

图 2.13　常见的消防疏散通道标识（a）和疏散平面示意图示例（b）

② 不要因寻找、携带贵重物品而浪费宝贵的逃生时间，也不要在疏散过程中携带过多物品而影响逃生速度。已经逃离险境的人员，切莫重返险地。

③ 疏散时不可乘坐电梯。电梯内通常也会张贴标识，提醒火灾时不可乘坐。发生火灾时不能乘坐电梯逃生的原因有二：一是电梯竖井不具备防烟功能，且会产生烟囱效应，使其成为拔烟助火的垂直通道；二是考虑到火灾时楼内电气线路可能被烧断产生次生灾害，通常发生火灾时，日常电力会中断，开启消防备用电力，这时，疏散指示标、楼道内应急照明亮起，电梯停运。

（3）逃生自救

如果遇到需要逃生自救的情况，我们需要注意哪些要点呢？

当身上已经着火时，应设法把着火的衣服脱掉或就地打滚，压灭火苗。简言之，就是“止步-倒地-翻滚（stop-drop-roll）”（图 2.14）。

那么，面对火灾时，当我们暂时处于安全位置，究竟应不应该不顾一切地逃出火场呢？这需要根据火势情况进行判断。

“小火快跑，浓烟关门”这八个字是消防人员总结的经验。在这里，小火是指刚刚发生的、火场温度较低、烟气很小且比较淡的火灾。遇到此类火灾，有能力且有装备的可以选择对其扑灭，防止小火酿成大灾，能力有限或者装备有限，又或者无法评估是否能够扑救的，应该迅速选择没有烟气的通道逃生。

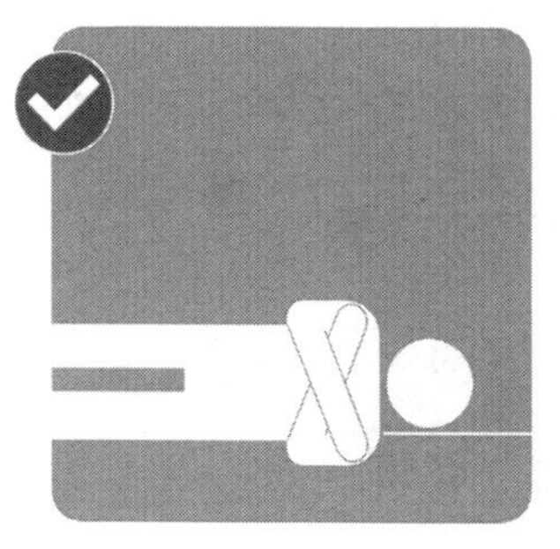

❶ 止步 STOP　　❷ 倒地 DROP　　❸ 翻滚 ROLL

图 2.14 “止步-倒地-翻滚（stop-drop-roll）”

开门前，建议先用手握下金属门把手以感应外面的温度。如果门把手不热，说明门外温度不高，火势可能不大，此时可以开一点门缝观察外面烟雾和火灾情况。若烟雾不浓，则可以从门口快速逃生。如果门把手很烫，则说明大火已经烧到门外，此时切不可盲目开门，若贸然开门烟火会扑面而来。在《高等学校实验室安全检查项目表》中规定：“实验室门上应有观察窗”。

经观察发现疏散通道有浓烟、高温、明火这三个特征时，就需要采取积极防御措施等待救援。积极防御是指，无法撤离时，应退回房间或卫生间内，关闭通往着火区域的门窗，将湿毛巾、湿毛毯等织物钉或夹在门上，有条件时可向门窗上浇水，以延缓火势蔓延或烟雾侵入，立即拨打 119 火灾报警电话，等待消防员救援。切记千万不要躲避在可燃物多的地方。如果房间内烟雾太浓，不宜大声呼叫，可用湿毛巾等捂住口鼻，防止烟雾进入口腔和呼吸道。在夜晚可使用手电筒或向室外扔出小东西发出求救信号。

紧急情况下，如果疏散通道被大火封堵，且短时间内无法等到救援，需从其他通道（如窗户，其他无烟楼梯）进行逃生时，可将床单、被罩、窗帘等撕成条拧成麻花状，将绳索一端拴在门或暖气管道上，用手套或毛巾将手保护好，顺着绳索爬下逃生。也可借助建筑物外墙的落水管、电线杆、避雷针引线等竖直管线下滑至地面。通过攀爬阳台、窗口的外沿以及建筑周围的脚手架、雨棚等突出物，也可以躲避火势和烟气。

在使用床单等结成绳索作为工具逃离时，也有一些需要注意的事项，包括如何打结才能确保牢固安全，以及楼层过高不建议采用这种方式强行逃离现场等。大家可参看消防队员的救援绳结教学进行练习（表 2.2）。

表 2.2　不同打结方法及其适用场景

	双股 8 字结	用于绳索救援时承载受力，牢固方便，不易松脱
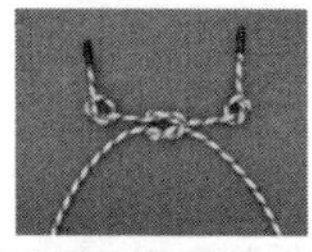	床单连接结	用于火灾发生后，现场没有救生器材时的家庭逃生
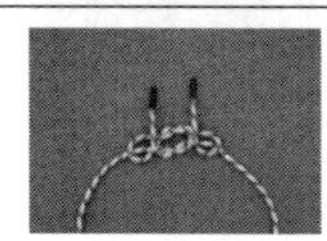	双平结	用于将相同粗细的绳索连接在一起

续表

双重连接结	用于粗细不同或潮湿绳索的连接
多个单结	用于攀登或下降时抓握
交叉连结	用于光滑物体的表面上系紧绳索的场合
双活扣连结	用于抓牢绳索,二次固定

另外需要谨记，火场逃生时切勿轻易跳楼，在万不得已的情况下，要选择较低的地面作为落脚点，可将沙发垫、厚棉被等抛下做缓冲物。

总之，逃生自救的注意事项包括：小火快跑、浓烟关门、积极防御以及切勿轻易鲁莽跳楼。

遭遇火灾的时候，迅速逃生是最好的选择，千万不要为了寻找贵重物品而耽误逃生时间，更不要在逃出火场以后因贪恋财物而返回。

2.2.2 灭火方式及灭火器

（1）燃烧三要素

在探讨灭火方法、灭火器的种类及使用之前，我们先从燃烧三要素（图 2.15）入手，来了解一下火焰和燃烧。

在燃烧三要素中，可燃物是指能与空气中的氧或其他氧化剂发生燃烧反应的物质；氧气是最常见的助燃剂，具有较强氧化性能，可作为氧化剂帮助和支持可燃物燃烧；引火源是指供给可燃物与氧气或其他助燃剂发生燃烧反应的能源。

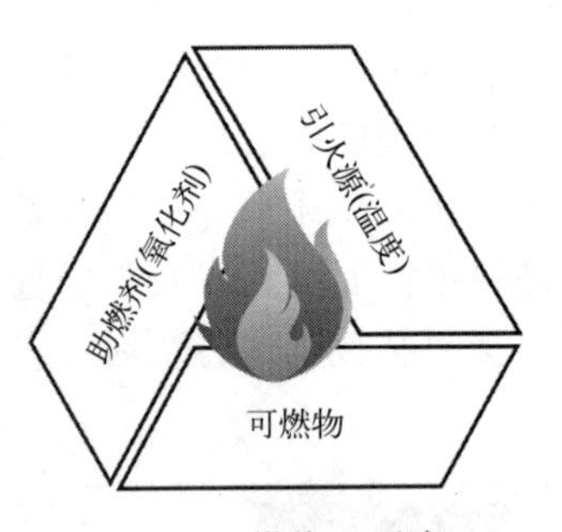

图 2.15　燃烧三要素：可燃物、助燃剂（氧化剂）和引火源（温度）

可燃物包括可燃固体（如纸张、木材等）、易燃液体（如汽油、酒精等）和可燃气体（如氢气、一氧化碳等）。助燃剂可以是空气中的氧气和氯气、氯酸钾和高锰酸钾等氧化物。电气设备、明火、静电和热表面等都可以作为引火源。

由可燃物、助燃剂和引火源三要素组成的燃烧反应，其化学本质是碳氢化合物与氧气作用生成二氧化碳与水蒸气，是一种自由基链式反应，生成的氢（H·）、氧氢（HO·）自由基等会加速大分子的裂解，并与氧气发生反应。

（2）灭火方式

通常的灭火方式，都是针对燃烧三要素及燃烧反应中产生的自由基，用其中一种或多种方式，进行科学灭火。

① 冷却法：是指降低着火物质的温度，使其降到燃点以下而停止燃烧，如用水或干冰等冷却灭火剂喷到燃烧物上即可起到冷却作用。

② 窒息法：是指阻止助燃氧化剂的进入，如利用二氧化碳、氮气、水蒸气等来降低氧气浓度，使燃烧无法持续。

③ 隔离法：是指将正在燃烧的物质与未燃烧的物质分开，通过中断可燃物质的供给而阻止燃烧。如用泡沫灭火剂灭火，产生的泡沫覆盖于燃烧体表面，在进行冷却作用的同时，把可燃物同火焰和空气隔离开来，达到灭火的目的。

④ 化学抑制法：是指让灭火剂参与燃烧反应，并在反应中起抑制作用而使燃烧停止。由于燃烧反应是通过链式反应进行的，燃烧过程中产生大量的自由基，与没有反应的物质接触而发生燃烧反应。如果能有效地抑制自由基的产生或降低火焰中的自由基浓度，即可使燃烧终止，起到灭火的作用。如用干粉灭火剂通过化学作用破坏燃烧的链式反应，终止燃烧。

(3) 灭火器种类

利用以上原理和方法进行灭火，最常用的工具就是灭火器。根据内装灭火剂的不同，灭火器有多种类型（图 2.16）[6]。

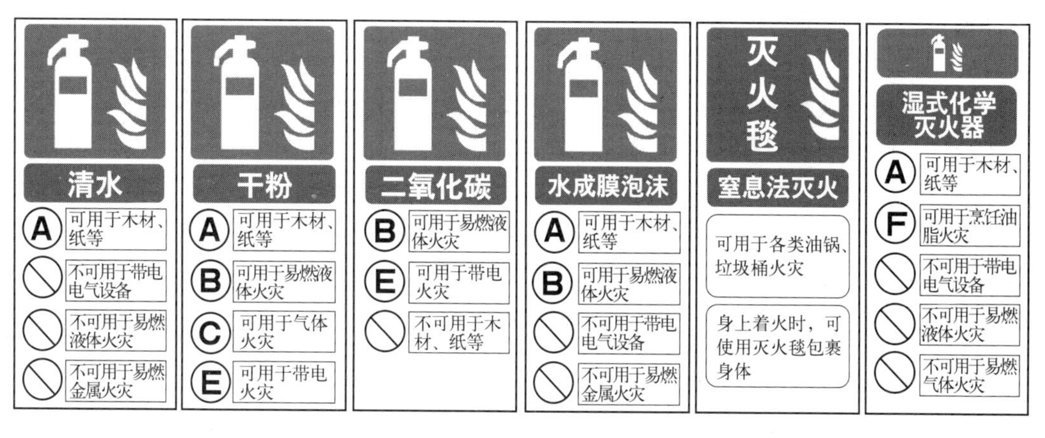

图 2.16　常见灭火器类型及其使用注意事项

① 清水灭火器：灭火剂的主要成分是水。水喷到燃烧物上，在被加热和汽化的过程中会吸收燃烧产生的热量，使燃烧物的温度降低到燃点以下，以达到灭火的效果。此外，水喷射到炽热的燃烧物上产生大量的水蒸气（1 kg 水汽化后可产生 1.7 m^3 的水蒸气），降低了空气中的含氧量，当燃烧物上方的含氧量低于 12% 时，燃烧就会停止。

② 干粉灭火器：按其内部充装的灭火剂的成分，分为 ABC 干粉灭火器（主要成分是磷酸二氢铵）和 BC 干粉灭火器（主要成分是碳酸氢钠）。灭火时，充装于容器中的加压气体驱动干粉喷出，形成一股粉雾流射向火焰，利用干粉与火焰接触、混合时发生一系列物理和化学作用，迅速把火焰扑灭。干粉的灭火作用主要表现在它会参与燃烧反应，借助化学作用消耗燃烧反应中的自由基，从而抑制燃烧反应的进行。此外，高温下，干粉颗粒受热分解增加了粉末的表面积，提高了灭火的效力。

③ 二氧化碳灭火器：二氧化碳是一种不燃烧、不助燃的惰性气体，具有较大的密度，约为空气的 1.5 倍。在常压下，1 kg 的液态二氧化碳可产生约 0.5 m^3 的气体。二氧化碳的灭火原理主要是窒息灭火，灭火时将二氧化碳释放到起火空间，增加了燃烧区上方二氧化碳的浓度，从而降低氧气含量，当空气中二氧化碳的浓度达到 30%～35% 或氧气含量低于 12% 时，大多数燃烧就会停止。另外，二氧化碳从储存容器中喷出时，液体迅速气化成气体，从周围吸收部分热量，具有一定的冷却作用。

思考

请根据针对燃烧三要素的灭火原理，思考二氧化碳灭火器能否用于木材、纸等起火，为什么？

④ 水成膜泡沫灭火器：简称 AFFF（aqueous film forming foam）灭火器，通常用于可燃液体的灭火，内装的泡沫灭火剂能够在液体表面形成一层抑制蒸发的泡沫水膜，在燃烧物表面形成覆盖层，可使燃烧物表面与空气隔离，达到窒息灭火的目的。泡沫封闭了燃烧物表面后，可以阻断火焰对燃烧物的热辐射，阻止燃烧物的蒸发或热解挥发，使可燃气体难以进入燃烧区。另外，泡沫析出的液体对燃烧表面有冷却作用，泡沫受热蒸发产生的水蒸气还有稀释燃烧区氧气浓度的作用。

⑤ 湿式化学灭火器：内装灭火剂为醋酸钾、碳酸钾或柠檬酸钾等。灭火原理是通过皂化反应（油脂与碱反应）在燃烧的油表面形成隔绝空气的肥皂泡沫，同时，其含水量有助于降低油温，使其低于着火温度。

⑥ 卤代烷化学灭火器：此类灭火器的灭火功能兼具物理和化学灭火机理：一是通过冷却吸热降低燃烧物表面的温度，并隔绝空气，达到灭火的目的；二是通过灭火剂在高温作用下产生活性自由基参与到燃烧反应中，与燃烧产生的活性自由基结合，形成稳定分子或低活性的自由基，从而切断氢与氧等自由基的链式反应，使燃烧反应停止。需要注意的是，这一类灭火剂中含有卤素，释放后可能会破坏臭氧层，并具有一定毒性，因此在世界不同地区有不同的限制使用规定。

我国的国家标准根据可燃物的类型和燃烧特性将火灾定义为六个不同的类别。

A 类火灾：指固体物质火灾。通常具有有机物性质，一般在燃烧时，能产生灼热的余烬。如木材、棉、毛、麻等。

B 类火灾：指液体及可熔化固体火灾。如汽油、原油、沥青、石蜡等。

C 类火灾：指气体火灾。如煤气、天然气、甲烷、乙烷、丙烷、氢气等。

D 类火灾：指金属火灾。如钾、钠、镁、钛、锆、铝等。这类火灾，除了时有发生的实验室金属钠粉着火外，在生活中也可能遇到。目前大多数汽车发动机采用的是镁金属，镁金属一旦起火，会产生剧烈燃烧。

E 类火灾：指带电火灾。

F 类火灾：指烹饪器具内的烹饪物火灾。如动植物油脂等。

在这六类火灾中，A、B、C 类分别对应固、液、气态，D 类对应金属，E 类对应电（可以理解为 electricity），F 类对应烹饪或者油炸（可以理解为 food or fried）。

火灾分类对选用灭火方式，特别是选用灭火器种类具有指导作用。通常情况下，灭火器上都会对适用于扑救的火灾类型进行标注。大家可以观察身边如教学楼、实验室、寝室等区域的灭火器位置，并了解其类型及适用的火灾类别（图 2.17）。

图 2.17　常见灭火器

(4) 灭火器的使用

灭火器的正确使用一般包括四个步骤：①提起灭

火器，②拔掉保险销，③瞄准火焰根部，④用力压下手柄，对准火源根部扫射。简而言之，即“提—拔—瞄—压”，或“PASS（pull—aim—squeeze—sweep）”（图 2.18）。

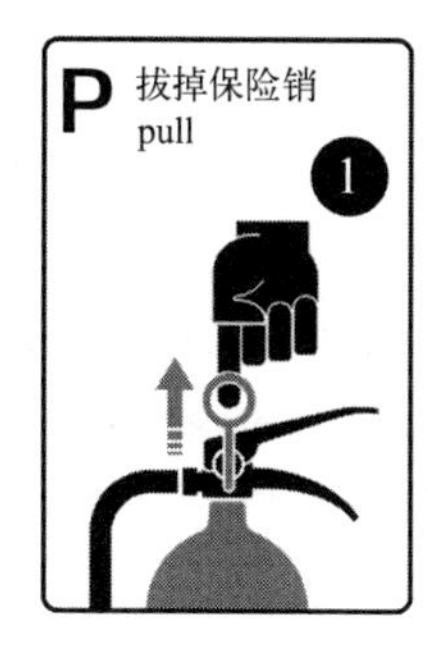

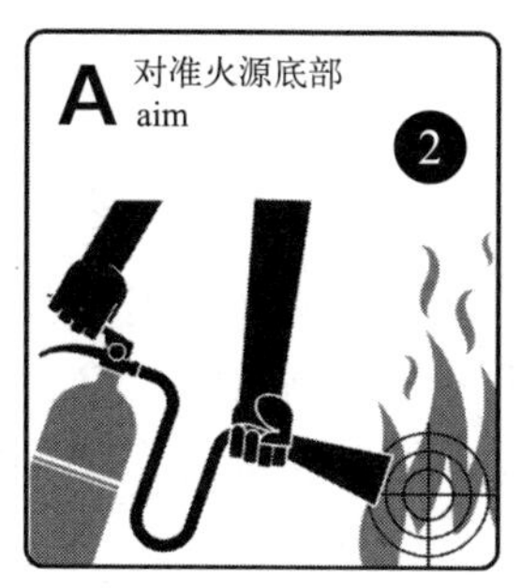

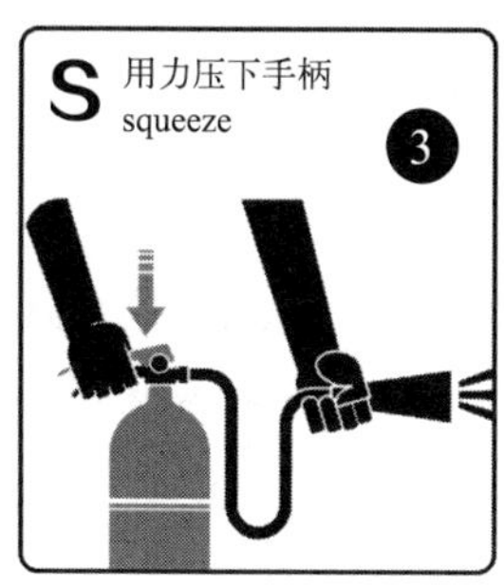

图 2.18　我国高铁上提示的正确使用灭火器的“PASS 原则”

灭火器的使用注意事项：

① 用前检查。使用灭火器之前，需要先检查灭火器保险销、喷嘴是否能够正常使用，压力表指针是否在绿色区域以及是否还在保质期内。

② 正确姿势。使用灭火器时，应当让灭火器始终保持直立的状态，不要将灭火器横抱或倒过来使用，否则灭火器可能无法顺利喷出干粉或二氧化碳。

③ 使用距离。灭火时，需要注意控制与火源的距离，过近过远都无法有效灭火，应在安全和有效距离内进行灭火。

④ 站立位置。在室外灭火时，要站在上风口或者侧上风口，避免火焰或灭火剂因风向吹过来对身体造成损伤。

此外，灭火器需要定期检查，发现压力异常或者瓶体损坏时，要及时更换，确保随时可用；不要随意玩耍灭火器，以免导致关键时刻无法正常使用，还可能因灭火器故障造成人员伤亡；注意灭火器的报废年限，报废的灭火器不仅无法有效扑救火灾，其本身还可能造成安全事故。灭火器自出厂日期算起，达到以下年限的，应报废：水基型灭火器——6 年，干粉灭火器——10 年，洁净气体灭火器——10 年，二氧化碳灭火器和贮气瓶——12 年。

2.2.3　灭火的应急处理

下面以实验室中四种情景为例来探讨具体的灭火应急处理：

① 容器局部小火：对于在容器中（如烧杯、烧瓶、热水漏斗等）发生的局部小火，可用湿布、石棉网、表面皿或木块等覆盖，使火焰窒息。

② 反应体系着火：在反应过程中，若因冲料、渗漏、油浴着火等引起反应体系着火时，有效的扑灭方法是用几层灭火毯包住着火部位，隔绝空气使其熄灭。扑救时必须防止玻璃仪器破损，如冷水溅在着火处的玻璃仪器上使仪器炸裂，或灭火器材击破玻璃仪器等，仪器破损易造成严重的泄漏而扩大火势。在使用灭火器时，可由火场的周围逐渐向中心处扑灭。

③ 人体着火：若衣服着火，应立即用湿抹布、灭火毯等包裹盖熄，或者就近用水龙头浇灭或卧地打滚以扑灭火焰，切勿慌张奔跑，否则风助火势会造成严重后果。记住前面提到的“止步—倒地—翻滚”法则。

④ 烘箱着火：烘箱有异味或冒烟时，应迅速切断电源，使其慢慢降温，并准备好灭火器备用。此时切勿立即打开烘箱门，以免突然供入空气助燃（爆），引起火灾。

关于特殊化学品起火的应急处理，包括压缩气体、液化气体、爆炸物品、遇湿易燃物品、氧化剂和有机过氧化物、毒害品和腐蚀品及其他特殊物品，一般情况下，需要交给专业人员处理。

2.3 爆炸

当巨大的能量突然释放时就会发生爆炸。这一能量或者来自蒸气压力过高的锅炉，或者来自涉及爆炸性材料的化学反应产物，又或者来自不受控制的核反应。若要发生爆炸，则在爆炸点必须有能量的局部积累和突然释放。释放的能量以冲击波、碎片抛射、热及电离辐射的形式消散。

2.3.1 爆炸的类型

爆炸的类型可以分为三类：物理爆炸、化学爆炸和原子爆炸。

（1）物理爆炸

当受到压缩的物质在经历物理状态的突变时会产生物理爆炸。在产生物理爆炸的同时，物质的潜能快速转化为动能，温度急速上升，在周围介质中形成冲击波。锅炉的爆炸是典型的物理爆炸，其原因是过热的水迅速蒸发为大量蒸汽，锅炉内部压力不断提高，当压力超过锅炉的极限强度时，就会发生爆炸。又比如，高压钢瓶受热升温，引起气体压力增高，当压力超过钢瓶的极限强度时会发生爆炸。

（2）化学爆炸

化学爆炸是由含有爆炸化合物的组分产生的，是发生在极短时间间隔内的化学反应或化学状态改变的结果，伴有大量热的产生，且通常会释放出大量气体（生成气体种类的规则，见表 2.3）。在化学爆炸中，放热转换和气体产生过程非常快，形成的高温气体可以在几分之一秒内充满容器。由于空间极小且爆炸的温度很高（几千摄氏度），因此其最终压力可达数百个大气压，高到产生足够打破容器壁和毁坏周围物体的冲击波。如果产生的冲击波足够强，对远处的物体也会产生破坏作用。

表 2.3 Kistiakowsky-Wilson 规则（K-W 规则）

规则	内容
①	碳原子被转化为一氧化碳
②	若有氧剩余则氢就被氧化为水
③	若还有氧剩余则一氧化碳被氧化为二氧化碳
④	所有的氮均被转化为氮气

（3）原子爆炸

原子或核爆炸产生的能量是化学爆炸所产生能量的百万倍甚至十亿倍。原子爆炸产生的冲击波与化学爆炸产生的冲击波相似，但是其持续时间更长。原子爆炸的特点是产生大量高能射线，其中中子流对于爆炸区域附近的任何人都是致命的，而与爆炸点有一定距离的人则会受到伽马射线的伤害，同时，原子爆炸也会发射强烈的红外线和紫外线。

2.3.2 爆炸的过程

大多数情形下，一个爆炸事件可以分为四个步骤：点火、爆燃的发展、爆燃转爆轰以及爆轰的传播[7]。

(1) 点火

通常认为，爆炸物的引发是一个热过程。当可燃性材料，例如爆炸物的一部分被加热至其点火温度或高于其点火温度时，就会被点燃。点火温度是维持引发（包括引燃引爆）过程进行所需的最低温度。

外部激励（external stimulus）产生的机械能或电能可由多种机制转变为热能，这些热量集中在局部小区域形成热点，一般热点的直径为 0.1～10 微米，持续时间为 10^{-5}～10^{-3} 秒，温度大于 900 ℃。热点的形成取决于能量的输入和爆炸物的物理性质，目前提出的热点形成机理较多，这里简单介绍两种：

① 外部激励产生的能量通过小的内部气泡进行绝热压缩而转变为热能，进而形成热点。在一定条件下，微型气泡的存在使得爆炸物变得极为敏感，轻微的撞击就能点燃。所以，为了使爆炸物变得对撞击钝感，可以采取措施消除所有气泡，使得爆炸物需要非常高能的撞击才能被点燃。

图 2.19 热点引发爆炸

② 爆炸物中有砂状颗粒，例如晶粒，也能产生热点。当颗粒的尺寸较小，边缘尖锐时，小的摩擦或撞击就可能产生热点，这是由于在应力点产生局部能量造成的。因此，摩擦和撞击都可能形成热点，从而引发爆炸（图 2.19）。

(2) 爆燃的发展

点火通常会导致爆炸物的爆燃。爆燃性爆炸物的传播是以热反应为基础的，爆炸过程速度通常是亚声速，低于声速。

(3) 爆燃转爆轰

当材料受到约束或数量较多时，爆燃能发展成为爆轰。爆轰是指以冲击波为特征，冲击速率远大于未反应物质中声速的化学反应，伴有大量的能量释放。

(4) 爆轰的传播

爆轰的反应区前沿是以超声速运动的激波，称为爆轰波。爆轰波扫过后，介质成为高温高压的爆轰产物。爆轰性爆炸物通过冲击波而非加热机制来引发爆炸物分解，燃烧表面处产生的压力脉冲使线性燃速升高，爆炸速率可以达到每秒千米级（2000～3000 m/s）。

2.3.3 化学实验室的六类爆炸

根据 2021 年发表的《中国高校实验室安全的现状、挑战和未来方向》一文[8]，2001—2018 年间化学实验室发生的安全事故中，爆炸事故占 39 起，共有 62 人受伤、6 人死亡。

事故案例

2021 年 7 月，某大学药学院一名学生在清理通风橱时发现之前毕业生遗留在烧瓶内的未知白色固体，该固体可能含有氢化钠或氢化钙，遇水发生剧烈反应，烧瓶炸裂产生的玻璃碎片刺穿该学生的手臂动脉血管。

2021 年 3 月，某研究所发生实验室安全事故，高温高压反应釜爆炸，导致一学生当场去世。

2016 年 9 月，某大学一研究生在氧化石墨烯制备实验中，向浓硫酸和碳粉中加入 30 克高锰酸钾时反应发生爆炸，学生当场失明，且全身数处被玻璃划伤。

2015 年 12 月，某大学一实验室储存的危险化学品叔丁基锂燃烧发生火灾，引起存放在实验室的氢气压力气瓶爆炸。

2015 年 4 月，某大学发生气瓶爆炸事故：事发实验室进行纳米催化元件的制备实验，实验采用的是私自充装的甲烷混合气体钢瓶，其中气瓶内甲烷含量达到爆炸极限范围。实验中开启气瓶阀门时，气流快速流出引起摩擦热能或静电，导致瓶内气体发生反应而爆炸。

2010 年 1 月，美国得克萨斯理工学院化学实验室发生爆炸（如图 2.20），造成一名研究生左手失去三根手指，眼睛和身体多处受伤。调查报告显示，实验中合成了约 10 克起爆物硝酸肼镍，远远超过了安全剂量。

图 2.20 得克萨斯理工学院化学实验室爆炸事故现场

与化学实验室相关的爆炸可以分为六类，分别是：易爆化学物质、可燃蒸气爆炸、粉尘爆炸、沸腾液体膨胀蒸气爆炸、电气爆炸和锂离子电池爆炸。

（1）易爆化学物质

化学实验室最常见的五种易爆物质有：含硝基官能团的爆炸物、高氮含量化合物、高卤酸盐、过氧化物以及雷酸盐和乙炔化物（图 2.21 为示例）[9]。

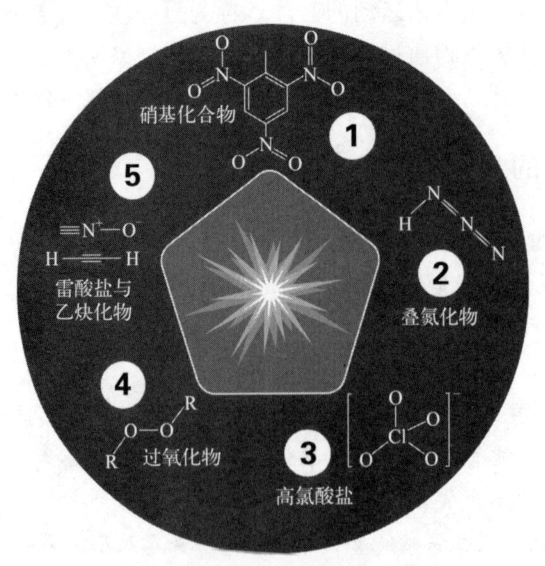

图 2.21 化学实验室最常见的五种易爆物质

① 含硝基官能团的爆炸物

这一类爆炸品的特点是含有硝基官能团，代表性物质是三硝基甲苯（trinitrotoluene，TNT，图 2.22），被称作“炸药之王”。脂肪族硝基酯类化合物和芳香族硝基化合物的危险性甚至高于 TNT。

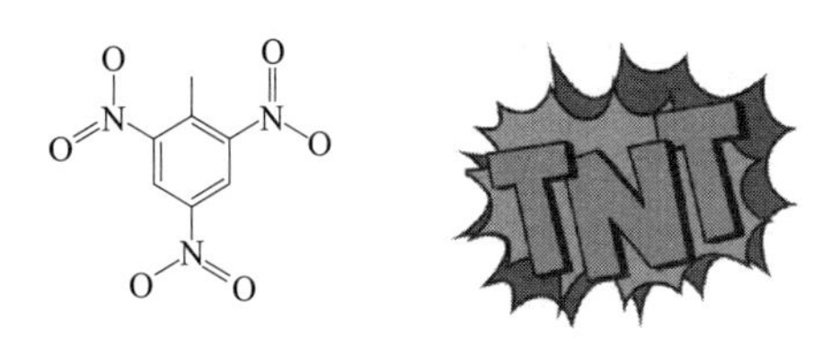

图 2.22　三硝基甲苯（TNT）的结构式

现以 TNT 为例，简单了解一下这类物质的爆炸原理。

$$2CH_3C_6H_2(NO_2)_3(s) \longrightarrow 3N_2(g) + 5H_2O(g) + 7CO(g) + 7C(s)$$

从 TNT 的分解反应方程式可以看出，每 2 摩尔 TNT 固体分解后将生成 15 摩尔气体，相当于 1 克 TNT 大概可以生成 1 升气体。大量气体伴随着反应中放出的大量热，可以生成强烈的冲击波。TNT 分子本身的含氧量较高，可以支持它自身燃烧，而无需其他物质提供氧。如果需要进一步提高 TNT 的爆炸能力，可以将 TNT 与其他富氧的爆炸物混合使用，把生成的单质碳也转变成气体。

除了 TNT 以外，硝化甘油（甘油三硝酸酯）和黑索金（即环三亚甲基三硝胺，旋风炸药，比 TNT 猛烈 1.5 倍）等，都是含硝基官能团的爆炸物。八硝基立方烷分子更是因为含有大量硝基和化学键张力，成为性能最强的几种炸药之一（图 2.23）。

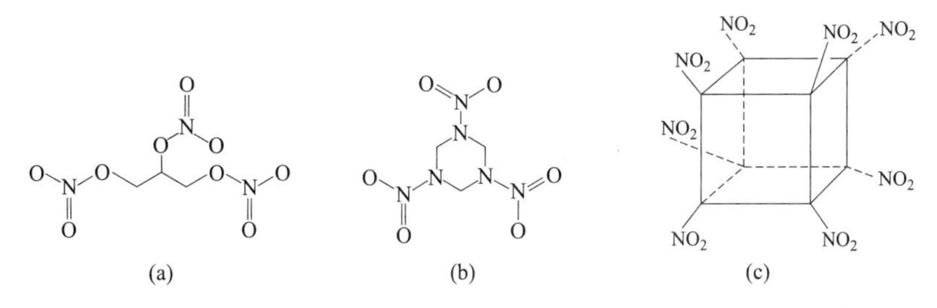

图 2.23　硝化甘油（a）、黑索金（b）和八硝基立方烷（c）的结构式

因此，在需要使用含硝基官能团的化合物时，如苦味酸（2,4,6-三硝基苯酚）、收敛酸（2,4,6-三硝基间苯二酚）、4,6-二硝基间苯二酚等芳香族化合物（图 2.24），以及己六醇六硝酸酯、硝化甘醇等硝酸酯类化合物（图 2.25），都应当引起高度警惕。过渡金属杂质的存在，可能会使这类化学品更容易被引爆。

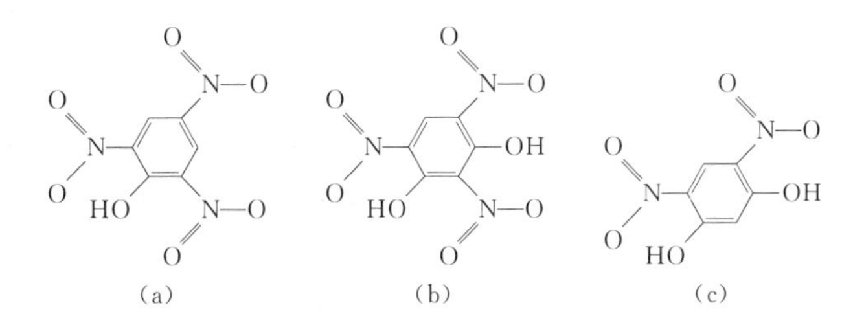

图 2.24　苦味酸（a）、收敛酸（b）和 4,6-二硝基间苯二酚（c）的结构式

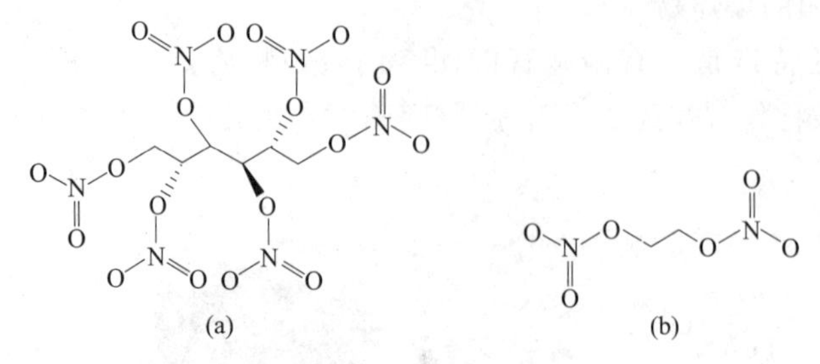

图 2.25　己六醇六硝酸酯（a）和硝化甘醇（b）的结构式

② 高氮含量化合物

第二类危险的爆炸品是以叠氮化物为代表的高氮含量化合物。当一个化合物中氮和氮-氮键的含量特别高时，该化合物的稳定性就应当引起高度关注。比如叠氮酸（HN_3）和联氨（NH_2NH_2），其氮含量分别高达 97.6% 和 87.4%，这两种物质都不稳定且具有爆炸性（图 2.26）。被用于安全气囊的叠氮化钠（NaN_3），就是利用了它在受撞击后能迅速分解爆炸产生大量气体的特点（图 2.27）。在实验室中使用叠氮化钠时，一定要切记避免使用卤代有机溶剂，以免产生有机叠氮化物。例如，二氯甲烷就可能与叠氮化钠生成高危险的二叠氮甲烷（图 2.28）。当有机叠氮化物中含有不饱和碳-碳键和多个叠氮官能团时，它们的不稳定性和危险性会更高，比如 1,4-二叠氮-2-丁烯。热、撞击、痕量的强酸或者金属盐都有可能引发这些物质的分解爆炸。

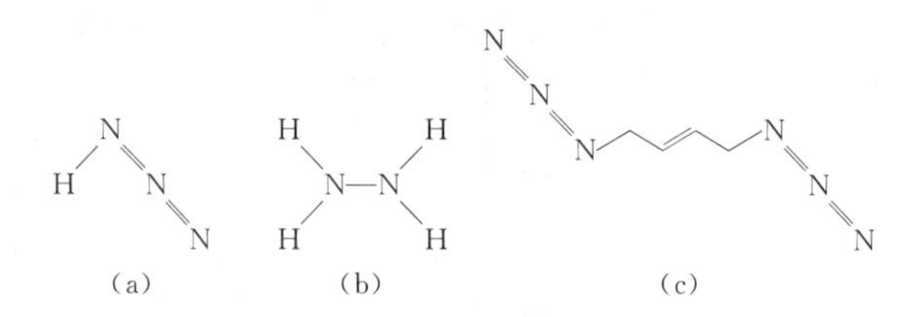

图 2.26　叠氮酸（a）、联氨（b）和 1,4-二叠氮-2-丁烯（c）的结构式

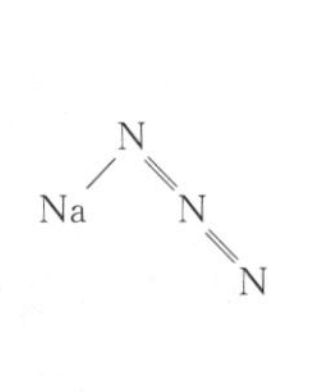

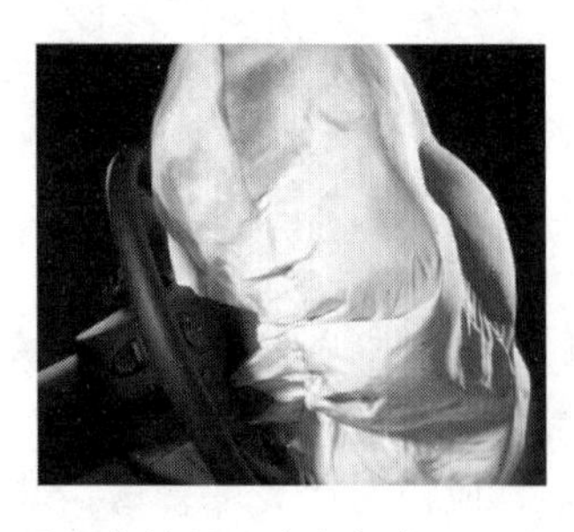

图 2.27　叠氮化钠用于安全气囊

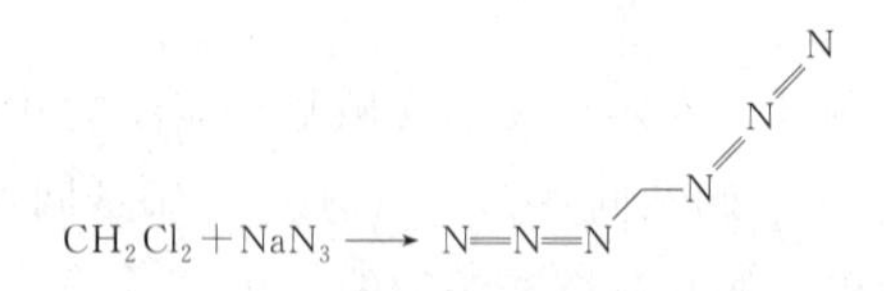

图 2.28　二氯甲烷可能与叠氮化钠生成高危险的二叠氮甲烷

一些不含叠氮官能团但氮含量高的化合物也可能具有爆炸性，比如三氯化氮（NCl_3）、三碘化氮（NI_3）、四氮化四硫（S_4N_4），具有环状结构的 5-三氯甲基四唑、六亚甲基四胺，同时具有链状和环状结构的四氮烯（tetrazene，特屈拉辛）等（图 2.29）。

此外，氮的含氧酸盐也可能存在爆炸性。2020 年 8 月 4 日，黎巴嫩首都贝鲁特港口区因 2750 吨硝酸铵保存不当，发生剧烈爆炸，造成至少 190 人死亡、6500 多人受伤，3 人失踪。这起事故的罪魁祸首硝酸铵由硝酸根阴离子和铵根阳离子组成，它们可以分别作为氧化

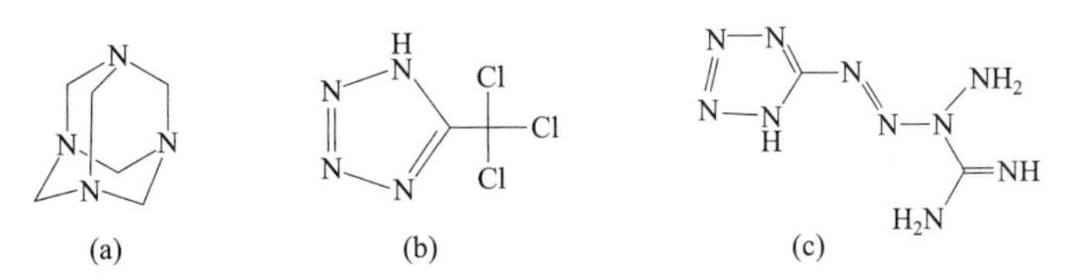

图 2.29　六亚甲基四胺（a）、5-三氯甲基四唑（b）和特屈拉辛（c）的分子结构式

剂和燃料，造成严重的爆炸事故。亚硝酸盐和金属硝酸盐也都可能成为危险源，因此，使用这类化学品时，应当提前仔细阅读 MSDS 资料。

③ 高卤酸盐

高氯酸盐、高溴酸盐、高碘酸盐等高卤酸盐，以及高锰酸盐、高锝酸盐和高铼酸盐，都具有强氧化性，存在爆炸风险（图 2.30）。在《Bretherick 反应性化学危害手册》一书中，就着重指出了以下三种化学品是极强的爆炸物：高碘酸二硝基二(乙二胺)合钴(Ⅲ)、高锰酸四胺合镉(Ⅱ）和高氯酸二吡啶合银(Ⅰ)（图 2.31）。

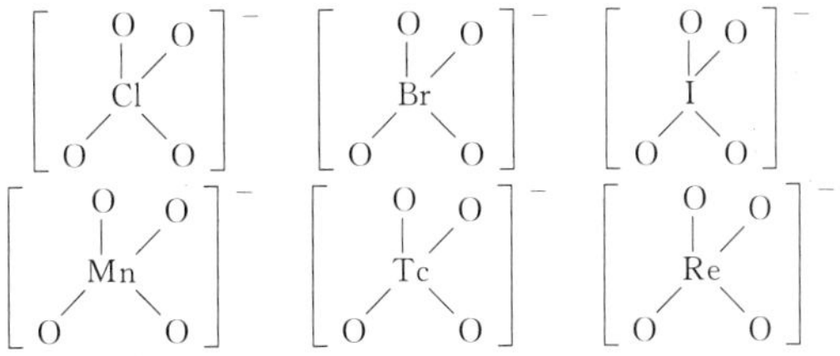

图 2.30　高氯酸盐、高溴酸盐、高碘酸盐、高锰酸盐、高锝酸盐和高铼酸盐示意

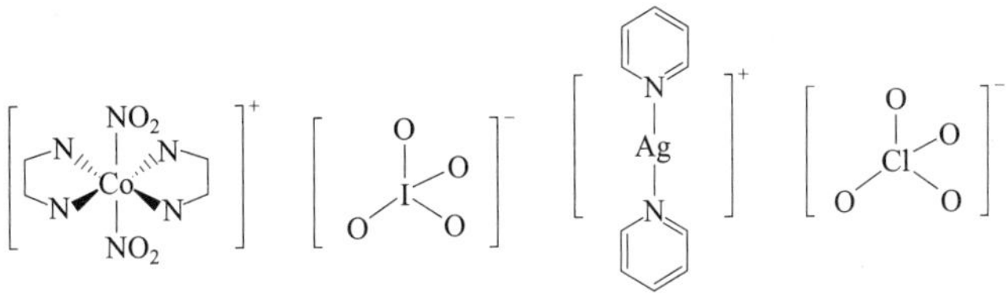

图 2.31　高碘酸二硝基二(乙二胺)合钴(Ⅲ）和高氯酸二吡啶合银(Ⅰ)的结构式示意

高氯酸铵作为一种固态火箭燃料组分，它跟硝酸铵类似，也是由铵根和强氧化性阴离子组成，具有爆炸性，是第三种常见的化学实验室爆炸事故的危险源。加热、干燥程度以及高氯酸根的浓度等这些因素都是在使用高氯酸盐时应当慎重考虑的问题。

根据 RAMP 原则的 M 原则“风险的分级控制措施”，在确定使用这些强氧化性阴离子盐之前，应当思考是否可以选用它们的替代物，如四氟硼酸盐（BF_4^-）、六氟磷酸盐（PF_6^-）、三碘化物（I_3^-）、三氟代甲烷亚磺酸盐（$CF_3SO_3^-$）等。如果高氯酸盐非用不可，那么实验时必须十分谨慎：尽量减小实验用量，避免脱除溶剂、干燥或结晶等提高盐浓度的操作，同时消除引发爆炸的因素，如撞击、刮擦、摩擦、火花等。

④ 过氧化物

第四类实验室常见的易爆物是过氧化物。过氧化物中最简单的过氧化氢，可以氧化有机物，生成对震动、撞击敏感的有机过氧化物，如过氧化氢异丙苯、叔丁基过氧化氢等（图 2.32）。

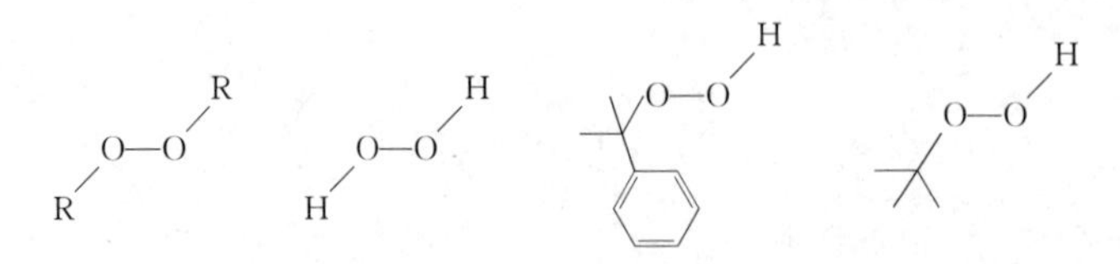

图 2.32　过氧化物、过氧化氢、过氧化氢异丙苯和叔丁基过氧化氢

丙酮可以与过氧化氢反应生成被称为“撒旦之母”的过氧化丙酮二聚体，该反应的另一种产物，三过氧化三丙酮，被称为“熵炸药”（图 2.33），甚至被用于制造 2005 年伦敦七七地铁爆炸案。

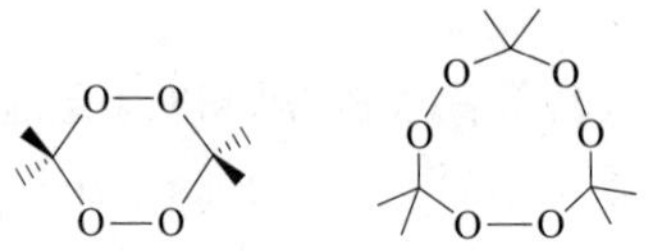

图 2.33　“撒旦之母”和“熵炸药”

不含稳定剂的乙醚久置后可能发生自氧化反应生成过氧化物。与此类似，乙缩醛、醛、烯，以及苄基和叔碳上的化学键都有可能生成过氧化物，给实验埋下爆炸隐患（图 2.34）。

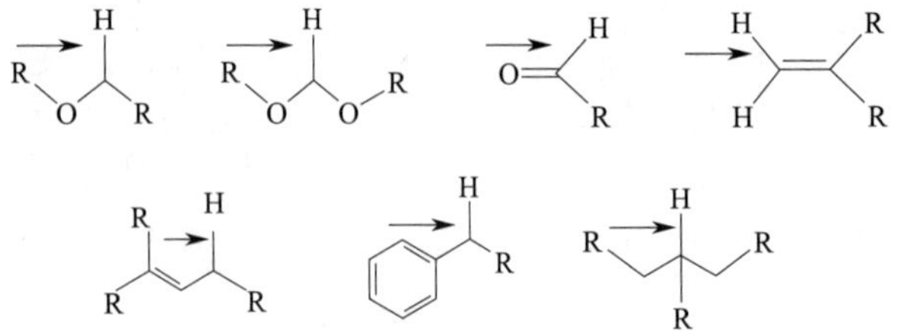

图 2.34　乙醚、乙缩醛、醛、烯，以及苄基和叔碳上的化学键都有可能生成过氧化物

⑤ 雷酸盐和乙炔化物

当溶液中同时含有乙醇、硝酸和金属盐，或者硝基甲烷与汞、银和铅化合物混合时，就有可能生成雷酸盐和乙炔化物（图 2.35）。使用乙炔时，为了避免发生聚合反应，放热爆炸，应当将其贮存在丙酮溶液当中。同时要注意，铜可能与乙炔生成乙炔化物。

C≡N—OH　　　　H—C≡C—H

C≡N—O—Ag　　　M—C≡C—M

图 2.35　雷酸与雷酸盐、乙炔与乙炔化物

除了以上介绍的五种本身容易爆炸的物质外，禁配化学品的混合也可能引起爆炸。因此，在使用化学品前，查阅它们的 MSDS 数据，获得这些化学品的理化参数、燃爆性能、健康危害、安全使用贮存、泄漏处置、急救措施以及法律法规等内容，对安全实验具有重要的指导意义。

此外，化学实验室的科学研究往往需要与各种新物质打交道。新的物质，意味着我们对它的物理化学性质缺乏清楚的认识，此时更加需要我们能够通过总结归纳最常见的爆炸化学品和化学反应，学以致用，通过物质的类别和结构来推测、判断实验中是否会生成具有爆炸性的新物质，并做好相应的安全防护。

(2) 可燃蒸气爆炸

当可燃气体或蒸气与空气混合形成爆炸性混合物，浓度达到一定范围时，遇火源就会立即发生爆炸。

气体火灾危险性大小的评定可用爆炸极限来表示，爆炸极限越低、范围越大，发生爆炸和火灾的危险性越大。爆炸极限是指爆炸性混合物发生爆炸的浓度范围，发生爆炸的最低浓度称为爆炸下限（lower explosive level，LEL），最高浓度称为爆炸上限（upper explosive level，UEL）。在低于爆炸下限和高于爆炸上限时，混合物均不会爆炸，但能燃烧。这是因为低于LEL时可燃物浓度不够，过量空气的冷却作用阻止了火焰的蔓延，而高于UEL时空气不足，火焰同样不能蔓延。表2.4为常见物质的爆炸极限。

表2.4 常见物质的爆炸极限[6] 单位：%

物质	LEL	UEL	物质	LEL	UEL
乙醚	1.7	49.0	氨气	15.0	28.0
苯	1.2	8.0	二硫化碳	1.3	50.0
甲苯	1.1	7.1	甲烷	5.0	15.0
乙醇	3.3	19.0	一氧化碳	12.5	74.2
甲醇	6.0	36.5	乙苯	1.0	6.7
甲醚	3.4	27.0	乙烷	3.0	12.5
二甲胺	0.6	5.6	乙炔	2.5	82.0
氢气	4.0	75.6	乙烯	2.7	36.0

影响爆炸极限的因素主要有六种：

① 温度：提高可燃气体-空气混合物的温度，会使分子的反应活性增加，爆炸下限降低、上限提高，爆炸危险性增加。

② 纯度：可燃气体在纯氧中着火燃烧，爆炸极限范围将扩大，爆炸危险性也会增加。可燃气体中加入惰性气体，相对降低了含氧量，导致爆炸上限显著下降，爆炸极限范围由此缩小。惰性气体增加到一定浓度时，可使爆炸物不能爆炸。

③ 混合均匀程度：当可燃气体与空气充分混合均匀时，爆炸极限范围将扩大；当混合不均匀时，爆炸极限就缩小。

④ 压力：提高可燃气体-空气混合物的压力，会使爆炸上限显著增加，爆炸极限范围扩大，爆炸危险性增加。

⑤ 点火源性质：当点火源能量增加、受热面积大、点火源与混合物接触时间延长时，均会使爆炸极限范围扩大，增加燃烧爆炸的危险性。

⑥ 容器：容器管道的直径越小，爆炸极限范围越小，发生爆炸的危险性越小。当容器管道的直径小到一定程度时，火焰因不能通过而熄灭。

(3) 粉尘爆炸

与可燃蒸气爆炸比较类似的是粉尘爆炸。粉尘爆炸是可燃性粉尘在爆炸极限范围内遇到热源（明火或高温），火焰瞬间传播于整个混合粉尘空间，反应速度极快，同时释放大量的热，形成很高的温度和很大的压力，系统的能量转化为机械能以及光和热的辐射，具有很强的破坏力。

粉尘爆炸的条件一般有三个：

① 可燃性粉尘以适当的浓度在空气中悬浮，形成人们常说的粉尘云。

凡是呈细粉状态的固体物质均可称为粉尘。能燃烧和爆炸的粉尘叫作可燃粉尘；浮在空气中的粉尘叫作悬浮粉尘；沉降在固体壁面上的粉尘叫作沉积粉尘。

具有爆炸性的粉尘有：金属（如镁粉、铝粉），煤炭，粮食（如小麦、淀粉），饲料（如血粉、鱼粉），农副产品（如棉花、烟草），林产品（如纸粉、木粉），合成材料（如塑料、染料）。

某些厂矿生产过程中产生的粉尘，特别是一些有机物加工中产生的粉尘，在某些特定条件下会发生爆炸燃烧事故。

② 有充足的空气和氧化剂。

③ 有火源或者强烈振动与摩擦。

粉尘爆炸具有极强的破坏性，且容易产生二次爆炸。第一次爆炸中的气浪把沉积在设备或地面上的粉尘吹扬起来，在爆炸后的短时间内爆炸中心区会形成负压，周围的新鲜空气便由外向内填补进来，形成所谓的“返回风”，与扬起的粉尘混合，在第一次爆炸的余火引燃下引起第二次爆炸。二次爆炸时，粉尘浓度一般比一次爆炸时高得多，故二次爆炸威力比第一次要大得多。另外，粉尘爆炸还能产生有毒气体，一种是一氧化碳，另一种是爆炸物（如塑料）自身分解产生的毒性气体。产生的毒气往往造成爆炸过后的大量人畜中毒和伤亡，必须充分重视。

事故案例

近年来，高校实验室金属粉尘爆炸事故时有发生，对金属粉尘爆炸必须充分重视。

2022 年 4 月，某大学材料科学与工程学院一实验室发生金属粉末（铝粉）爆燃，事故造成 1 名博士生严重烧伤。

2021 年 10 月，某大学材料科学与技术学院一实验室发生疑似金属粉末（镁铝粉）爆燃，事故造成 2 人死亡，9 人受伤。

2018 年 12 月，某大学环境工程一实验室发生金属镁粉粉尘云爆炸，事故造成 3 名学生死亡。

预防粉尘爆炸可以从以下三点着手：

① 消除粉尘源。可用的除尘措施有封闭设备、通风排尘、抽风排尘或润湿降尘等，其中易燃粉尘不能用电除尘设备，金属粉尘不能用湿式除尘设备。做好实验室清洁工作，及时清扫，是消除粉尘源的好方法。

② 严格控制点火源。消除点火源是预防粉尘爆炸最实用、最有效的措施。在常见点火源中，电火花、静电、摩擦火花、明火、高温物体表面、焊接切割火花等是引起粉尘爆炸的主要原因。

③ 采取可靠有效的防护措施。比如，对有粉尘爆炸危险的场所，必须严格按照防爆技术等级进行设计，并单独设置通风、排尘系统。对于较小的粉碎装置，可以增加设备外壳强度，并要考虑防止爆炸火焰通过连接处向外传播。为减小爆炸的破坏性可在设备外壳设泄压装置，但应注意，泄压装置宜靠近易发生爆炸的部位，不要面向人员集中的场所和主要交通要道。为减少助燃气体含量，在粉尘与助燃气体混合气中添加惰性气体（如氮气），减少氧含量，也是可行方法之一。

（4）沸腾液体膨胀蒸气爆炸

事故案例

1999 年，一次局部停电（在此次电气故障案例中蒸气压力没有失压）导致氧化铝浆料溶出/闪蒸系统中的多个压力容器出现灾难性超压，其中一个压力容器发生沸腾液体膨胀蒸气爆炸，随后破裂。爆炸的冲击波以及释放出的高温腐蚀性液体造成 29 人受伤（其中数人为永久性伤害），财产损失达数千万美元，幸运的是没有人员死亡。

沸腾液体膨胀蒸气爆炸（boiling liquid expanding vapor explosion，BLEVE）是指液化介质储罐在外部火焰的烘烤等条件下突然破裂，压力平衡破坏，液体介质急剧气化，并随即被火焰点燃而产生的爆炸（图 2.36）。

① 沸腾液体(boiling liquid)　② 膨胀蒸气(expanding vapor)　③ 爆炸(explosion)

图 2.36　沸腾液体膨胀蒸气爆炸

在实验室中，大量溶剂往往储存在密闭的玻璃或者塑料瓶中。当发生火灾时，溶剂所处的环境温度不断升高，根据理想气体状态方程 $pV=nRT$，当温度从 300 K 上升至 1300 K 时，压力相应增加到约 4.3 倍。在实验室或者生活中还可能遇到液化气和钢瓶发生这一类爆炸。在很多液化气爆燃的现场，会接着出现二次爆炸，这是因为第一次爆燃后着火，高温和火焰让其他钢瓶的温度升高导致爆炸（图 2.37）。

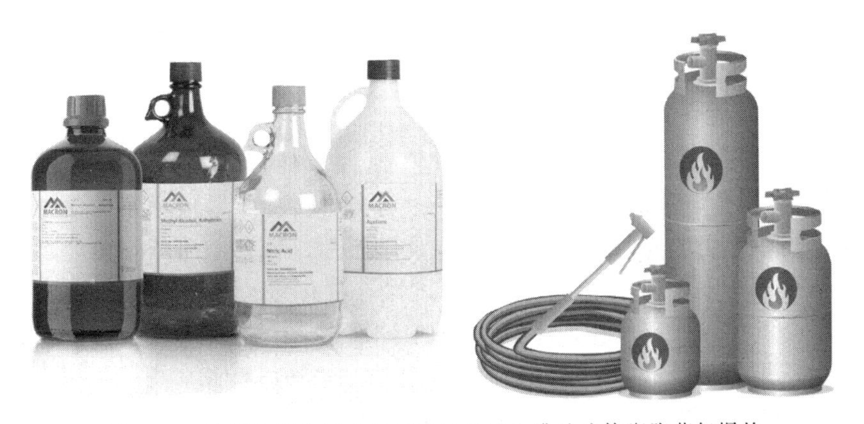

图 2.37　溶剂容器和液化气都有可能发生沸腾液体膨胀蒸气爆炸

（5）电气爆炸

贮存危险化学品的实验室冰箱，是电气爆炸事故的元凶之一。在《高等学校实验室安全检查项目表》中明确指出，“贮存危险化学品的冰箱应为防爆冰箱或经过防爆改造的冰箱，并在冰箱门上注明是否防爆”。

事故案例

案例1：美国加州大学圣塔巴巴拉分校多年前发生了一起实验室冰箱爆炸事故。实验室一普通冰箱内疑存放有易燃易爆挥发性化学物质，日积月累，爆炸性混合物在冰箱密闭空间内达到爆炸下限，开关门瞬间，一个电火花就引爆了冰箱。

案例2：国外一所大学实验室发生爆炸和火灾，原因是少量临时储存在非防爆冰箱中的酒精/乙醇等易燃化学品。当时由于自己实验室正在做清洁，实验人员将易燃溶液放在另一个实验室的冰箱内，并以为这是安全的。

案例3：某研究所一个实验室突然发生爆炸，房间的窗玻璃被震得粉碎，室内升起浓烟烈火。实验室内存放多种有毒危险物品，爆炸后容器损坏，毒气弥漫，有毒液体四溢，使救火人员难以接近。后来，佩戴氧气面罩的消防人员赶到，经过近一个小时的奋战，才将大火扑灭。这次事故使实验室内的仪器设备炸得只剩下碎片和焦炭，直接经济损失约7000美元。事故的原因是白天工作人员在实验室内做化学实验，下午实验人员做完实验离开实验室时，把还剩有200 mL石油醚的小瓶没有加盖就放进了电冰箱，因而引起爆炸。

案例4：2006年5月，某高校化学楼4楼一实验室发生冰箱爆炸，据调查，该冰箱中共存放了17种不同的有机试剂，因有部分渗漏致使冰箱中积聚了易燃易爆气体。同时，正好遇上“五一”长假，长时间没有开冰箱门，易燃易爆气体的浓度更高，当冰箱温控启动时产生电火花而引起了爆炸。

案例5：2006年3月，某大学一实验室内突发爆炸。据了解，事故发生时，位于该楼的一间实验室内有人员正在进行实验操作，其间弥散在空气中的混合气体可能和实验室内的冰箱制冷设施发生反应，引起冰箱发生爆炸（易燃化学品蒸气泄漏接触冰箱内电气）。存放在实验室内的众多试管、化学品容器等受到波及，相继发生爆炸，并引起燃烧。

案例6：2004年4月，某大学一实验室内的机械温控冰箱储存化学试剂引发爆炸事故，原因是化学试剂微泄漏，机械温控冰箱启动产生电火花引爆。

吕明泉等总结了冰箱燃烧爆炸的三个主要原因（使用不当、受雷击和接入高压运行），并根据气体发生爆炸的两个必备条件，提出了对实验室普通冰箱的防爆改造设计方案以避免由于使用不当造成的爆炸事故[10]。具体而言，若在密闭冰箱中贮存的易燃液体密封不严，其蒸气与空气形成混合气体，当该混合气体浓度处于爆炸极限范围内，一旦遇到引火源就会发生爆炸。气体发生爆炸的两个必备条件分别是气体含量在爆炸极限内和具有引火源。化学实验室中常用的异丙醚、乙醇、乙醚、甲醇、苯、乙苯、甲苯、苯甲醚、甲醚、甲乙醚、二甲胺、乙胺等，都具有挥发性，为气体发生爆炸提供了第一个条件。而普通冰箱产生的电火花为爆炸发生提供了引火源。普通冰箱内的电火花是如何产生的呢？这与冰箱温控器的工作原理有关：随着冰箱温度变化，温控器电源会自动切断、接通，温控

器二片金属片在启闭时，控制元件的触点上经常迸发出电火花。此外，冰箱照明及开关也可能产生火花。

因此，为了防止冰箱爆炸事故的发生，在实验室冰箱中贮存的易燃液体一定要密封存放，同时要消除电冰箱内的引火源，即电火花。基于相同原因，除化学实验室的冰箱以外，危险品仓库、化学实验废弃物贮存站和粉尘爆炸危险场所等，也应选用防爆型的电气设备（防爆灯、防爆开关等）。

思考

请观察你所在实验室贮存危险化学品的冰箱是否为防爆冰箱或经过防爆改造的冰箱，冰箱门上有无注明是否防爆，并查找阅读相关文献，了解冰箱防爆改造的原理和方法。

（6）锂离子电池爆炸

近年来，锂离子电池爆炸事故时有发生，在实验室和生活中都可能发生锂离子电池爆炸。

事故案例

2022 年 6 月，某大学一研究生未将从手套箱中清理出的 3 公斤锂离子电池实验样品和极片妥善存放，因锂电池自燃引发火情，所幸发现及时处置得当，未造成人员伤亡和财产损失。

2022 年 2 月，上海一户居民将电动车的锂电池拖进家中充电，锂电池在室内发生爆炸，继而引发火灾，造成 3 人死亡。

2021 年 7 月，杭州一对父女骑着电动车在马路上行驶，电动车锂离子电池故障引发爆燃，导致父女二人全身大面积烧伤，小女孩更是不幸离世。

锂离子电池是一种含能元器件，主要由正极、负极、电解液和隔膜等组成。正极一般为过渡金属氧化物，具有较强的氧化性；负极为内部嵌入大量锂的石墨，具有极强的还原性；电解液一般为有机酯类，具有熔点低、可燃等特点；隔膜一般采用聚乙烯、聚丙烯材料，将正负极有效地隔离，避免正负极间发生剧烈的氧化还原反应。

锂离子电池发生火灾的主要表现是电池化学能的释放，最终表现形式为热失控和热失控扩展引起的燃烧或爆炸。当出现各种内因或外因导致隔膜失效，锂离子电池正负极直接接触后，电池内短路带来的电能被瞬间释放，产生大量热并带来高温，瞬间破坏电池内部化学体系的稳定，导致负极/电解液、正极/电解液、负极/正极之间，甚至集流体也参与的氧化还原反应，瞬时放热升温，造成电解液瞬间气化，进而夹杂着负极/正极活性物质的粉末喷出电池壳体，带来燃烧甚至爆炸的恶果，这个过程叫作热失控。锂离子电池热失控后，分解产生的可燃气体与空气混合形成爆炸性混合气体，遇到锂电池喷射出的高温颗粒，在局部空间会发生爆燃，导致起火初期经常伴有爆炸声响。

根据作用机制不同，可将引起锂离子电池燃烧爆炸的因素分为机械激源、电激源和热激源[11]。机械激源主要包括碰撞和针刺，由于受到外力的强烈作用，锂离子电池会发生机械变形，导致正负极之间的隔膜被破坏，电池内部发生短路，伴随着电解液的泄漏，电池快速起火燃烧。电激源主要包括过充电、过放电、外部短路等，目前很多研究已发现在无机械破坏和外来杂质的情况下，锂离子电池的过度放电可以形成电池内部短路，造成电池的局部热产生，随着充放电不断进行，局部热会逐渐演变成热失控，引发燃烧爆炸。锂离子电池的过度充电是危害最严重的电气滥用行为，过度充电可造成电池内部温度升高，与外部形成较大的温度差（大于 140 ℃），电池处于热失控状态，极易触发燃烧爆炸。热激源一般是锂离子电池工作的外部环境温度高或者是锂离子电池的温度控制系统不起作用下，电池的温度过高，造成正负极短路，触发热失控，产生高温气体，撑破壳体引发电池爆炸。不同激源导致的电池内部热量积累，最终形成热失控是锂离子电池燃烧的最直接因素。自发性的热失控是目前电动汽车最大的安全隐患。

锂电池生产工艺和成品中涉及金属锂、碳酸二甲酯、碳酸甲乙酯、碳酸二乙酯、六氟磷酸锂、碳酸乙烯酯和碳酸丙烯酯等化学品[12]，相关物料参数见表 2.5。金属锂、碳酸二甲酯、碳酸甲乙酯和碳酸二乙酯的火灾危险性均为甲类，属于危险化学品，一旦泄漏与空气接触或混合，极易发生燃烧或爆炸，产生有毒有害气体。六氟磷酸锂为腐蚀品，遇水反应产生氢氟酸，氢氟酸毒性强且腐蚀性极强，两者均为危险化学品。碳酸乙烯酯和碳酸丙烯酯的火灾危险性均为丙类，在高温和火源条件下燃烧，属于一般低毒类化学品。锂离子电池热失控后可逸出二氧化碳、一氧化碳、氢气、甲烷、乙烯和丙烯等气体。现实条件下，电池生产企业、储能电站的电池起火，或者电动汽车电池起火，都会涉及大量设备、电线及可燃杂物等，起火燃烧后产生黑色浓烟，高温烟气辐射对流引燃邻近物品，火势迅速扩张蔓延。起火产生大量黑色浓烟且温度极高，能见度极低，火场侦察火源难度大。

表 2.5　锂离子电池生产工艺中相关物料参数表[12]

物料名称	危险特性	闪点/℃
金属锂	遇水发生猛烈反应产生氢气；在空气中自燃	—
碳酸二甲酯	高度易燃液体，蒸气易燃；有毒有害	17
碳酸甲乙酯	易燃液体，蒸气易燃；有毒有害	26.7
碳酸二乙酯	易燃液体，蒸气易燃；有毒有害	25
六氟磷酸锂	腐蚀性粉体；有毒有害；遇水反应产生氢氟酸	—
碳酸乙烯酯	白色晶体，温度大于 35℃时为液体	127.2
碳酸丙烯酯	易燃液体	143.4

锂离子电池火灾扑救主要有以下几种方法[13]：

① 将灭火效果较好的灭火剂与降温效果较好的灭火剂相结合。如全氟己酮和细水雾相结合，先利用全氟己酮的灭火作用熄灭电池火焰，随后利用细水雾的降温作用及时降低热失控电池温度和环境温度，防止电池发生复燃和热失控传播。

② 通过间歇喷射灭火剂的方式进行高效灭火降温。以全氟己酮作为灭火剂，发生火灾时，首先喷射大量的全氟己酮进行灭火，降低模组中可燃气体的浓度。随后根据温度变化，多次少量地间歇喷射全氟己酮，进行有效降温，并维持模组中全氟己酮的灭火浓度，防止电池发生复燃。

③ 将火灾抑制胶囊置于电池内部也可以抑制电池热失控，熄灭明火。抑制胶囊由全氟

己酮、磷酸三甲酯和五氟丙烷组成。其中，全氟己酮为灭火剂，磷酸三甲酯为阻燃剂，五氟丙烷为驱动剂。电池热失控时，胶囊受热破裂，驱动剂将抑制剂推向电池内部，在短时间内熄灭电池火，并抑制电池内部反应，进而控制热失控的进一步扩展，防止发生热失控传播、火灾蔓延等事故。值得注意的是，灭火后要及时排气泄压。锂离子电池热失控时，产生大量的可燃易爆气体，当电池火焰被熄灭后，这些可燃易爆气体仍积聚在电池模组或者预制舱内，因此需要在电池灭火后及时将这些可燃易爆气体排出，降低模组或预制舱内的压力和浓度。

五石之瓠：爆炸与炸药

经常有人谈“爆炸”色变，但正如《庄子·五石之瓠》中提到的大瓠之种和不龟手之药，“运用之妙，存乎一心”，爆炸也可以为我们所用，推动人类社会的变化和发展。炸药的历史，就是人类对爆炸现象和原理认识的不断加深和运用的过程：最初，人类对火中炙烤的竹子进行了观察，由此发明爆竹；中国是最早发明火药的国家，黑色火药在晚唐（9 世纪末）时候正式出现，由古代炼丹家发明；到了 14 世纪，欧洲也拥有了火药和火炮技术；1846 年，瑞士巴塞尔大学化学家惠拜恩（Schönbein）偶然发现棉花经过浓硫酸及浓硝酸处理可以得到高温可自燃、受到挤压爆炸的硝化纤维（guncotton）；同年，受惠拜恩启发，索布雷洛（Sobrero）发明了受挤压碰撞即会剧烈爆炸的硝化甘油（nitroglycerine）；19 世纪 60 年代，诺贝尔（Nobel）意外发现硝化甘油与硅土或木浆混合可以制成威力不减但生产、使用和搬运更加安全的炸药，并进一步研究发明更加安全和廉价的炸药，被誉为“现代炸药之父”。

除了以上介绍的六类爆炸以外，引起化学实验室爆炸的可能原因还有钢瓶和高压反应釜使用不规范，减压反应可能造成的内爆等，接下来将专门进行介绍。

2.4 气瓶（钢瓶）

气瓶属于移动式的可重复充装的压力容器，是化学实验室十分常见的装置。这里将简要介绍气瓶的相关知识，包括：气瓶的分类及标志、气瓶阀与减压阀、气瓶的安全使用、气瓶的检漏、气瓶的存放和气瓶的搬运。

事故案例

2018 年 12 月，印度科学研究所（Indian Institute of Science）一个装有氢气和氧气混合物的钢瓶爆炸，造成一名工程师死亡，另外三人受伤。

2015 年 12 月，某大学一名博士后在氢气钢瓶爆炸后死亡。警方称，爆炸点距离该博士后的操作台两三米处，钢瓶底部爆炸。钢瓶原长度大概 1 m，爆炸后只剩上半部大概 40 cm。钢瓶厚度为 10 mm，可见当时爆炸威力巨大。爆炸事故致 3 个房间起火，过火面积 80 平方米。

2.4.1 气瓶的分类及颜色标志

按照气瓶内介质状态，气瓶可以分为永久气体气瓶、液化气体气瓶和溶解乙炔气瓶。

① 永久气体气瓶。此类气瓶是指在常温下瓶内充装的气体（临界温度低于−10℃）永远是气态。如最常用的氧气、氢气、氮气、空气气瓶等。这类气瓶由于是压缩气体，内部压力高，所以，都用无缝钢质材料制成，也称无缝气瓶。

钢质无缝气瓶的材料，应当选用含碳量不大于0.38%的优质碳锰钢、铬钼钢，其硫、磷含量应当分别不大于0.010%和0.015%，硫、磷总含量不大于0.020%。

② 液化气体气瓶。此类气瓶是指瓶内充装气体的临界温度等于或高于−10℃的气瓶。在充装时，是采用加压或低温液化处理后才灌入瓶内。如乙烯、二氧化碳、液氨、液氯气瓶等。由于此类气瓶内部压力不是很高，所以一般采用焊接气瓶。

钢质焊接气瓶用钢板，应当具有良好的压延加工和焊接性能，其含碳量不大于0.20%，并且碳当量不大于0.50%；硫、磷含量应当分别不大于0.020%和0.025%；非重复充装焊接钢瓶的材料应当选择含碳量不大于0.12%的碳素钢。

③ 溶解乙炔气瓶。此类气瓶是专门盛装乙炔用的，即把乙炔溶解在丙酮中，然后再灌入带有填料的气瓶中。主要用于电焊，实验室较少使用。

2016年2月颁布的国家标准《气瓶颜色标志》（GB/T 7144—2016）中，对充装不同气体气瓶的体色、字样和字色等都做了详细规定（表2.6）。尽管气瓶的颜色标志便于使用者识别气瓶内气体的种类且有利于防止气瓶生锈，但我们在使用时仍应注意，不要轻信颜色标志，使用前务必首先仔细阅读、核对附在气瓶上的瓶身标签。

表2.6 气瓶颜色标志

充装气体	化学式(或符号)	体色	字样	字色
空气	Air	黑	空气	白
氩气	Ar	银灰	氩	深绿
氦气	He	银灰	氦	深绿
氮气	N_2	黑	氮	白
氧气	O_2	淡(酞)蓝	氧	黑
氢气	H_2	淡绿	氢	大红
氯气	Cl_2	深绿	液氯	白
氨气	NH_3	淡黄	液氨	黑
二氧化碳	CO_2	铝白	液化二氧化碳	黑
硫化氢	H_2S	白	液化硫化氢	大红

2.4.2 气瓶组成

气瓶的组成，除了主要的瓶身之外，还有瓶帽、瓶阀和减压阀三个主要部件（图2.38）。

(1) 瓶身

《气瓶安全技术规程》（TSG 23—2021）中，提出了对瓶体的基本技术要求，包括：高压气瓶瓶体、缠绕气瓶的金属内胆应当采用无缝结构，低压气瓶瓶体可以采用焊接结构或者无缝结构等。此外，该规程还对不同气瓶的材料做出了规定。

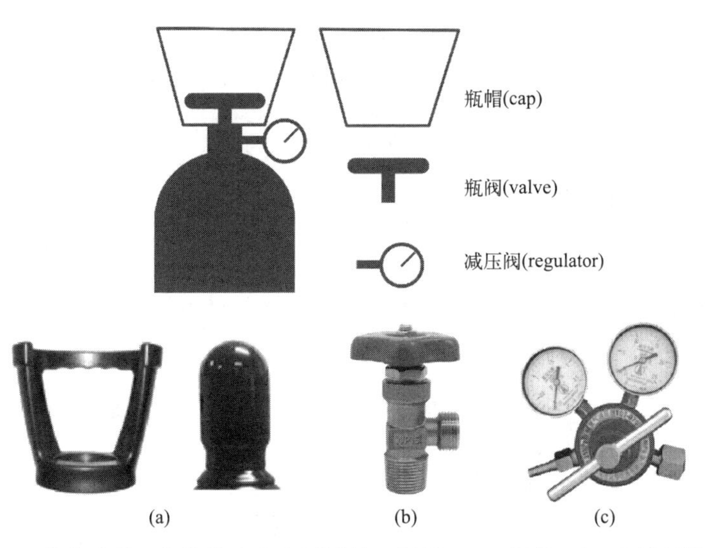

图 2.38　除瓶身外，气瓶的三个主要部件：瓶帽（a）、瓶阀（b）和减压阀（c）

《气瓶安全技术规程》中对气瓶材料的规定

制造钢制气瓶的材料，应当是电炉或者氧气转炉冶炼的无时效镇静钢。

装氯、溴化氢、碳酰二氯、氟化氢、氯甲烷、溴甲烷等对铝合金有晶间腐蚀或者应力腐蚀倾向介质的气瓶，不得采用铝合金材料。

盛装一氧化碳介质的气瓶，应当优先采用铝合金或者不锈钢材料。

如果采用碳钢材料，应当对气体中水和二氧化碳含量进行控制。

盛装一氧化氮、氟、二氟化氧以及氟氮混合气体的气瓶应当采用非管制收底结构的钢质无缝气瓶，盛装氦以及电子气体的气瓶优先采用非管制收底结构的钢质无缝气瓶。

（2）瓶帽

瓶阀的防护装置。如图 2.38 所示，常见的瓶帽有两种。它的主要作用是避免气瓶在搬运过程中因碰撞而损坏瓶阀，保护出气口螺纹不被损坏，防止灰尘、水分或油脂等杂物落入阀内。

（3）瓶阀

控制气体出入的装置。瓶阀材料应当符合以下要求：①充装气体接触的金属或者非金属瓶阀材料，与充装气体具有相容性；②溶解乙炔气瓶阀材料，选用含铜量（质量比）小于65％的铜合金；③盛装易燃气体气瓶瓶阀上的手轮，选用阻燃材料制造；④盛装氧气或者其他强氧化性气体的气瓶瓶阀上的非金属密封材料，具有阻燃性和抗老化性，接触氧或者强氧化性气体的瓶阀应当进行脱脂处理。

（4）减压阀

实验室常用的永久性高压气瓶，都要经过减压阀使瓶内高压气体压力降至实验所需的范围，再经过专用阀门细调后输入实验系统。减压阀的高压腔与钢瓶连接，低压腔为气体出口，并通往实验系统。高压表的示值为钢瓶内贮存气体的压力，低压表的压力可由调节开关控制。减压阀都有安全阀，它的作用是在因各种原因使减压阀的气体压力超出一定许可值时，安全阀会自动打开放气。使用完毕时，应先关好气瓶阀门，再把减压阀余气放掉，然后拧松调节开关。

氧气减压阀（或称氧气表）、氢气减压阀（或称氢气表）是最常用的两种减压阀。氧气减压阀有许多规格，必须按照气瓶最高压力和使用压力范围正确使用。需要注意的是，气体减压阀不能混用！

2.4.3 气瓶的安全使用

（1）气瓶存放

① 气体钢瓶存放点须通风、远离热源、避免暴晒，地面平整干燥。

② 气瓶应合理固定（图 2.39）。

图 2.39 气瓶须用铁链或钢瓶架固定好

③ 危险气体钢瓶尽量置于室外，室内放置应使用常时排风且带监测报警装置的气瓶柜（图 2.40）。

④ 涉及有毒、可燃气体的场所，配有通风设施和相应的气体监测和报警装置等，张贴必要的安全警示标识。

⑤ 较小密封空间使用可引起窒息的气体，需安装有氧含量监测，设置必要的气体报警装置。

⑥ 独立的气体钢瓶室应通风、不混放、有监控，有专人管理和记录。

⑦ 存在多条气体管路的房间须张贴详细的管路图，管路标识正确。

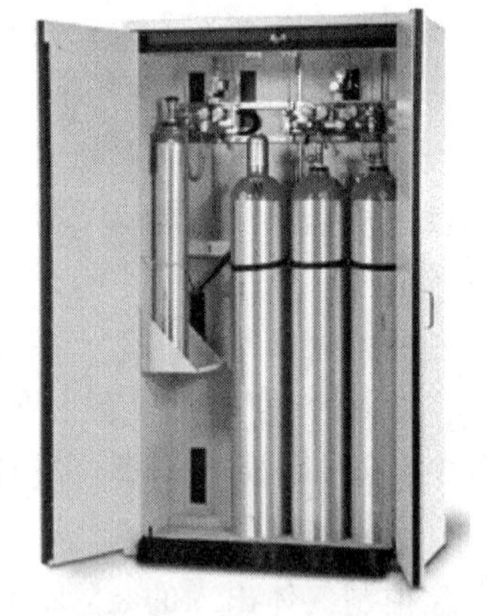

图 2.40 实验室内的气瓶最好放置在气瓶柜中

⑧ 气瓶的存放应控制在最小需求量。

⑨ 可燃性气体与氧气等助燃气体钢瓶不得混放。

⑩ 气瓶必须专瓶使用，不得擅自改装，应保持气瓶漆色和标记完整、清晰。

⑪ 钢瓶气瓶颜色符合《气瓶颜色标志》（GB/T 7144—2016）的规定要求，并使用标签正确标明气瓶“满瓶、在用、空瓶”三种状态。图 2.41 为几种常见气瓶状态标签。

⑫ 有供应商提供的钢瓶定期检验合格标识，无超过检验有效期的气瓶，无超过设计年限的气瓶。

⑬ 钢瓶附件齐全，未在使用中的气瓶应有气瓶帽。

（2）气瓶检漏

定期检查气瓶有无漏气。一旦气瓶漏气，除非有丰富的维修经验能确保人身安全，否则不能擅自检查。可采取一些基本措施：首先应关闭阀门，然后打开窗户通风，并迅速请有经

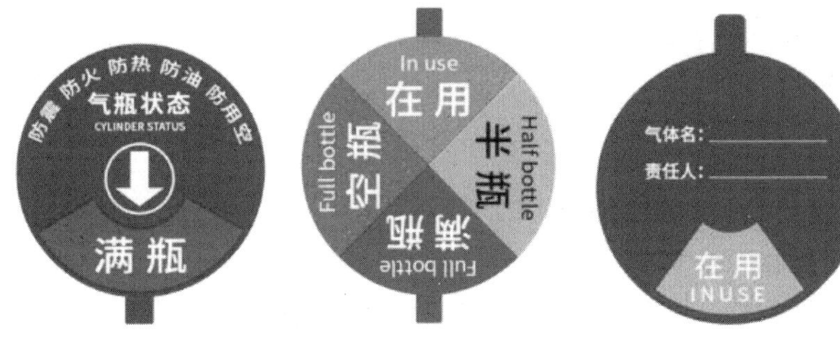

图 2.41　气瓶状态标签

验的或专业人员检查。如为危险性大的气体钢瓶漏气，则应转移到室外阴凉、安全地带。如发生易燃、易爆气瓶漏气，请注意附近不要有明火，不要开灯，不要使用手机。

检查气瓶有无漏气，常用的方法有两种：①一般可用肥皂液检漏，如有气泡出现则说明有漏气现象。但氧气瓶不能用肥皂液检漏，这是因为氧气容易与有机物质反应而发生危险。②用软管套在气瓶出气嘴上，另一端接气球，如气球膨胀则说明有漏气。对于液氯气瓶，可用棉花蘸氨水接近气瓶出气嘴，如出现白烟，说明有漏气。对于液氨气瓶，可用湿润的红色石蕊试纸接近气瓶出气嘴，如试纸由红变蓝，说明气瓶漏气。

（3）气瓶的使用

① 禁止敲击、碰撞。

② 气瓶搬运之前应带好瓶帽，避免搬运过程中损坏瓶阀。

③ 尽量使用专用推车搬运气瓶（图 2.42），省力又安全。如没有专用推车，可以徒手滚动，即一手托住瓶帽，使瓶身倾斜，另一手推动瓶身沿地面旋转滚动。不准拖拽、随地平滚或用脚踢蹬气瓶。

④ 每种气瓶都要有专用的减压阀，氧气和可燃气体的减压阀不能互用。瓶阀或减压阀泄漏时不得继续使用。

⑤ 使用完毕，应及时关闭气瓶总阀。

⑥ 瓶内气体不得用尽，一般应保持有一定压力的余气，以备充气单位检验取样和防止其他气体倒灌。例如，对于乙炔气瓶，冬季应保留 49～98 kPa 的压力，夏季则应保持 196 kPa 以上的压力。

⑦ 开阀时要慢慢开启，防止升压过速产生高温。放气时人应站在出气口的侧面。开阀后观察减压阀高压端压力表指针动作，待至适当压力后再缓缓开启减压阀，直到低压端压力表指针达到需要的压力时为止。

图 2.42　气瓶专用推车

⑧ 气瓶用毕关阀，应用手旋紧，不得用工具硬扳，以防损坏瓶阀。

⑨ 瓶阀冻结时、液化气体气瓶在冬天或瓶内压力降低时，出气缓慢，可用热水加温瓶阀或瓶身，禁止用明火烘烤。

⑩ 在高压气体进入反应装置前应有缓冲器，不得直接与反应器相接，以免冲料或倒灌。

高压系统的所有管路必须完好不漏，连接牢固。

⑪ 氧气瓶及其他附件禁止沾染油脂，如手或手套以及工具上沾染油脂时不得操作氧气瓶，以防引起爆炸。

⑫ 操作乙炔气瓶时，严禁铜、银、汞等及其制品与乙炔接触，与乙炔接触的铜合金器具含铜量（质量比）应低于65%。

⑬ 一氧化碳气瓶应当优先采用铝合金或者不锈钢材料，并严格控制水蒸气、硫的化合物及其他杂质等含量。尽管纯一氧化碳在大气压下对金属基本上不腐蚀，但当含水蒸气、硫的化合物及其他杂质并在升高压力的条件下，铁、镍和其他金属可与一氧化碳反应生成羰基化物，对金属产生强腐蚀。

⑭ 使用可燃气体（如氢气、乙炔）时一定要有防止回火的装置。有的气表（即缓冲器）中就有此装置，也可以在玻璃管中塞细铜丝网安装在导管中间防止回火，管路中加安全瓶（瓶中盛水等）也可起到保护作用。

思考

请思考并回答以下气瓶使用注意事项的原因：(1) 氧气瓶及其他附件禁止沾染油脂，如手或手套以及工具上沾染油脂时不得操作氧气瓶；(2) 操作乙炔瓶时，严禁铜、银、汞等及其制品与乙炔接触，与乙炔接触的铜合金器具含铜量应低于65%。

(4) 化学实验室气瓶使用的其他注意事项

作为化学实验室的实验人员，使用气瓶时，不仅需要注意上述常规事项，还应从自己的具体实验出发，进行更加全面和谨慎的思考和设计。Eugene Ngai 等在《高校压缩气体》文章中以无水氯化氢气瓶的使用为例，给出了实验人员在化学实验室中使用气瓶时应当考虑的一系列问题清单[14]：

① 如何选择尺寸合适的气瓶。

② 如何净化反应体系。

③ 反应体系的搭建材料（管路、容器等）以及反应压力大小。

④ 反应中如何使用压缩气体的具体方案。

⑤ 压缩气体是否会与反应体系其他物质发生反应。

⑥ 是否有气体传感器监测气体泄漏。

⑦ 是否有合适的应急响应设备应对压缩气体的危害。

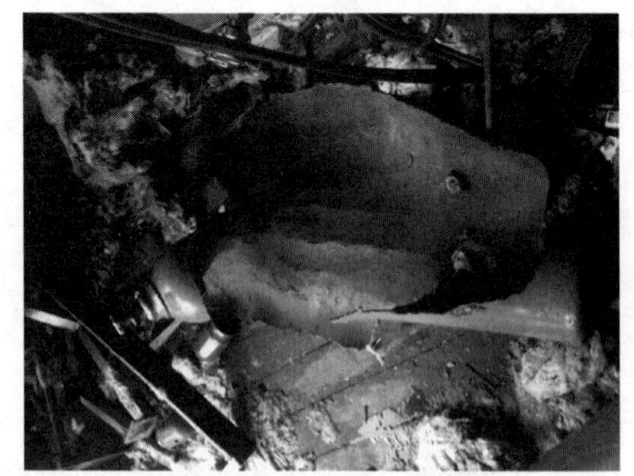

图 2.43　因应力腐蚀开裂导致的气瓶灾难性爆炸[14]

此外，该文章还强调，在使用混合气体气瓶时，需格外小心：即使混合物本身没有危险，但仍有可能损坏气瓶本身，而造成危险事故。例如，充入 CO/CO_2 气体混合物的碳钢钢瓶在加压时是极其危险的，因为这可能会导致碳钢的应力腐蚀开裂，从而在整个钢瓶中产生大量的微观裂纹（图 2.43）。其机理可能与 CO_2 和水形成碳酸造成铁的局部溶解有关。

2.5 加热体系与压力体系

在化学实验中，常常需要通过改变反应温度与反应压力来研究化学反应。如果处理不当，就有可能造成实验室安全事故。

2.5.1 加热体系

在实验室中，根据目的不同，加热工具有多种（图 2.44）。

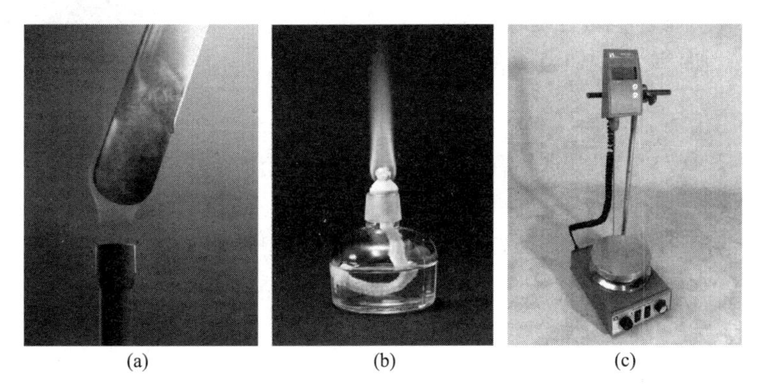

(a) (b) (c)

图 2.44 本生灯（a）、酒精灯（b）和加热磁力搅拌器（c）

（1）本生灯和酒精灯

在实验室中，尤其是基础化学实验室中，最常用的加热工具是明火加热的本生灯（Bunsen burner）和酒精灯（alcohol burner）。

本生灯的工作原理是先让天然气与空气在灯内充分混合，从而使天然气燃烧完全，得到无光高温火焰。本生灯的操作温度较高，所以灯具的材质必须使用较耐热的金属。它的燃料在室温时是气态，使用时应特别注意管线的安全。

出于安全考虑，或者当没有天然气供应时，实验室会选择使用酒精灯替代本生灯。酒精灯采用的燃料通常是工业酒精、甲醇或者异丙醇。添加燃料时，不能少于酒精灯容积的 1/3，也不能超过其容积的 2/3。酒精灯的燃烧火焰高度有限，且比本生灯的天然气火焰温度低。

这两种加热工具的燃料均具有一定的危险性，而且使用时都有明火，可能造成火灾甚至爆炸。所以在使用时，尤其是在有机实验室中，应当十分小心，应尽量在单独的通风橱中进行，并确保通风橱中没有存放其他可燃物。

（2）加热磁力搅拌器

在实验室中，为了尽量避免明火，更常使用的是兼具搅拌和恒温加热功能的加热器。在使用这种加热器时，需要注意的是，加热器的温度控制是通过测温计与设置温度实现的。当测温计没有放置到加热介质或者溶液中，而是一直放在空气中时，加热器将持续加热，引发危险。因此，在使用时一定要记得检查测温计是否放置到位。

（3）烘箱与马弗炉

在实验室烘干玻璃仪器、样品，或进行某些化学加热反应时，常常使用烘箱（oven）（图 2.45）。烘箱的使用温度范围一般不超过 250℃。另一种与烘箱类似的加热装置是马弗炉

(muffle furnace)，它的最高使用温度可高达 1200℃。

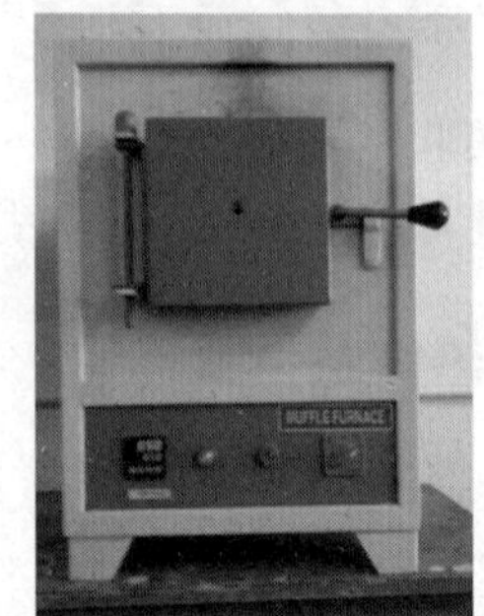

图 2.45　烘箱与马弗炉

烘箱的安全使用原则包括三点：

① 禁止烘烤易燃、易爆物品及有挥发性和腐蚀性的物品。

② 使用烘箱时，温度不能超过烘箱的最高使用温度（一般烘箱在 250℃以下）。

③ 烘烤完毕后应先切断电源，然后戴隔热手套拿取烘烤物品，以免烫伤。

在遇到烘箱有异味或冒烟等突发情况时，应迅速切断电源，使其慢慢降温，并准备好灭火器备用。千万不要贸然打开烘箱门，以免突然供入空气助燃（爆），引发火灾。

美国劳伦斯伯克利国家实验室的烘箱安全使用规定

危害：火，爆炸，烟。

烘箱在实验室中具有多种用途，如干燥玻璃仪器、烘干实验样品、进行化学反应等。在使用过程中，应采取恰当的防范措施以确保材料不被过度加热、不产生有毒污染气体，以及不会发生火灾和爆炸等事故。

在实验室使用烘箱时，应采取以下防范措施：

① 每次使用烘箱前需认真检查，确保烘箱可以正常使用。检查电源插座和线路，确保温度感应装置安装正确，可以在过热时自动切断电源。

② 如果烘箱参数不正确，如温度显示超出加热范围，必须立即停止使用，等待维修。请拔掉电源，并在插座和烘箱门上贴上标签以提醒其他人不要使用。

③ 经常检查烘箱读数以确保温度读数精确。通常可使用温度计进行校准，但切勿使用水银温度计。

④ 根据具体实验选择适宜的烘箱。确保实验的最高温度不超过烘箱的使用温度范围，切勿在远高于烘箱最高安全工作温度下使用烘箱。

⑤ 确保设定适合实验的烘箱温度，包括设定高温时自动停止加热的温度点。

⑥ 切勿在烘箱中加热密封容器，含有准许加热的释压装置的专用设备除外。

⑦ 应当保持烘箱清洁，没有残留和溅射的化学物质。

⑧ 切勿在烘箱中加热可燃性或者可以产生可燃蒸气的材料，以避免火灾和爆炸危害。

⑨ 严禁在烘箱中加热可能熔化的塑料。很多塑料的熔点都低于烘箱的工作温度，塑料一旦熔化，可以导致火灾。

⑩ 确保加热过程中不会产生有毒烟雾。如果有可能产生烟雾，烘箱必须连接通风系统。

⑪ 严禁将可燃性材料，如塑料、纸、纸板等，放在烘箱上方、下方或者附近。可燃性

液体和气体的储存须远离热表面。

⑫ 禁止在实验室区域使用家用烤箱或者微波炉。所有烤箱必须通过专门批准并附有批准标签。

⑬ 所有使用烘箱的人员必须操作熟练，接受培训，内容包括烘箱设置、限制和防止火灾、压力过高及有毒烟雾。

⑭ 在烘箱附近需要时刻备有隔热手套，防止热表面烫伤。热玻璃同常温玻璃看上去是一样的。不要用手指去测试温度。时刻两只手同时戴上隔热手套作为防护措施。

⑮ 打开热烘箱时，需小心。打开烘箱门时，站在烘箱侧面，以避免高温。

以上“烘箱安全使用规定”对于实验室其他设备的使用有何借鉴意义？

（4）加热介质

在进行加热反应时，为了将热从热源均匀传导到反应，通常还需要用到传热介质。根据反应需要，可以选择冰水浴、油浴或者沙浴等介质保持恒定反应温度（图 2.46）。

图 2.46　冰水浴、油浴和沙浴反应

使用油浴时，需要注意：

① 小心操作，防止着火和翻倒。

② 油浴加热时切忌有水及其他低沸点物质掉入，防止热油飞溅伤害人体。

③ 当油浴受热冒烟时，应立即停止加热。

④ 油浴的上限温度取决于传热介质。如果是耐高温硅油，最高温度能达到 280～330℃。透明石蜡油可加热到 220℃，虽不分解，但是易燃。无论使用哪种介质，油浴的工作温度均应低于介质的沸点。

⑤ 放置时间较长的油浴应及时更换新油。

⑥ 油浴锅还要防止腐蚀性物质进入，以免损坏油浴锅。

由于使用油浴存在一定的危险，而且油比较难以清理，在化学实验室中，越来越多地采用具有良好导热性的金属块作为加热介质（图 2.47）。金属块可以根据反应容器的大小和形状进行定制，同时金属块还可以在一个加热器上同时加热多个反应容器。

（5）旋转蒸发仪

在除去有机溶剂和溶液浓缩的实验中，旋转蒸发仪是常用的手段之一（图 2.48）。

图 2.47 使用不同形状大小金属块、可同时加热多个反应的磁力加热搅拌器

旋转蒸发仪的基本原理是通过减压蒸馏，使溶剂在负压下在旋转烧瓶内由于加热扩散蒸发，从而实现溶液和溶剂分离。在使用旋转蒸发仪时，注意事项主要包括：

① 玻璃器件装接应轻拿轻放，装前应清洗干净，并擦干或烘干。

② 各磨口、密封面、密封圈及接头安装都要达到密封要求。

③ 旋转蒸发仪烧瓶中的物料体积不能超过瓶容量的一半。

④ 旋转蒸发仪必须以适当的速度旋转，速度以 50～160 r/min 为宜。

⑤ 用加热浴加热蒸馏烧瓶中的溶液，加热温度可接近该溶液中溶剂的沸点。

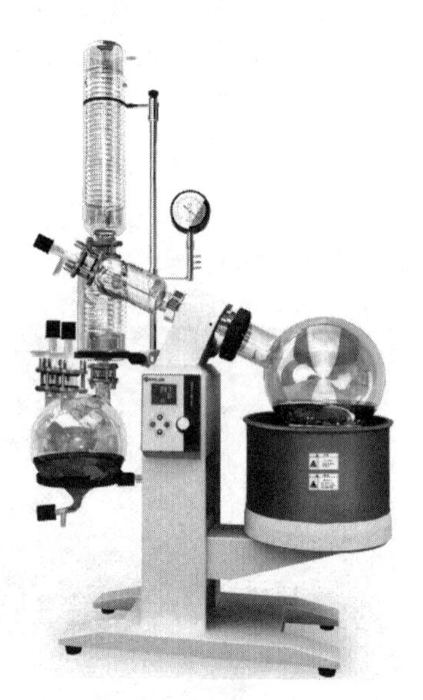

图 2.48 旋转蒸发仪

需要指出的是，当旋转蒸发仪停止减压、回到常压时，溶液瓶或者溶剂收集瓶若未被固定住，极易掉落，污染样品，并引起事故。因此在使用旋转蒸发仪时，不同部件之间应当确保连接固定，可以使用与玻璃仪器型号配套的固定夹（joint clip/keck clip/keck clamp）来加以固定（图 2.49）。

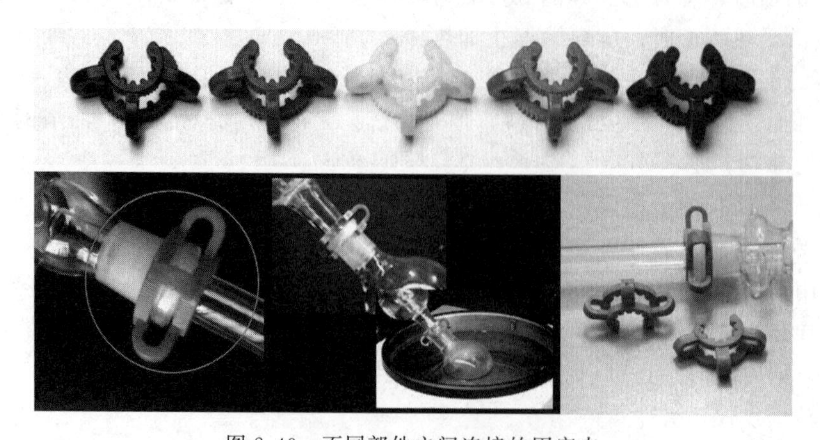

图 2.49 不同部件之间连接的固定夹

2.5.2 压力体系

与加热体系息息相关的就是压力体系。化学实验室的压力体系包括高压和低压两种，都有可能造成安全事故（图 2.50）。

图 2.50 压力体系是实验室危险源中的一种

（1）高压体系

高压体系的危险主要来自容器材料。玻璃仪器是化学实验室最常用的容器材料。普通玻璃的成分主要是二氧化硅，并含有一些钙离子和钠离子，通常称为钠钙玻璃。对普通玻璃进行处理，以钾离子置换部分钠离子，就得到了另一种玻璃材料——金刚玻璃。钠钙玻璃和金刚玻璃的热冲击性能都无法满足化学实验室玻璃仪器的要求。化学实验玻璃仪器通常使用添加了三氧化二硼的硼硅玻璃（borosilicate glass）。

不同种类玻璃的热膨胀系数（α），即温度变化引起物体长度量值发生变化的性质，存在较大区别。

$$\alpha = \frac{1}{L_0} \times \frac{\Delta L}{\Delta T}$$

钠钙玻璃的热膨胀系数是 9×10^{-6}/K，而硼硅玻璃的热膨胀系数是 3.5×10^{-6}/K。

对 10 cm 的硼硅玻璃棒，通过以下计算可知：

$$\Delta L = \alpha \times \Delta T \times L_0 = 3.5\times10^{-6}/\text{K} \times 73\ \text{K} \times 10\ \text{cm} = 0.0025\ \text{cm}$$

当反应从室温（300 K）加热至 100℃（373 K）时，10 cm 硼硅玻璃棒的长度变化值仅为 0.025 mm，可以忽略不计，它不易因体积变化导致破碎。

一般情况下，不能对封闭的反应体系进行加热，主要原因是封闭体系加热会导致压力增大，可能发生爆炸。只有选用特殊的专用容器，才能进行高压加热反应，比如耐压玻璃瓶（图 2.51）。

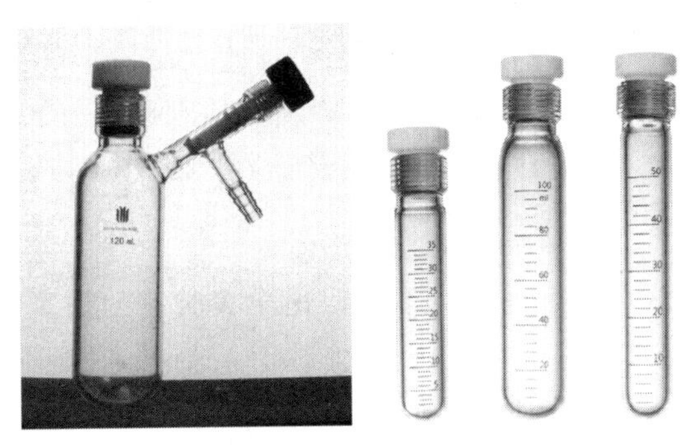

图 2.51 含四氟密封帽的耐压玻璃瓶

即使是耐压瓶，在用于高温高压反应时，仍有以下安全提示：

① 由于产品的特殊性质及使用后产品的状况（如划伤），不能保证产品中的安全性以及避免由此带来的损伤，必须使用安全屏障且必须在通风橱内操作，确保双重安全防护。

② 不可用于微波反应，因为微波能导致耐压瓶的四氟旋塞加热膨胀，使玻璃胀裂。同时注意清洗时不能划伤耐压管的内壁，一旦划伤，禁止使用。

③ 耐压瓶类产品盛装溶剂时，请勿装满，建议不超过一半，如果全满，由于液体不能够被压缩，易发生爆炸。

使用硼硅安瓿瓶（ampoule bottle）也可以进行真空密封后的高温加热反应，如高分子聚合反应。图 2.52 中是使用安瓿瓶封存的氯和铯。

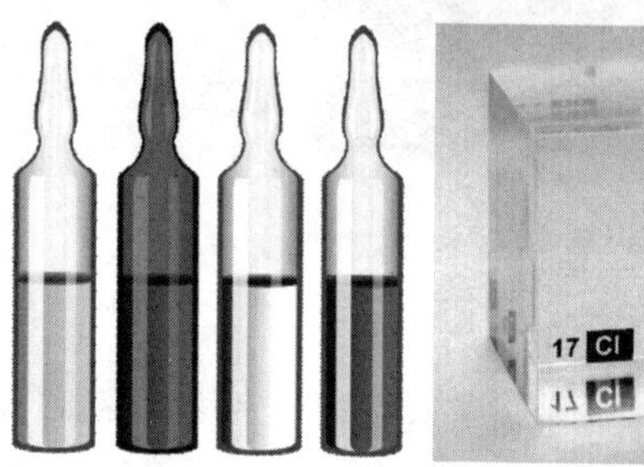

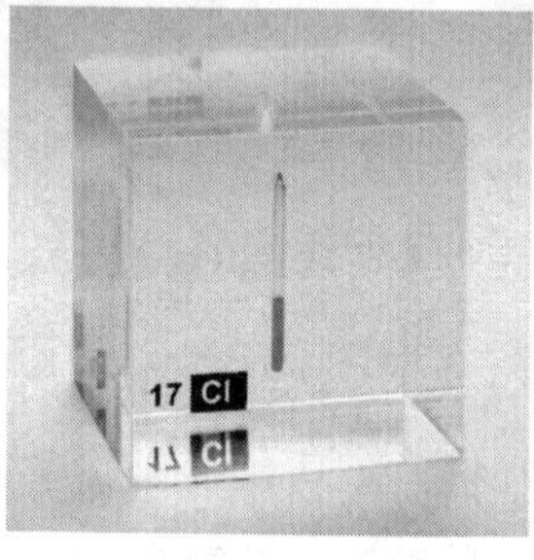

图 2.52 安瓿瓶

虽然特制的玻璃可以进行高温高压反应，但在使用时，仍应考虑玻璃本身的脆弱性，以及玻璃成分可能与强碱和氢氟酸发生化学反应的影响。

化学实验室也采用金属容器替代玻璃容器进行高温高压反应，比如常见的溶剂热反应釜（图 2.53）。溶剂热反应釜通常由反应惰性的聚四氟乙烯内衬以及不锈钢反应釜组成。在使用时，主要原则是：购买正规厂家反应釜，严格按照说明，规范操作，在安全范围（压力和温度）内开展实验，反应完毕应当自然冷却。

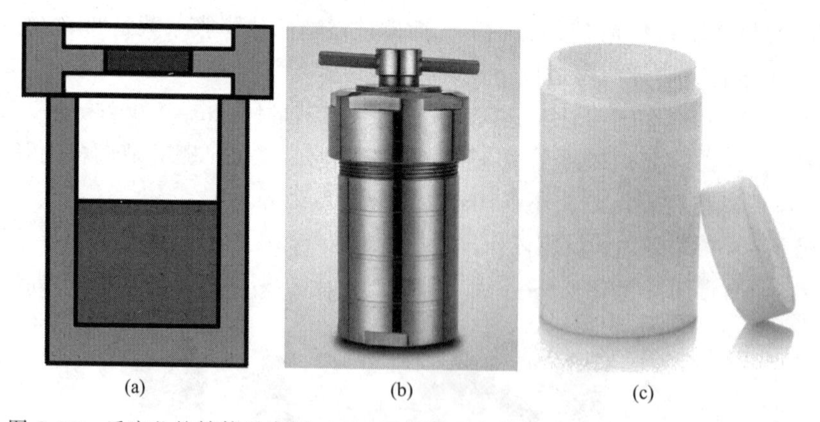

图 2.53 反应釜的结构示意图（a）、不锈钢反应釜（b）和聚四氟乙烯内衬（c）

（2）低压体系

与高压反应导致的爆炸（explosion）不同，化学实验室的抽真空低压反应可能引发内爆（implosion）（图 2.54）。

内爆是一种物体塌陷（或受挤压）至自身内部的过程。作为爆炸的对立面，内爆将物质与能量集中而非扩散。真正意义上的内爆通常涉及内部（相对低）与外部（相对高）的压力

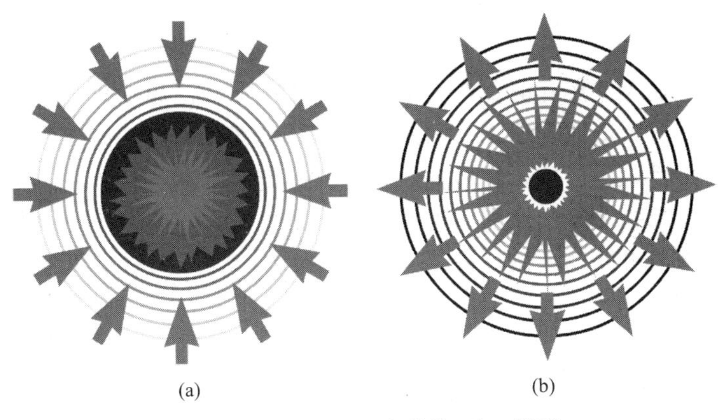

图 2.54　内爆（a）和爆炸（b）原理

差，或内外受力不均，以至于物体结构向内塌陷。内爆的一个典型例子就是潜水艇因深海水压过大而被压碎。内爆原理甚至被应用于内爆式核武器中，设计将外层炸药的冲击波汇聚于核心，挤压钚 239 至超临界质量引发核裂变反应。

存在内爆危险的多为外压容器，外压容器是指外壁压力高于内壁压力的容器，如真空容器和带夹套容器等。国家对压力容器的管理相当严格，从设计、制造、安装、使用、维修都给出了具体要求 [《压力容器》(GB/T 150—2011)、《固定式真空绝热深冷压力容器》(GB/T 18442—2019)、《压力容器安全使用管理规范》(DB63/T 954—2020)和《钢制低温压力容器技术规范》(HG/T 20585—2020)等]。由于管理严格到位，外压容器出现的爆炸事故极少，但是对于外压容器而言，出现事故的概率却比内压容器高出许多倍。

事故案例 [15]

案例 1：1995 年 2 月，某安装公司为某精细化工有限公司制造一台带夹套的搅拌罐。按规定，钢壳制造完毕，盛水试漏合格，按照 0.5 MPa 表压进行夹套内水压试验，当压力升至 0.4 MPa 时压力不再上升，保持片刻后，压力表降至 0.36 MPa。实验人员泄压后检查发现内筒的不锈钢内壁向内鼓出轴向约 50 cm、环向约 20 cm、高约 3 cm 的大包，出现了严重的失稳事故。

案例 2：某制药厂需要一台套管空气加热器，内筒介质压缩空气，压力 0.2 MPa，管间介质蒸气，压力约 0.2～0.3 MPa，没有设计图纸。制造单位初步计算后，建议内筒壁厚 8 mm 或者 10 mm；但业主为了节省造价，要求采用 6 mm 厚 304 钢板卷制内筒，制造方认为有问题，建议至少采用 8 mm 厚钢板，业主技术人员坚持自己意见，原因是内筒两侧压差很小，6 mm 厚完全能够承受 0.1 MPa 外压差。使用一段时间后，由于液体泄漏流入配电箱导致跳闸而突然停电，压缩机停车，内筒失压，随着一声爆响内筒严重失稳向内瘪陷，焊缝撕裂，裂口达 300 mm×60 mm，再次启动空气压缩机后，裂口处发生严重泄漏，导致几乎停产的严重事故。

案例 3：北方某厂有一台伞盖平底的醋酸储罐，顶部有一连接空气的接管，设备放置在车间内部。当进醋酸时，储罐内上方的酸气从接管排出到车间内，很是呛鼻子。于是有人想出了一个“好”办法，从该接管接出一根管道引至地面的水池内，以洗去酸气。到了冬天水池内结冰，将出气口冻死，在抽出罐内醋酸时，设备承受负压发生失稳，设备报废，直接损失达到 70 余万元。

当实验室发生玻璃仪器爆炸时，经常会伴随其他伤害，比如灼热化学品喷溅烫伤，玻璃碎片、金属碎片到处乱窜造成割伤等。因此在实验时，需要使用合适的屏障来防护。比如佩戴防化学品溅射的护目镜、面罩，在可提供防护的通风橱（柜）中进行实验等。另外，考虑到大多数通风橱的门都是上下移动的，没有全部封闭就无法完全避免暴露，因此，可以用能承受爆炸的材料来制作可移动防爆挡板，增强安全防护。

2.6 外伤

虽然化学实验室安全的重点在于防患于未然，但是在实验室事故中的受伤仍然不可完全避免。毕竟，即使是在自己家里的厨房，也同样可能受伤。实验室中最有可能发生的外伤事故包括烧伤、切割伤、电击伤和冻伤等。

2.6.1 烧伤及急救处理

（1）热烫伤

热烫伤分为Ⅰ度、Ⅱ度和Ⅲ度，如图 2.55 所示。除了最轻微的Ⅰ度烫伤之外，所有的烫伤都应该迅速、小心处理。

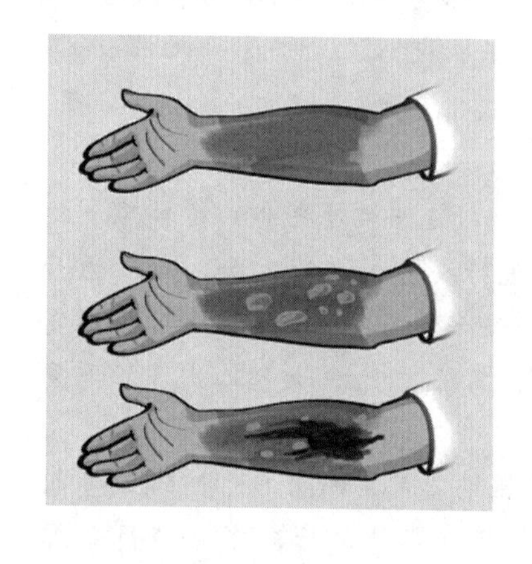

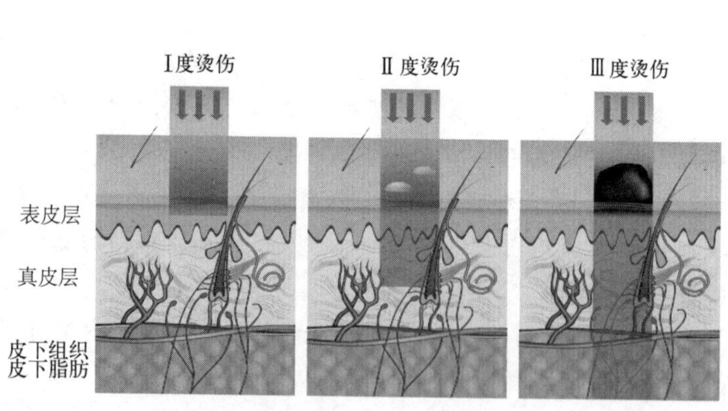

图 2.55 Ⅰ度、Ⅱ度和Ⅲ度烫伤

事故案例

2022 年 7 月，浙江一个 2 岁小孩被开水烫伤，家长处置不当，手忙脚乱下拉扯掉小孩衣服，并拿酱油、牙膏等物品对烫伤部位进行涂抹，造成表皮脱落，加重了对皮肤的损害，造成Ⅱ度烫伤。

处理热烫伤时，首先要移除热源，尽量移除烫伤区域的衣服和饰品，但如果衣服已经粘在皮肤上了，可用剪刀小心剪开，千万不要强行移除，以免造成更大的伤害。

观察伤口，如果烫伤没有起疱，或者有水疱但没有破，那么可以直接用自来水冲洗，对烫伤部位进行降温。冲洗时需注意水流不宜过大，避免加重皮肤损伤。用水冲不到的部位，可用湿毛巾湿敷。降温时不可使用冰水或冰块，以免加重损伤。对于身体躯干或头部，千万不能降温过久，以疼痛感消失为宜，避免伤者失温或造成冻伤。

如果烫伤处的水疱已经发生破裂，那么就不能使用未消毒的自来水冲洗，切忌在伤口涂抹任何药膏，以致医生无法准确判断伤情，增加清创难度，加剧感染风险。这种情况下，可以用无菌纱布或干净的毛巾轻轻覆盖在烫伤表面，以保护伤处，降低感染的概率，并尽快将伤者送到医院进行医疗救治。

低温烫伤

低温烫伤是指50℃左右的温度在人体局部作用时间过长，使热力慢慢渗透进皮下软组织而引起的烫伤。发生初期，触及的只是人体的表皮，如果及时撤离热源，损伤完全可控。但如果对温度产生适应性，就很难及时察觉，导致热量渗透进入更深层的组织，造成烫伤加重。

---

(2) 化学烧伤

除了热烫伤外，化学烧伤也是实验室常见的事故。化学烧伤是化学物质及化学反应热引起皮肤、黏膜等组织出现刺激、腐蚀的急性损害，可由各种刺激性和有毒的化学物质引起。常见的致伤物有强腐蚀性物质、强氧化剂、强还原剂，如浓酸、浓碱、氢氟酸、钠、溴、苯酚、甲苯（有机溶剂）、芥子气、磷等。

与热烫伤不同，化学烧伤常常伴有化学品中毒。中、小面积的化学烧伤若引起病人死亡，主要因中毒所致，如黄磷烧伤。各种化学品毒性不同，在体内的吸收、贮存、排泄也不一样，但多数经肝解毒，由肾排出，因此临床上多见肝、肾损害。化学品蒸气或烟雾可直接刺激呼吸道而引起呼吸道烧伤，不少挥发性化学品由呼吸道排出，所以也可能造成化学烧伤合并呼吸道烧伤或呼吸系统并发症（肺水肿、支气管肺炎等）。

较常见的酸烧伤为强酸（硫酸、盐酸、硝酸等）烧伤，其共同特点是使组织蛋白凝固坏死，使组织脱水，一般不形成水疱，迅速皮革样成痂，一般不向深部侵袭，如果深度烧伤则脱痂时间较迟。碱烧伤时强碱（如氢氧化钠、氢氧化钾等）也可使组织脱水，但与组织蛋白结合成复合物后，能皂化脂肪组织。皂化时可产生热，继续损伤组织，使碱离子向深处穿透。疼痛较剧烈，创面可扩大或加深，愈合慢。磷烧伤是有特点的化学烧伤。磷是细胞质毒物，吸收后能引起肝、肾、心、肺等脏器损害。

当化学物质接触皮肤后（常见的有酸、碱、磷等），应立即离开现场，迅速脱去被化学品沾污的衣裤、鞋袜。一旦发生化学性烧伤，首先需要清理皮肤上的化学药品，再用大量水冲洗，一般要持续冲洗15分钟以上，然后再根据药品性质及烧伤程度采取相应的措施。

应急喷淋和洗眼装置

存在燃烧和腐蚀风险的实验区域，需配置应急喷淋和洗眼装置（图2.56），应急喷淋和洗眼装置的区域需有显著标识。

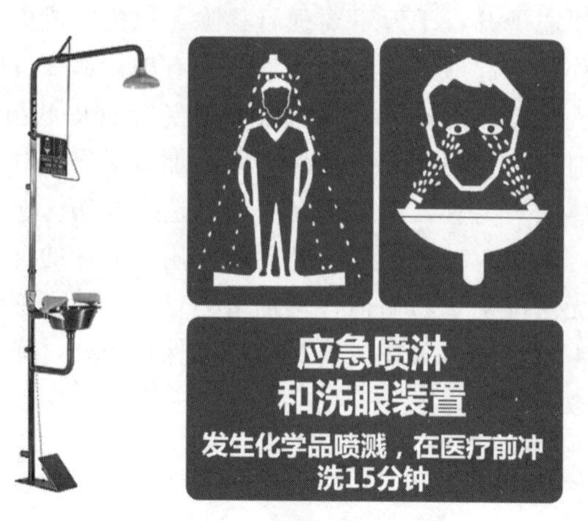

图 2.56　应急喷淋和洗眼装置

应急喷淋与洗眼装置要安装合理，并能正常使用：应急喷淋安装地点与工作区域之间畅通，距离不超过 30 米。应急喷淋安装位置合适，拉杆位置合适、方向正确。应急喷淋装置水管总阀为常开状态，喷淋头下方无障碍物；不能以普通淋浴装置代替应急喷淋装置。洗眼装置接入生活用水管道，水量水压适中（喷出高度 8～10 厘米），水流畅通平稳。

定期对应急喷淋与洗眼装置进行维护。经常擦拭洗眼喷头，无锈水脏水，有检查记录（每月启动一次阀门，时刻保证管内流水畅通）。

（3）眼睛损伤

化学物质对眼睛的损伤是严重的，若治疗不及时可导致失明。一旦发生眼睛化学性灼伤，应立即冲洗眼睛，洗眼时要保持眼皮张开，可由他人帮助翻开眼睑，用大量细流清水冲洗眼睛 15 分钟，实验室内应备有专用洗眼装置（图 2.57）。

图 2.57　洗眼装置的正确使用

如电石、石灰颗粒溅入眼内，须先用蘸有石蜡或植物油的镊子或棉签去除颗粒，再用水冲洗。冲洗后，用干纱布或手帕遮盖伤眼，去医院治疗。

玻璃屑进入眼睛内时绝不可用手揉擦，也不要试图让别人去除碎屑，不要转动眼球，可任其流泪，有时碎屑会随泪水流出。用纱布轻轻包住眼睛后，将伤者急送医院处理。如无冲洗设备，可把头埋入清洁盆水中，掰开眼皮，转动眼球清洗。

2.6.2　切割伤及急救处理

在化学实验室中，被玻璃碎片割伤是一类比较常见的事故。切割伤属于开放性伤口，容易并发感染。处理切割伤的方法要根据割伤的严重程度而定。

如果伤口较浅，出血量不多，且没有伤到神经或血管，可用干净的清水冲洗，擦干后擦涂碘酒进行消毒，然后用创可贴或干净纱布进行包扎。实验室中均需备有用于急救的医疗箱，提供常用的护理药品和工具。

对于伤口较深、面积大、出血多等情况的重度切割伤，需经紧急处理后及时送医。大量出血可能导致休克，这种情况下首先要做的就是紧急止血。如果伤及静脉，出血比较缓慢，要在肢体远端进行包扎以止血。如果伤及动脉，血液像喷射样流出，要在近心端进行结扎以止血。止血处理后，覆盖上消毒的敷料，切忌在伤口涂抹任何药膏。伤情较轻的立即送往医院进行救治，伤情较重不适合移动的，采取措施保持患者体温并把脚抬高，直到急救人员到达现场。

如果出血量不大，但伤者有感觉障碍或运动障碍，说明伤及神经，要尽快送往医院进行救治。如果出现身体穿刺伤，禁止移除穿刺物，因为移除穿刺物很有可能加速出血，应在穿刺物周围盖上敷料，并固定穿刺物以减少出血，立即就医。

2.6.3 电击伤及急救处理

电流对人体的伤害称为触电，因电能失去控制造成，包括电击和电伤。电流直接通过人体造成的伤害称为电击，电流转换为其他形式的能量作用于人体称为电伤，电击和电伤可能同时发生。在化学实验室，经常使用电学仪表、仪器，应用交流电源进行试验，电器使用不当，会发生触电或着火事故。

实验室常用电为频率 50 Hz、电压 220 V 的交流电。若粗心大意，就容易造成触电，十分危险。人体通过 50 Hz 的交流电时，当电流为 1 mA，便有麻木不适的感受，10 mA 以上人体肌肉会强烈收缩，通过 50 mA 电流时，就可能发生痉挛和心脏停搏，以致无法救活。直流电对人体也有类似的危险，因此使用电器设备时须注意防止触电。

电击伤对人体的损伤程度与接触电压高低、电流类型、电流强度、频率高低、触电部位皮肤电阻、接触时间长短、电流通过途径和所在的环境条件有密切关系。轻度电击伤者出现惊恐、心悸、头晕、头痛等症状，重度伤者会发生呼吸心跳停止，病情尤其急、重、危、难，需进行急救处理后紧急送医。

电击伤的急救处理：发现触电后，应该立即切断电源，或使用绝缘物品，如干燥的竹竿、木棍、塑料、橡胶制品，使触电者脱离电源。检查触电者的呼吸和心跳，对于心搏骤停、呼吸停止者，应立即进行心、肺、脑复苏，以挽救生命，并且能减少因心、肺停止工作引发的并发症和后遗症。对于发生组织烧伤、肢体坏死、骨折的患者，应该请医生进行相应处理。如果抢救成功，应立即转送到医疗机构进行进一步的监护和治疗。

2.6.4 冻伤及急救处理

在化学实验室中使用液氮和干冰可能导致接触部位的皮肤冻结，形成冻伤。

氮气是理想的防爆防燃气体，液氮是指液态的氮气，经压缩冷却制成，气化时大量吸热恢复为氮气。每升液氮气化，温度上升 15℃，体积膨胀约 180 倍，挤占有限空间内的氧气，氮气浓度大时可致人窒息。虽然人体皮肤直接接触液氮瞬间是没有问题的，但超过 2 秒会冻伤且不可逆转。超低的温度很快地冻伤人的肌肉。当液氮溅落在某个表面上时，会将表面完全严密覆盖起来，冷冻很大的区域。从液体中分离出的气体也非常冷，精细的组织，例如眼睛，若暴露在冷气体中，可能会损坏，冷气体也会短时破坏手部和脸部的皮肤。

事故案例

2021年8月，宿迁民警路遇一男子求救。该男子在自家门店通过液氮制作荷叶茶，在更换液氮罐时，由于操作失误，造成液氮泄漏，双手严重冻伤，水肿变形。民警了解情况后，立即帮忙联系医院，开启绿色通道，尽快安排救治，使伤者及时脱离了生命危险。

2012年11月，山东某冷冻厂的制冷设备发生故障，工人维修时，液氮突然泄漏，维修工背部、双上肢等部位被严重冻伤。

2012年10月，英格兰一女孩在酒吧庆祝18岁生日时，在朋友的怂恿下，将一杯加有液氮的鸡尾酒一饮而尽。据当时朋友所说，她刚喝下那杯饮品，嘴巴鼻子就开始冒白烟。4分钟后，女孩痛苦地倒在地上，医院CT扫描显示，她胃部出现大穿孔，基本无法缝合。为了保住这条年轻的生命，医生决定将她整个胃部进行切除。时至今日，她仍然是个无胃人。液氮本身无害，即便放在食物里也无害，前提是一定要在食用前等待液体气化完成。否则，液氮进入人体，由于外界温度突然升高，液体瞬间气化，产生极低温度，一来冻伤人体消化道，二来瞬间撑破人体组织。

低压液氮容器在使用过程中要经常检查，可采用眼睛观测、手触摸外壳的方式。一旦发现容器出现外表挂霜的现象，应该立即停止使用。实验室内液氮罐应储存在阴凉通风的区域，场所温度不宜超过50℃。通风量依据房间的容积、储存的液氮量、蒸发率等因素综合考虑，自然通风通常为每小时一次。存放液氮的场所应设置警示标识，设置控制措施（具有声光报警功能的测氧仪，强制通风系统，警戒线或围栏，通过加封堵头或加盲板方式隔断氮气来源等）。

实验室操作液氮时应注意：

① 禁止穿凉鞋、裙子，长裤应能遮盖双腿。

② 禁止将手（即使已佩戴最好的PPE手套）放入液氮中。

③ 使用或倾倒液氮时，必须佩戴安全防护用具。禁止与液氮直接接触。防寒手套应是专门为低温应用而设计，配有紧密螺纹袖口以防止液氮溢出时波及手套内部。取液氮时，应系防飞溅围裙。

④ 移动液氮时只能使用封闭的“运输”液氮罐。用电梯运输大量液氮时，必须由两名工作人员进行。

⑤ 始终保持液氮罐直立。倾倒容器可能会损坏容器和存储在其中的实验材料。

一旦暴露在冷源中，接触时间较短的情况下，不会造成严重伤害。此时应迅速脱离接触，并通过自行复温来有效缓解冻伤。若未能及时脱离接触，冻结组织可以迅速加深，严重者皮肤可能会冻结在寒冷的固体上（干冰、低温金属等），强行脱离可能会造成撕脱伤。对于更为严重的冻伤，皮肤会发白和变硬（不是其他结冰的固体物质），建议马上求医，切勿摩擦受伤区域来提高温度，这样有可能会增加组织肿胀、感染风险。

冻伤的应急处理包括迅速脱离低温环境、自行复温、清创包扎、紧急送医等几个方面。对于较轻的局部冻伤者，可自行复温，将冻伤部位浸泡在40～42℃的温水中快速复温（不可使用热水），建议浸泡到皮肤略微发红，有温热感为止。如无复温条件，可将冻伤的部位放在救护者的前胸、腋下、腹部等较温暖的部位，利用体温复温。若伤口没有破溃，可涂抹外用冻伤膏。伤口有破溃，要到医院用药和包扎。对于严重的冻伤者，要及时积极进行救治，尽快脱离导致冻伤的环境。对于全身性冻伤的患者，要做好全身和局部保暖措施，用温水进行局部快速复温，待其体温恢复正常 10 分钟后，擦干身体，用厚暖被服继续保温，并及时送至医院救治。

2.7 辐射

辐射指的是由发射源发出的电磁能量中一部分脱离场源向远处传播，而后不再返回场源的现象，能量以电磁波或粒子（如 α 粒子、β 粒子等）的形式向外扩散。

无论在生活中，还是在实验室中，辐射都无处不在。辐射是大自然的一部分，来源既包括来自太空的宇宙射线，也包括食物、空气、土壤岩石等。平均来看，每人每年由于背景辐射受到的辐射剂量大约是 1～3 毫西弗（mSv）。所以说，无需对辐射感到恐惧，但是辐射需要时刻引起我们的重视。

电磁辐射，即电磁波，既包括自然产生，也包括人造的电磁场来源。辐射可以按照频率分类，从高频率到低频率；或者按照波长分类，从短波到长波，主要包括 γ 射线、X 射线、紫外线、可见光、红外线、微波和无线电波（图 2.58）。对这些不同频率的电磁辐射的利用，已经融入人类的进化和发展历程当中，既包括娱乐、饮食，也包括医疗和能源。经过漫长的进化，在这些不同频率的电磁辐射中，人类眼睛可见的电磁辐射是一个有限波段，即我们所说的可见光，波长大约在 380～780 nm 之间。只要是本身温度大于绝对零度的物体，都可以发射电磁辐射，而世界上并不存在温度等于或低于绝对零度的物体。因此可以说，我们身边的所有物体无时无刻不在进行电磁辐射。

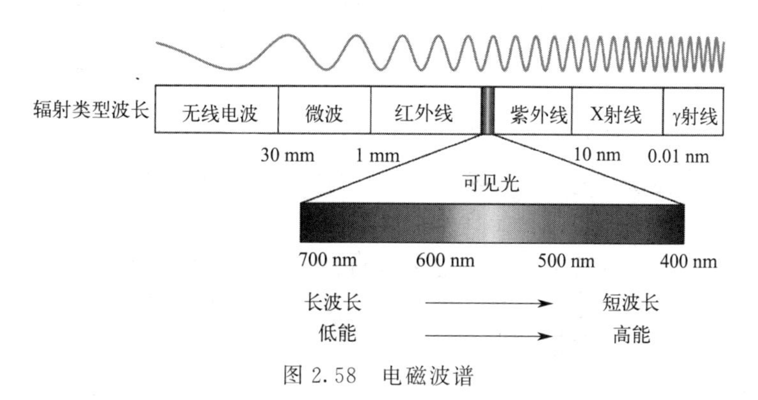

图 2.58 电磁波谱

根据能量大小，电磁辐射可以分为“电离辐射”和“非电离辐射”（图 2.59）。相比较而言，电离辐射的警告标识比非电离辐射更为常见，但是非电离辐射的警告也需要引起我们的重视。

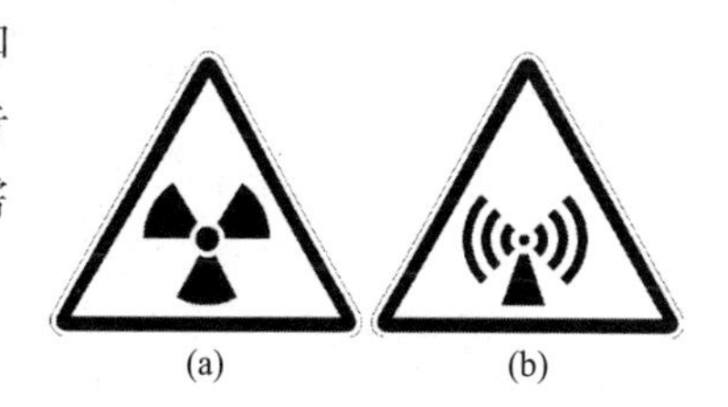

图 2.59 电离辐射警告（a）与非电离辐射警告（b）

2.7.1 电离辐射

电离辐射不仅作为天然的背景辐射存在于我们的生活

中，也能为我们所用，具有实用价值。

辐照食品是否安全?

超市中的“辐照食品”是一类在食品加工过程中，利用电离辐射处理过的食品。食品在通过一定剂量的辐照加工时，其内部温度变化不明显，在食品口味、营养成分和外观上几乎无变化，同时，还能达到抑制发芽、杀虫灭菌、防腐保鲜的目的，延长保质期。由于在灭菌过程中，食品只是获得射线的能量，并未直接接触放射源，因此，不会出现人们害怕的“放射性残留”，更不会造成环境污染。另外，辐照灭菌过程无需添加其他化学物质，所以没有化学品残留的问题。目前，我国辐照加工使用的放射源大多数为Co-60放射源。一旦食品停止辐照，取出后，并不具有放射性，可以安全食用。我们可以通过食品外包装的标识来分辨辐照食品与非辐照食品。

在化学实验室中，经常会使用一些具有放射性的仪器，比如多晶粉末X射线衍射仪(X-ray diffraction，XRD)、X射线光电子能谱仪（X-ray photoelectron spectrometer，XPS)、X射线荧光光谱分析仪（X-ray fluorescence spectrum analyzer，XRF)、能量色散X射线光谱仪（energy dispersive X-ray spectrometer，EDX）等。因此，了解一些电离辐射防护的知识是非常有必要的。这里介绍一下与电离辐射防护相关的几个概念：半衰期、剂量、距离、时间和屏蔽。

(1) 半衰期

半衰期是指半数原子核发生衰变的时间（图2.60)。每一个半衰期都会导致半数原子衰变生成一种更加稳定的新原子。半衰期与温度、物质状态、表面积、结构、浓度和催化剂都无关，只与元素自身有关。

目前世界上有超过一万家医院正在使用放射性核素，其中90%是用于疾病诊断。在诊

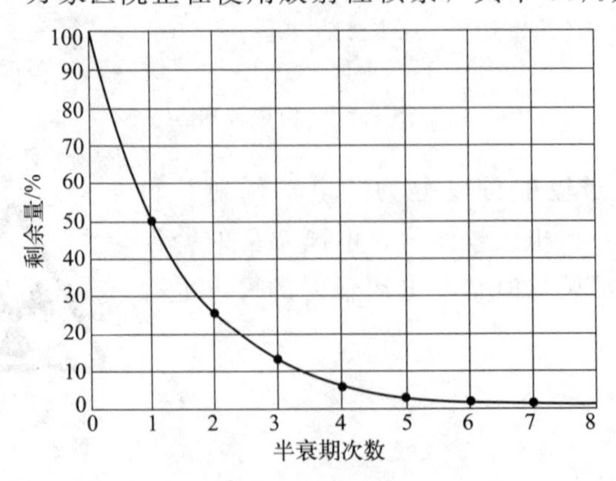

图2.60 半衰期

疗中最为常用的放射性核素是 Tc-99m，它的半衰期是 6.02 小时。而 Tc-99m 的同质异能素 Tc-99 的半衰期长达 211000 年。

（2）剂量

跟电离辐射防护息息相关的第二个重要概念就是剂量。根据国际辐射防护委员会（International Commission on Radiological Protection，ICRP）2007 年的报告，对职业暴露和公众暴露的剂量限值做出了推荐。对于职业人员，在五年期间内，平均每年的剂量限值为 20 毫西弗。对于公众，每年的剂量限值为除去背景辐射剂量之外不超过 1 毫西弗。

任何电离辐射的应用中，都应避免不必要的照射。任何必要的照射，应保持在可以合理达到的最低水平，所以最优化原则也称为可合理达到的最低量原则（as low as reasonably achievable，ALARA 原则）。在谋求最优化时，应以最小的防护代价，获取最佳的防护效果，不能追求无限制的降低剂量。

为了让大家更好地理解这条原则，我们以日本福岛为例进行一些思考。目前，福岛地区的公众每年的辐射剂量要高于 ICRP 组织推荐的限值——1 毫西弗。日本政府的最终目的是将该地区的辐射量降至 1 毫西弗，但是当前的标准是将年剂量降至 5 毫西弗。原因是，以目前的手段而言，要将辐射剂量降至 1 毫西弗在很多地方是无法实现的。因此，是强制群众移居？还是在妥协的辐射剂量内允许群众继续居住？对这两者的代价的比较，值得考虑，这也符合 ALARA 原则。

辐射剂量的多少，在辐射防护中至关重要。盖格计数器（Geiger counter）是用于辐射剂量测量的最常见设备之一（图 2.61）。事实上，盖格计数器的制作并不复杂，大家如果感兴趣，可以在网络上查找到它的制作方法。

图 2.61 形形色色的盖格计数器

（3）防护

防护外部辐射最重要的三种有效方法可以总结为六个字：距离、时间和屏蔽。

① 距离。采用距离防护的基本原理是平方反比定律，即将辐射源作为点源的情况下，辐射场中某点的照射量、吸收剂量均与该点和点源的距离的平方成反比（图 2.62）。换言之，辐射强度随距离的平方成反比变化（在源辐射强度一定的情况下，剂量率或照射量与离源的距离平方成反比）。因此，增加辐射源与人体之间的距离便可减少剂量率或照射量，或者说在一定距离以外工作，使人们所受到的射线剂量在最高允许剂量以下，可达到防护目的。

② 时间。由于累积剂量与受照时间成正比，所以时间防护的主要措施为充分准备，尽量减少受照时间。

③ 屏蔽。虽然电离辐射都能造成物质电离，但是不同辐射源的电离能力和穿透能力存在很大差别（图 2.63）。最常见的电离辐射源为 α、β、γ 射线，它们的电离能力依次削弱，但是穿透能力依次增强。α 粒子的屏蔽，可以采用一张纸板，β 射线可以采用木板、铝等材

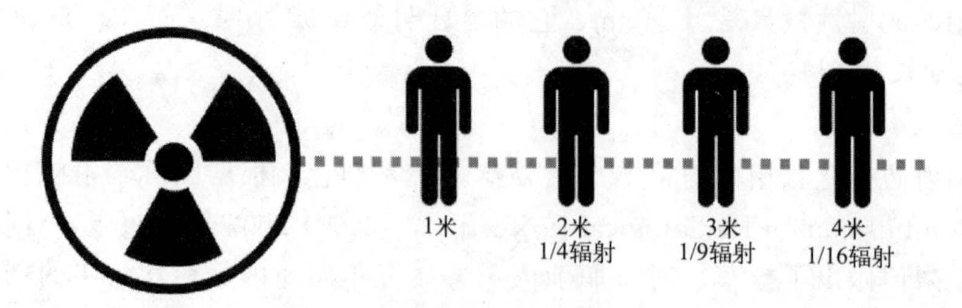

图 2.62　辐射暴露的平方反比定律

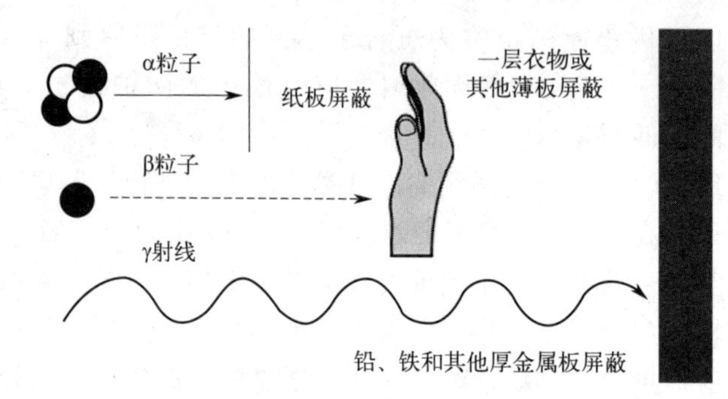

图 2.63　不同的辐射源能够造成电离和穿透的能力存在很大差别，屏蔽难度也不同

质的薄板屏蔽，铅、铁和其他厚金属板可用于屏蔽 X 射线和 γ 射线，水和混凝土可以用于中子射线的屏蔽。

碘片也常用于电离辐射的防护。碘片的主要成分是碘化钾（KI），其含有非放射性、稳定形式的碘离子。身体吸收了足够多的稳定的碘之后可以阻止甲状腺吸收放射性碘，放射性碘是铀裂变的一种主要产物。新闻中经常报道，在发生疑似核泄漏或预计发生核战争之前，公众会出现抢购加碘盐的现象。实际上，依靠服用加碘盐来提高对放射性碘的防护，收效甚微，因为加碘盐中的碘含量很少，每 100 g 加碘盐中仅含 2.7 mg 碘。

对于碘片的使用，需要注意的是：碘片最好在接受辐射暴露以前服用；放射性碘的主要靶器官是甲状腺；对于成人而言，一般 24 小时需要摄入的单次剂量值为 130 mg 碘；碘片能够保护甲状腺，但是无法阻止身体其他部分对放射性碘的吸收。

2.7.2　非电离辐射

与电离辐射造成物质电离不同，非电离辐射主要造成局部加热或者一些光化学反应，从而可能造成永久性伤害。因此，在生活中也应当尽量减少非电离辐射的暴露。

非电离辐射可以细分为紫外光、可见光与红外光、无线电波和微波场、低频场、静态场和超低频场。

① 紫外光（ultraviolet light）：波长在 10～400 nm 之间。紫外光通常来源于热的光源比如太阳、钨丝灯、卤素灯、焊接电弧和气体放电灯等。过度暴露主要会对眼睛和皮肤造成损害。急性损伤效应包括晒伤、角膜炎。长期效应包括皮肤癌、皮肤增厚、永久性皮肤老化、白内障等。

② 可见光与红外光（visible and infrared light）：波长范围在 400～1000 nm。高温工作，比如焊接、玻璃吹制，或者加热灯和等离子体光源的使用，会发射红外光。其最大的风险是

对眼睛和皮肤的损伤。眼睛会对过量的可见光敏感，最大的危害来自 400～500 nm 范围的“蓝光”，可能会造成视网膜损伤。

③ 无线电波和微波场（radio wave and microwave fields）：频率为 10 MHz～300 GHz，由高频发生器、发射器、微波炉、工业传播射频信号加热器、广播、电视天线、雷达装置和手机等产生，手机基站也会产生微弱的电波。暴露在这一频段的电磁场的主要危害是加热，电磁波的频率决定了渗透到身体的深度，如果与身体部分发生共振，伤害可能增加。对于这一类辐射，需要注意的是对辐射剂量的限值规定。

④ 低频场（low-frequency fields）：频率在 300 Hz～10 MHz 之间。在低于 100 kHz 的电磁场中需要注意感应电流密度和内部电磁场强度，对于高于 100 kHz 的暴露需要注意一些特定能量的吸收。身体对能量的吸收程度是不同的，需要注意这一类辐射的剂量限值。

⑤ 静态场和超低频场（static fields and extremely low frequency fields）：频率在 0～300 Hz。一般而言，静态场是一些自然场（如地球的磁场）通过摩擦产生的。这一类电磁场包括头顶高压电源线、工业电解过程、超导和磁场等，至今还没有观察到生物学效应。静态场最大的风险是触电。静态场会导致血管中微弱的电势差，其影响未知。不同的低频场在体内产生的电流与生物自身产生的电流接近，可以直接激活神经和肌肉，目前尚未观察到长期危害效应。人体中的人造设备如心脏起搏器和其他铁磁性植入物可能会受到静态场和超低频场的影响，银行卡和电脑磁盘可能发生消磁。

参考文献

[1] Pathan A，Ahmad I，Girase R，et al. A laboratory accident of acryloyl chloride，its consequences，treatment，and safety measures：an arduous lesson to all researchers [J]. ACS Chem. Health Saf. 2022，29 (5)：405-420.

[2] Sébastien V. Safety first：a recent case of a dichloromethane injection injury [J]. ACS Cent. Sci. 2020，6：83-86.

[3] 吉尔伯特．生活中的毒理学 [M]. 周志俊，等译．上海：上海科学技术出版社，2013.

[4] 王心如．毒理学基础 [M]. 北京：人民卫生出版社，2017.

[5] 保罗·劳埃，克利福德·韦塞尔．暴露科学：基本原理与应用 [M]. 洪峰，钱华，罗鹏，等译．科学出版社，2020.

[6] 北京大学化学与分子工程学院实验室安全技术教学组．化学实验室安全知识教程 [M]. 北京：北京大学出版社，2012.

[7] 杰奎琳·阿哈万．爆炸物化学：第 3 版 [M]. 肖正刚，译．北京：国防工业出版社，2017.

[8] Bai M Q，Liu Y，Qi M，et al. Current status，challenges，and future directions of university laboratory safety in China [J]. Journal of Loss Prevention in the Process Industries，2022，74，104671-104681.

[9] Churchill D G. Chemical structure and accidental explosion risk in the research laboratory [J]. Journal of Chemical Education，2006，83，1798-1803.

[10] 吕明泉，刘雪蕾，张志强，等．实验室冰箱安全使用与防爆改造 [J]. 安全，2018，39 (05)，31-34.

[11] 孟祥飞，韩季君，陈杰，等．锂离子电池火灾原因解析及消防技术研究 [J]. 工业安全与环保，2021，47 (12)，57-60.

[12] 陈文博，张雪峰，冯磊，等．锂离子电池火灾的危险性及处置研究 [J]. 中国应急救援，2021，(04)，48-53.

[13] 锂离子电池火灾特征及扑救措施 [N]. 中国应急管理报，2021-12-03 (006).

[14] Ngai N，Ngai C. Compressed gas safety at the university [J]. J. Chem. Educ. 2021，98，57-67.

[15] 庞春虎，张丽丽．从几起事故看外压容器的管理 [J]. 今日科苑，2009，12：84.

习题

1. 水是最常用的灭火剂，但是不适用的火灾种类包括（　　）。

A. 带电设备火灾　　B. 金属火灾
C. 非水溶性可燃液体火灾　　D. 以上三项都不适用

2. 气体钢瓶标记是指气瓶外表面的瓶色、字样、字色和色环。气瓶喷涂颜色标记的目的主要是（　　）。

A. 从颜色上迅速地辨别出盛装某种气体的气瓶和瓶内气体的性质（可燃性、毒性）
B. 避免错装和错用
C. 防止气瓶外表面生锈
D. 以上三项都正确

3. 外部辐射的防护三原则是（　　）。

（1）减少受照时间　　（2）时刻穿戴含铅防护工具
（3）远距离操作　　（4）根据辐射源类型进行屏蔽防护
A. （1）（2）（3）　　B. （1）（2）（4）
C. （2）（3）（4）　　D. （1）（3）（4）

4. 下列关于灭火的应急处理说法中，不正确的是（　　）。

A. 在反应过程中，若因冲料、渗漏、油浴着火等引起反应体系着火时，有效的扑灭方法是用几层灭火毯包住着火部位，隔绝空气使其熄灭

B. 对在容器中（如烧杯、烧瓶、热水漏斗等）发生的局部小火，用湿布、石棉网、表面皿或木块等覆盖，就可以使火焰窒息

C. 若衣服着火，应立即用湿抹布、灭火毯等包裹盖熄，或者就近用水龙头浇灭或卧地打滚以扑灭火焰，切勿慌张奔跑，否则风助火势会造成严重后果

D. 烘箱有异味或冒烟时，应迅速打开烘箱门，使其迅速降温，并准备好灭火器备用

5. 下列关于气体钢瓶的说法中，不正确的是（　　）。

A. 搬运气瓶时，如没有专用小推车，可以徒手滚动，即一手托住瓶帽，使瓶身倾斜，另一手推动瓶身沿地面旋转滚动。不准拖拽、随地平滚或用脚踢蹬

B. 气瓶及其他附件禁止沾染油脂，如手或手套以及工具上沾染油脂时不得操作氧气瓶

C. 气瓶应该直立固定。禁止暴晒，远离火源（一般规定距明火热源 10 m 以上）或其他高温热源

D. 钢瓶内气体应当尽量用尽，以节约实验成本，保证搬运和重新充装气体时安全

6. 扑灭带电物体燃烧发生的火灾时，应先切断电源，再选用合适的灭火器进行灭火。以下灭火器中，不适用于此类火灾的灭火器类型是（　　）。

A. 二氧化碳灭火器　　B. 干粉灭火器
C. 卤代烷灭火器　　D. 泡沫灭火器

7. “All poisons are toxic chemicals，but all toxic chemicals are not poison.”这一说法中，下列（　　）通常用于定义剧毒物质（poison）。

A. 半数致死剂量/浓度　　B. 半衰期
C. 人体代谢周期　　D. 可治愈概率

8. 下列做法错误的是（　　）。

A. 不随意玩耍灭火器　　B. 灭火器喷嘴靠近火源使用
C. 注意灭火器的报废年限　　D. 左右移动喷射灭火器

9. 下列关于油浴的说法错误的是（　　）。

A. 使用油浴时要注意低沸点物质溅入　　B. 可以使用放置时间较长的油

C. 加热温度应低于沸点　　D. 油冒烟时应停止加热

10. 以下属于实验室发生爆件事故的可能原因有（　　）。

①随意混合化学药品。氧化剂和还原剂的混合物在受热、摩擦或撞击时发生爆炸。②在密闭体系中进行蒸馏、回流等加热操作。③在加压或减压实验中使用不耐压的玻璃仪器，气体钢瓶减压阀失灵。④反应过于激烈而失去控制。⑤易燃易爆气体如氢气、乙炔等大量逸入空气，引起爆燃。⑥一些本身容易爆炸的化合物，受热或被敲击时会爆炸。强氧化剂与一些有机化合物接触，如乙醇与浓硝酸混合时会发生猛烈的爆炸反应。

A. ①③④⑤⑥　　B. ①②③⑤⑥　　C. ②③④⑤⑥　　D. ①②③④⑤⑥

11. 下列关于气体钢瓶瓶帽说法错误的是（　　）。

A. 它是瓶阀的保护装置　　B. 它的唯一作用是保护瓶阀不被破坏

C. 它能保护出气口螺纹不被破坏　　D. 它可以防止灰尘杂物落入阀内

12. 下列关于烘箱的使用不正确的是（　　）。

A. 烘箱在使用时能用水银温度计校准温度

B. 不用它加热密封物品

C. 使用前认真检查

D. 发现异样，立即停止使用

13. 以下（　　）容易引起粉尘爆炸。

①烟草粉末　　②小麦粉　　③铝粉　　④镁粉

A. ③④　　B. ②③④　　C. ①③④　　D. ①②③④

14. 能进入大脑的物质为（　　）。

A. 自由水　　B. 高脂溶性物质　　C. 无机盐　　D. 糖类

15. 铊中毒是（　　）功能失效的直接后果。

A. 钾基　　B. 铝基　　C. 钠基　　D. 铁基

16. 发生爆炸的最低浓度称为爆炸下限，爆炸下限的英文缩写为（　　）。

A. LEM　　B. UEL　　C. GEL　　D. LEL

17. 在讨论化学品中毒中，计算剂量时要把（　　）考虑进去。

A. 身高　　B. 体重　　C. 血压　　D. 心率

18.（　　）因其可能破坏臭氧层和具有毒性而被限制。

A. AFFF 灭火器　　B. 湿式化学灭火器

C. 卤代烷化学灭火器　　D. 干粉灭火器

19. 身上着火后，下列灭火方法中（　　）是错误的。

A. 就地打滚　　B. 用厚重衣物覆盖压灭火苗

C. 迎风快跑　　D. 大量水冲或跳入水中

20. 使用灭火器扑救火灾时要对准火焰的（　　）喷射。

A. 上部　　B. 中部　　C. 根部　　D. 中上部

21. 气体钢瓶泄漏可能带来的危害有（　　）。（多选）

A. 中毒　　B. 火灾　　C. 冻伤　　D. 爆炸

22. 潜水艇被海水压碎可以用（　　）解释。

A. 内爆原理　　B. 泡利原理　　C. 破窗原理　　D. 以上都不是

23. 易感性与（　　）因素有关。

A. 性别　　B. 年龄　　C. 遗传　　D. 以上都是

24. 溶剂热反应釜的内衬材料是（　　）。

A. 甲基苯乙烯　　B. 1,3-丁二烯　　C. 聚四氟乙烯　　D. 乙二胺四乙酸

25. 应如何简单辨认有味的化学药品？（　　）

A. 用鼻子对着瓶口去辨认气味

B. 用舌头品尝试剂

C. 将瓶口远离鼻子，用手在瓶口上方扇动，稍闻其味即可

D. 取出一点，用鼻子对着闻

第3章 RAMP原则Ⅱ风险评估

3.1 “从摇篮到坟墓”——风险评估的目的与内容

风险评估是指暴露在有害物质或情况下，对人类健康产生的潜在不利影响进行系统性科学评估。根据毒理学原理“风险=暴露×危害”，风险可以定义为发生不良后果的概率，由身处危险源之中的暴露情况和危险源的危害大小共同决定。

From cradle to grave，字面意思就是，从摇篮到坟墓。词典对这个习语的定义为：*lasting the full spectrum of life*，*existence*，*or a given process*；*from the first point to the very last*（在生命、存在或者某一特定过程的全部范围中持续；从第一点到最后一点）。由此，该短语经常被用于风险评估中，强调评估范围的全面性，这也是实验室风险评估的重要原则和注意事项之一。

3.1.1 风险评估的目的

作为确保实验室安全的重要环节，“风险评估”成为RAMP原则的第二项内容，即对化学实验室中已识别的危险源的风险等级进行一一评估。具体而言，风险评估的目的包括：

（1）让你能够安全且高效地工作（to work safely and effectively）

通过审慎、全面的危害识别和风险评估，尽可能地了解会发生什么及其原理，后果是什么及这些后果发生的可能性有多大，是否存在一些可以减轻风险后果或者降低风险可能性的因素和措施，风险等级是否在可容忍或接受范围之内，以及是否要求更多措施进行应对和处理。只有如此，才有可能真正安全、高效地工作。

（2）为了保护你、其他所有人，以及整个实验室（to protect you，everyone else and the lab）

实验室作为一个公共的工作和学习场所，风险评估不仅仅是为了保护实验人员自身，也为了保护处于同一个区域的其他所有人，包括实验人员的同学、同事、老师、实验室清洁人员以及访客等。同时，实验室作为一个整体，从过去到现在积累的有形和无形资产，包括仪器设备、实验数据、样品原料等，其价值不言而喻，都需要受到严格保护。

事故案例

2011年10月，某大学化工学院实验楼四楼由于实验台上水龙头漏水，导致实验台下存放的金属钠等危险化学品遇水产生燃烧而引发火灾。此次火灾过火面积约500平方米，所幸无人员伤亡。但许多宝贵的资料被烧毁，十余年的科研数据付之一炬，给学校的教学、科研工作带来了无法弥补的损失。这栋四层的楼房建于1960年，由于楼房屋顶为纯木质结构，加上四楼实验室有很多有机易燃试剂，火势蔓延十分迅速，顶层基本被烧毁，殃及几个重点实验室。

（3）履行你个人的、职业的和法律的责任（to meet your personal，professional and legal responsibilities）

进行风险评估，不仅是实验人员的个人责任，也是职业道德的要求，同时还是自上而下，从国家到省市到学校学院的法律法规要求每个人需要承担的责任。

（4）为正确的理由做好风险评估，而非只为履行规定的义务敷衍了事（do risk assessments for the right reasons，and not just to meet a legal obligation）

由于“危害是物质的自然属性”，存在于化学实验室和化学实验中的危险源和隐患是难以完全杜绝的。对于这些危害及其风险，鸵鸟态度是不可取的，无视它们，无异于掩耳盗铃，极有可能造成严重后果。因此，应当重视风险评估，端正态度，绝不能敷衍了事。否则就会适得其反，造成“错误的安全感”（详见“第4章 RAMP原则Ⅲ风险最小化”关于面罩使用注意事项的讨论），有百害而无一利。

3.1.2 化学实验室风险评估的主要内容

化学实验室风险评估内容应主要包括对物理危害和化学危害两方面的评估。更加具体而言，应该包括：

① 试剂和反应物（reagents and reactants）

② 反应溶剂或者气体（solvents/gases）

③ 产物和副产物（products and by-products）

④ 消除污染、倾洒泄漏事故（decontamination，spillages）

⑤ 个人防护和相关的预防措施（personal protection and related precautions）

⑥ 过量化学品的处置（disposal of excess chemicals）

依照“从摇篮到坟墓”原则，一个完整的化学实验过程应该包括实验前、实验中和实验后三个部分。我们可以大致将上述风险评估的内容与之对应。

实验前：首要任务是查阅实验方案中涉及的试剂、反应物、反应溶剂或者气体，以及目标产物和副产物的理化性质，评估使用它们的风险等级，选择和调整实验方案以符合安全要求。

注意，对于反应涉及的化学物质的理化性质，不要想当然，应当在第一次接触和使用时耐心仔细地查找精准、可信的安全信息，并根据这些信息完成相关安全表格或者将其记录在实验记录本中。此外，在进行评估时，应当列出反应可能涉及的所有化学物质，包括反应生成的新物质以及一种或多种副反应生成的副产物。作为一名化学实验人员，还应当具备一定的专业知识，能够对新物质的理化性质（如毒性和爆炸性），以及可能发生的副反应及其产物进行预测和调研。

实验中：对实验方案中所有可能涉及的化学物质进行评估之后，接着应当考虑在实验进行当中各种失误操作的可能性及其带来的风险程度（如倾洒泄漏），以及如何处理反应可能造成的污染问题。同时，还应当确认是否已经掌握个人防护和预防处理措施的相关安全知识和技能（如灭火器、手套箱、防毒面罩的正确使用等）。

实验后：由于实验可能存在化学品称取过量，以及某一种或几种反应物、溶剂和副产物过量的情况，还需要准备这些过量化学品的处理方案，并对其风险进行评估。例如，在某一化学实验中使用了过量的王水，处理未反应完的王水时，绝对不能将其直接倒入废液桶中。

只有将实验前、实验中和实验后的所有风险考虑得面面俱到，才算是一个完整的风险评估。风险评估的另一特点是它是一个动态而非一成不变的过程。我们需要根据实验方案的调整和相关知识的更新，及时调整和完善风险评估内容。此外，风险评估也不是一种形式主义，认真完成规定的风险评估表格十分必要。在没有上述规定的风险评估表格时，我们应当根据实验的具体类型和内容，参照适用于不同学科、研究领域和实验室的风险评估清单，主动设计和完成风险评估表格（详见“3.6 全球各高校化学实验室风险评估表格案例”）。对于一个全新的化学实验，认真完成其风险评估表格尽管无法一劳永逸，但能为后续其他实验提供便利：对重复实验，可以参考和回顾已经完成的风险评估；对改变部分实验条件和反应物的实验，可以在已有表格基础上，更新和完善必要的风险评估即可。

风险评估的内容清单

① 考虑风险评估的范围——“从摇篮到坟墓”。

② 识别所有的物理化学危害——仔细查阅所有材料的化学品安全技术说明书，即 material safety data sheet（MSDS）。

③ 评估交叉反应性以及副产物可能引起的风险（参考书籍 *Bretherick's Handbook of Reactive Chemical Hazards*）。

④ 考虑使用的溶剂；倾洒泄漏及眼睛皮肤接触等事故发生时应采取的应急处理措施；过量化学品处置方法。

⑤ 确认实验所需实验服类型，是否需要其他防护装置等。

⑥ 在实验记录本上记录下细节（相关查询资料、遗漏信息等），供以后完善风险评估参考和使用。

⑦ 检查风险评估中是否涉及需申报、审批或专门培训使用的化学试剂及操作。

3.1.3 化学实验室风险评估的主要方法

风险评估的方法可以分为定性法、半定性法和定量法[1-13]。表 3.1 总结了不同类型的风险评估方法[1]。定性法具有评估简单、快速的优点。但这种评估方法未使用数据来确定概率和结果，因此主观性最强，主要依靠经验。定量法因为其复杂性和对资源、技能的高要求，在高校实验室的风险评估中也很少被使用。因此，半定性法更为普及：被广泛用于风险评估的 HIRARC 法（hazard identification，risk assessment and risk control，即危害识别、风险评估和风险控制）和 HIRADC 法（hazard identification，risk assessment and dertermination control，即危害识别、风险评估和确定控制）主要通过观察、访谈环节和化学品危害评估等方式来识别危害[3,4]；Lab-HIRA（lab-hazard identification，risk assessment，即，实验室危害识别，风险评估）法使用了专用软件工具来提供系统性的风险评估。根据危害发生的可能性和严重程度对每一种危害的风险进行评估[5-7]。风险的估算将由以下因素来决定：①风险的大小；②风险是否可控；③是否需要采用控制措施来消除或降低风险。

表 3.1　不同类型的风险评估方法[1]

类型	风险评估方法	文献
半定性法	SQRA(semiquantitative risk assessment，半定量风险评估)	[2]
	HIRADC(hazard identification，risk assessment and determination control，危害识别，风险评估和确定控制)	[3,4]
	Lab-HIRA(lab-hazard identification，risk assessment，实验室危害识别，风险评估)	[5-7]
	CHRA(chemical health risk assessment，化学健康风险评估)	[8]
	HIRARC(hazard identification，risk assessment and risk control，危害识别，风险评估和风险控制)	[9]
定性法	Chem-SAM(chemical risk management self-assessment model，化学品风险管理自我评估模型)	[2]
	UOW(University of Wollingong)risk assessment，伍伦贡大学风险评估	[2]
	MICE(management，information，control and emergency，管理，信息，控制和紧急)	[10]
	Bowtie diagram，领结图分析法	[11]
定量法	AHP(analytical hierarchy process，层次分析法)	[12]
	VIKOR(Vlse Kriterijumska Optimizacija I Kompromisno Resenje，多准则妥协排序法)	[12]
	BN(Bayesian network，贝叶斯网络)	[13]
	RSLs(regional screening levels，区域筛选级别)	[8]

3.2　如何做风险评估（Ⅰ）：MSDS 的查阅

在了解了风险评估的目的和主要内容之后，接下来要回答的问题就是，如何完成详尽、准确的风险评估。解答这个问题的关键词就是 MSDS。

MSDS 称为“物质安全技术说明书”或者“化学品安全技术说明书”。它是化学品生产、贸易、销售企业按法律要求向下游客户和公众提供的有关化学品特征的一份综合性法律文件。国际和不同国家地区对 MSDS 的格式和内容都做出了规定。在我国 2008 年发布的标准《化学品安全技术说明书　内容和项目顺序》(GB/T 16483—2008) 中将 MSDS 也称作 SDS (safety data sheet for chemical products)。在本书中，统一使用 MSDS。

MSDS 是化学品供应链上传递物质信息的主要方式之一，其内容基本涉及化学品的整个生命周期，包含了化学品的危害信息和安全防护建议等。为接触化学品的相关人员提供了有关人类健康和环境安全防护方面的必要信息，也为不同环节的相关人员提供有价值的综合性建议。目前，MSDS 已成为众多先进化学品企业进行化学品安全管理的重要手段，也是国务院《危险化学品安全管理条例》明确提出的企业责任和政府监管重点。

根据联合国的全球化学品统一分类和标签制度（即 GHS 制度），以及各国最新规章标准的规定，MSDS 由十六部分信息组成，每个部分的标题、编号和前后顺序不应随意变更。

3.2.1　MSDS 的内容组成

表 3.2 是甲苯的化学品安全技术说明书，帮助大家了解组成 MSDS 的十六个部分的具

体内容。

表 3.2 甲苯的化学品安全技术说明书[14]

说明书目录			
第一部分	化学品及企业标识	第九部分	理化特性
第二部分	危险性概述	第十部分	稳定性和反应性
第三部分	成分/组成信息	第十一部分	毒理学信息
第四部分	急救措施	第十二部分	生态学信息
第五部分	消防措施	第十三部分	废弃处置
第六部分	泄漏应急处理	第十四部分	运输信息
第七部分	操作处置与储存	第十五部分	法规信息
第八部分	接触控制/个体防护	第十六部分	其他信息
第一部分:化学品及企业标识			
化学品中文名称	甲苯;甲基苯	化学品英文名称	methylbenzene; toluene
分子式	C_7H_8	分子量	92.15
机构式		CAS No.	108-88-3
化学品的推荐使用及限制用途	用于掺和汽油组成及作为生产甲苯衍生物、炸药、染料中间体、药物等的主要原料		
生产企业名称			
地址			
第二部分:危险性概述			
紧急情况概述	高度易燃液体和蒸气,可能引起昏昏欲睡或眩晕,吞咽及进入呼吸道可能致命		
GHS 危险性类别	易燃液体,类别 2;皮肤腐蚀/刺激,类别 2;生殖毒性,类别 2;特异性靶器官毒性-一次接触,类别 3(麻醉效应);特异性靶器官毒性-反复接触,类别 2;吸入危害,类别 1;危害水生环境-急性危害,类别 2;危害水生环境-长期危害,类别 3		
标签要素	象形图		
标签要素	警示词	危险	
标签要素	危险性说明	高度易燃液体和蒸气,造成皮肤刺激,怀疑对生育力或胎儿造成伤害,可能引起昏昏欲睡或眩晕,长时间或反复接触可能对器官造成损伤,吞咽及进入呼吸道可能致命,对水生生物有害并具有长期持续影响	
标签要素	防范说明	预防措施:远离热源、火花、明火、热表面。禁止吸烟。保持容器密闭。容器和接收设备接地连接。使用防爆电器、通风、照明设备。只能使用不产生火花的工具。采取防止静电措施。戴防护手套、防护眼镜、防护面罩。避免接触眼睛、皮肤,操作后彻底清洗。得到专门指导后操作。在阅读并了解所有安全预防措施之前,切勿操作。按要求使用个体防护装备。避免吸入蒸气、雾。禁止排入环境 事故响应:火灾时,使用泡沫、干粉、二氧化碳灭火器或砂土灭火。如皮肤(或头发)接触,立即脱掉所有被污染的衣服,用大量肥皂水和水清洗。如发生皮肤刺激,就医。被污染的衣服经洗净后方可重新使用。如果接触或有担心,就医 安全储存:存放在通风良好的地方。保持低温。上锁保管 废弃处置:本品及内装物、容器依据国家和地方法规处置	
物理和化学危险	高度易燃,其蒸气与空气混合,能形成爆炸性混合物		
健康危害	对皮肤、黏膜有刺激性,对中枢神经系统有麻醉作用 急性中毒:短时间内吸入较高浓度本品表现为中枢神经系统麻醉作用,出现头晕、头痛、恶心、呕吐、胸闷、四肢无力、步态蹒跚、意识模糊。重症者可有躁动、抽搐、昏迷。呼吸道和眼结膜可有明显刺激症状。液体吸入肺内可引起肺炎、肺水肿和肺出血。可出现明显的心脏损害。液态本品吸入呼吸道可引起吸入性肺炎 慢性影响:长期接触可发生神经衰弱综合征,肝肿大,女性月经异常等。皮肤干燥、皲裂、皮炎		
环境危害	对水生生物有害并具有长期持续影响		

续表

第三部分:成分/组成信息	
☑物质　　☐混合物	组分　浓度　CAS No. 甲苯　　　　108-88-3
第四部分:急救措施	
吸入	迅速远离现场至空气新鲜处。保持呼吸道通畅。如呼吸困难,给吸氧。如呼吸、心跳停止,立即行心肺复苏术。就医
皮肤接触	立即脱去污染衣着,用肥皂水或清水彻底冲洗。就医
眼睛接触	分开眼睑,用清水或生理盐水冲洗。就医
食入	漱口,饮水。禁止催吐。就医
对保护施救者的忠告	根据需要使用个人防护设备
对医生的特别提示	对症处理
第五部分:消防措施	
灭火剂	用泡沫、干粉、二氧化碳、砂土灭火
特别危险性	与氧化剂能发生强烈反应。流速过快,容易产生和积聚静电。蒸气比空气重,沿地面扩散并易积存于低洼处,遇火源会着火回燃。燃烧生成有害的一氧化碳
灭火注意事项及防护措施	消防人员必须佩戴空气呼吸器、穿全身防火防毒服,在上风向灭火。喷水冷却容器,尽可能将容器从火场移至空旷处。容器突然发出异常声音或出现异常现象,应立即撤离
第六部分:泄漏应急处理	
作业人员防护措施、防护装备和应急处置程序	消除所有点火源。根据液体流动和蒸气扩散的影响区域划定警戒区,无关人员从侧风、上风向撤离至安全区。建议应急处理人员戴正压自给式呼吸器,穿防毒、防静电服,戴橡胶耐油手套。作业时使用的所有设备应接地。禁止接触或跨越泄漏物。尽可能切断泄漏源
环境保护措施	防止泄漏物进入水体、下水道、地下室或有限空间
泄漏化学品的收容、清除方法及所使用的处置材料	小量泄漏:用砂土或其他不燃材料吸收,使用洁净的无火花工具收集吸收材料。大量泄漏:构筑围堤或挖坑收容。用砂土、惰性物质或蛭石吸收大量液体。用泡沫覆盖,减少蒸发。喷水雾能减少蒸发,但不能降低泄漏物在有限空间内的易燃性。用防爆泵转移至槽车或专用收集器内
第七部分:操作处置与储存	
操作注意事项	密闭操作,加强通风。操作人员必须经过专门培训,严格遵守操作规程。建议操作人员佩戴自吸过滤式防毒面具(半面罩),戴化学安全防护眼镜,穿防毒物渗透工作服,戴橡胶耐油手套。远离火种、热源。工作场所严禁吸烟。使用防爆型的通风系统和设备。防止蒸气泄漏到工作场所空气中。避免与氧化剂接触。灌装时应控制流速,且有接地装置,防止静电积聚。搬运时要轻装轻卸,防止包装及容器损坏。配备相应品种和数量的消防器材及泄漏应急处理设备。倒空的容器可能残留有害物
储存注意事项	储存于阴凉、通风的库房。远离火种、热源。库温不宜超过37℃。保持容器密封。应与氧化剂分开存放,切忌混储。采用防爆型照明、通风设施。禁止使用易产生火花的机械设备和工具。储区应备有泄漏应急处理设备和合适的收容材料
第八部分:接触控制/个体防护	
职业接触限值	中国 PC-TWA:50 mg/m^3;PC-STEL:100 mg/m^3[皮] 美国(ACGIH)TLV-TEA:50 mg/m^3[皮]
生物接触限值	尿马尿酸:1 mol/mol 肌酐(1.5 g/g 肌酐)或 11 mmol/L(2.0 g/L)(采样时间:工作班末)(停止接触后);终末呼出气甲苯:20 mg/m^3(采样时间:工作班末)(停止接触后15~30 min),5 mg/m^3(工作班前)
监测方法	空气中有毒物质测定方法:溶剂解吸-气相色谱法;热解吸-气相色谱法;无泵型采样-气相色谱法。生物监测检验方法:尿中马尿酸的分光光度测定方法;尿中马尿酸、甲基马尿酸的高效液相色谱测定方法;呼出气中甲苯的气相色谱测定法
工程控制	生产过程密闭,加强通风。提供安全的淋浴和洗眼设备
个体防护装备	呼吸系统防护:空气中浓度超标时,佩戴过滤式防毒面具(半面罩)。紧急事态抢救或撤离时,应该佩戴空气呼吸器 眼睛防护:戴化学安全防护眼镜 皮肤和身体防护:穿防毒物渗透工作服 手防护:戴橡胶耐油手套

续表

第九部分:理化特性			
外观与性状	无色透明液体,有类似苯的芳香气味		
pH 值	无资料	熔点/℃	−94.9
沸点/℃	110.6	相对密度(水=1)	0.87
相对蒸气密度(水=1)	3.14	饱和蒸气压/kPa	3.8(25℃)
燃烧热/(kJ/mol)	−3910.3	临界温度/℃	318.6
临界压力/MPa	4.11	辛醇/水分配系数	2.73
闪点/℃	4(CC);16(OC)	自燃温度/℃	480
爆炸下限/%	1.1	爆炸上限/%	7.1
分解温度/℃	无资料	黏度/(mPa·s)	0.56(25℃)
溶解性	不溶于水,可混溶于苯、乙醇、乙醚、氯仿等多数有机溶剂		
第十部分:稳定性和反应性			
稳定性	稳定		
危险反应	与强氧化剂等禁配物接触,有发生火灾和爆炸的危险		
避免接触的条件	无资料		
禁配物	强氧化剂、酸类、卤素等		
危险的分解产物	无资料		
第十一部分:毒理学信息			
急性毒性	LD_{50}:636 mg/kg(大鼠经口);12124 mg/kg(兔经皮) LC_{50}:49 g/m^3(大鼠吸入,4 h);30 g/m^3(小鼠吸入,2 h)		
皮肤刺激或腐蚀	家兔经皮:500 mg,中度刺激		
眼睛刺激或腐蚀	人经眼:500 mg,引起刺激		
呼吸或皮肤过敏	无资料		
生殖细胞突变性	微核试验:小鼠经口 200 mg/kg 细胞遗传学分析:大鼠吸入 5400 μg/m^3(16 周)(间歇) 姐妹染色单体交换:人吸入 252 μg/L(19 a) 非程序 DNA 合成:大肠杆菌 0.454 kg/h		
致癌性	无资料		
生殖毒性	雌性大鼠孕后 7~20 d 吸入最低中毒剂量(TDLo)1800 mg/m^3,致中枢神经系统发育畸形。雌性小鼠孕后 6~15 d 经口染毒最低中毒剂量(TDLo)8700 mg/m^3,致颅面部(包括鼻、舌)发育畸形。雌兔孕后 6~18 d 吸入最低中毒剂量(TDLo)100 mg/m^3(6 h),致泌尿生殖系统发育畸形。大鼠吸入最低中毒浓度(TCLo)1.5 g/m^3(24 h)(孕 1~18 d 用药),致胚胎毒性和肌肉发育异常。小鼠吸入最低中毒浓度(TCLo)500 mg/m^3(24 h)(孕 6~13 d 用药),致胚胎毒性		
特异性靶器官系统毒性(一次接触)	无资料		
特异性靶器官系统毒性(反复接触)	大鼠、豚鼠吸入 390 mg/m^3,每天 8 h,90~127 d,引起造血系统和实质性脏器改变		
吸入危害	无资料		
第十二部分:生态学信息			
生态毒性	LC_{50}:34.27 mg/L(96 h)(黑头呆鱼);57.68 mg/L(96 h)(金鱼);313 mg/L(48 h)(水蚤);9.5 mg/L(96 h)(草虾) EC_{50}:11.5 mg/L(48 h)(水蚤) NOEC:0.53~1 mg/L(21 h)(水蚤)		
持久性和降解性	生物降解性:易快速生物降解 非生物降解性:光解最大光吸收波长范围为 253.5~268 nm;水中光氧化半衰期为 321~1284 h;空气中光氧化半衰期为 10~104 h		
潜在的生物累积性	BCF:90(金鱼);13(鳗鱼);根据 K_{ow} 值预测,该物质的生物累积性可能较弱		
土壤中的迁移性	根据 K_{ow} 值预测,该物质可能有一定的迁移性		
第十三部分:废弃处置			
废弃化学品	用焚烧法处置		
污染包装物	将容器返还生产商或按照国家和地方法规处置		
废弃注意事项	把倒空的容器归还厂商或在规定场所掩埋		

续表

第十四部分:运输信息			
联合国危险货物编号(UN号)	1294	联合国运输名称	甲苯
联合国危险性类别	3	包装类别	Ⅱ类包装
包装标志		海洋污染物	否
运输注意事项	本品铁路运输时限使用钢制企业自备罐车装运,装运前需报有关部门批准。运输时运输车辆应配备相应品种和数量的消防器材及泄漏应急处理设备。夏季最好早晚运输。运输时所用的槽(罐)车应有接地链,槽内可设孔隔板以减少震荡产生的静电。严禁与氧化剂、食用化学品等混装混运。运输途中应防曝晒、雨淋,防高温。中途停留时应远离火种、热源、高温区。装运该物品的车辆排气管必须配备阻火装置,禁止使用易产生火花的机械设备和工具装卸。公路运输时要按规定路线行驶,勿在居民区和人口稠密区停留。铁路运输时要禁止溜放。严禁用木船、水泥船散装运输		
第十五部分:法规信息			
下列法律、法规、规章和标准,对该化学品的管理作了相应的规定。			
《中华人民共和国职业病防治法》	职业病分类和目录:甲苯中毒		
《危险化学品安全管理条例》	危险化学品目录:列入 易制爆危险化学品名录:未列入 重点监管的危险化学品名录:列入 GB 18218《危险化学品重大危险源辨识》:列入 类别:易燃液体 临界量(t):500		
《使用有毒物品作业场所劳动保护条例》	高毒物品目录:未列入		
易制毒化学品管理条例	易制毒化学品的分类和品种目录:列入		
《国际公约》	斯德哥尔摩公约:未列入 鹿特丹公约:未列入 蒙特利尔议定书:未列入		
第十六部分:其他信息			
编写和修订信息		缩略语和首字母缩写	
培训建议		参考文献	
免责声明			

(1) 第一部分:化学品及企业标识(chemical product and supplier identification)

该部分主要标明化学品的名称,名称应与安全标签上的名称一致;提供通用名、美国化学文摘登记号(CAS号)及其他标识符。

应标明供应商的名称、地址、电话号码、应急电话和电子邮箱等相关信息。

该部分还应说明化学品的推荐用途和限制用途。

CAS号是美国化学文摘服务社(Chemical Abstracts Service)为化学物质制订的登记号,该号是检索有多个名称的化学物质信息的重要工具,是某种物质[化合物、高分子材料、生物序列(biological sequences)、混合物或合金]的唯一的数字识别号码。

---

(2) 第二部分:危险性概述(hazards statement)

该部分应标明化学品主要的物理和化学危险性信息,以及对人体健康和环境影响的信息。如果该化学品存在某些特殊的危险性质,也应在此处说明。

如果已经根据GHS对化学品进行了危险性分类,应标明GHS危险性类别,同时应注明GHS的标签要素,如象形图或符号、防范说明、危险信息和警示词等。象形图或符号如火焰、骷髅和交叉骨可以用黑白颜色表示。

GHS 分类未包括的危险性（如粉尘爆炸危险）也应在此处注明。

应注明人员接触后的主要症状。

（3）第三部分：成分/组成信息（ingredients/composition information）

该部分应标明物质是混合物还是纯净物。如为纯品，直接标出名称；若该物质为混合物，标出其主要组分及其浓度或浓度范围。如果某种物质按 GHS 分类标准归为危险化学品，则应列明影响该物质危险性分类的所有杂质和稳定剂等危险组分，以及含量、浓度或浓度范围。

（4）第四部分：急救措施（first-aid measures）

该部分应说明必要时可采取的急救措施及应避免的行动，此处填写的文字应该易于被受伤人员和（或）施救者理解。

根据不同的接触方式（如皮肤接触、眼睛接触、吸入和食入等）提供急救措施的相关信息。

如有必要，本项应包括对保护施救者的忠告和对医生的特别提示，还要给出及时的医疗护理和特殊的治疗说明。

（5）第五部分：消防措施（firefighting measures）

该部分应说明物质的危险特性、合适的灭火方法和灭火剂，如有不合适的灭火剂也应在此处标明。标明特殊灭火方法及保护消防人员的特殊防护装备。

还应标明化学品的特别危险性（如产品是危险的易燃品、产生的有害燃烧产物等）。

（6）第六部分：泄漏应急处理（accidental release measures）

该部分应包括以下信息：

环境保护措施，包括作业人员防护措施、防护装备和应急处置程序。

提供防止发生次生危害的预防措施，包括泄漏化学品的收容、清除方法及所使用的处置材料（如果和第十三部分废弃处置存在差异，列明恢复、中和和清除方法）。

（7）第七部分：操作处置与储存（handling and storage）

该部分应包括以下信息：

操作注意事项：应描述安全处置注意事项，包括防止人员接触化学品、防止发生火灾和爆炸的技术措施，以及提供局部或全面通风、防止形成气溶胶和粉尘的技术措施等。还应包括特殊处置注意事项，防止化学品直接接触不相容物质或混合物等。

储存注意事项：应描述安全储存的条件（适合的和不适合的储存条件）、安全技术措施、同禁配物隔离储存的措施、包装材料信息（建议的和不建议的包装材料）。

（8）第八部分：接触控制/个体防护（exposure controls/personal protection）

列明容许浓度，如职业接触限值或生物接触限值，如果可能，列明容许浓度的发布日期、数据出处、试验方法及方法来源。

列明减少接触的工程控制方法，该信息是对第七部分内容的进一步补充。

列明推荐使用的个体防护设备，比如呼吸系统防护、眼睛防护、身体防护、手防护和其他防护，标明防护设备的类型和材质。

化学品若只在某些特殊条件下才具有危险性，如量大、高浓度、高温、高压等，应标明这些情况下的特殊防护措施。

（9）第九部分：理化特性（physical and chemical properties）

该部分提供的信息包括：

化学品的外观与性状，例如：物态、形状和颜色、气味。这两项信息可帮助我们辨别化学品是否发生泄漏和倾洒。但是需要注意的是，很多化学品的有害浓度值远低于可以辨别的程度。另外还有一些化学品，如硫化氢和氨气，会引发嗅觉疲劳（olfactory fatigue），使接触人员很快失去闻到这些化学品的能力。

pH 值，并指明浓度。

熔点/凝固点。

沸点、初沸点和沸程。沸点越低，物质越容易蒸发和被吸入。当化学品沸点低于 100℃时，需采取专门防护。

密度/相对密度。如果相对密度比水大，在水中会下沉；相对密度比水小，则会浮在水面。

蒸气密度。如果蒸气密度小于 1，在空气中会上浮；如果蒸气密度大于 1，在空气中会下沉，在封闭空间或者容器底部浓度增大。

蒸气压。高的蒸气压表明液体容易挥发。这种化学品的易挥发性被称为“volatility”，意味着即使物质为液态，其空气浓度也很容易增加。在封闭空间使用具有高蒸气压的液体对操作人员可能产生危害。

闪点，以及燃烧上下极限或爆炸极限。注意闪点和爆炸极限是两项重要的消防数据。

闪燃与闪点[15]

通常情况下，可燃液体的燃烧并非液体本身，而是液体蒸发出来的蒸气在燃烧。液体的蒸发要克服液体分子间存在的引力（分子间力），而同类液体分子间力的大小却与液体分子量大小有关，分子量大的液体蒸发比分子量小的液体蒸发要困难。

可燃液体的温度较低时，液面的蒸发速度较慢，蒸气浓度也小于该可燃液体爆炸极限的下限，此时遇火焰是无法点燃的。但一旦温度升高，蒸发量增多，蒸气浓度增加至爆炸极限的下限值时，与空气混合的气体遇火就会闪出火花，产生一燃即灭的瞬间燃烧。这就是闪燃，能造成闪燃的最低温度称闪点。

根据测试仪器的不同，闪点数值可分为开杯闪点（open cup）和闭杯闪点（closed cup）。前者是将易燃液体放在一个开敞的容器中加热所测得的闪点，后者是将易燃液体放在一个特定的密闭容器中加热而测得的，闭杯闪点一般要比开杯闪点低 4～5℃。易燃液体通常是指在闪点温度（闭杯试验不高于 60℃，开杯试验不高于 65.6℃）时放出易燃蒸气的液体或液体混合物，或在溶液中含有固体的液体（不包括由于它们的危险特性而划入其他类别的物质）。

闪点是衡量可燃液体火灾危险性的重要参数，是生产、仓储可燃液体火灾危险分类的依据。闪点低于 28℃的液体属甲类火灾危险；闪点大于、等于 28℃至 60℃的液体属乙类火灾危险；闪点大于 60℃的液体属丙类火灾危险。闪点还是配置灭火剂供给强度的依据之一，闪点越低，灭火剂供给强度就要越大。

闪点的高低遵循一定的规律：

（1）单一同系可燃液体的规律

①闪点随分子量的增大、沸点的升高、比重的增大而升高；②闪点随饱和蒸气压的增大而降低；③饱和烃（烷烃）的闪点比不饱和烃（烯烃、二烯烃、炔烃）的闪点高；④同分异构体中，闪点高低：直链结构＞支链结构；⑤烃与烃的衍生物之间的闪点高低：烃＞醚＞

醛＞酮＞酯＞醇＞羧酸。

（2）混合可燃液体的规律

①完全互溶的混合物，闪点大多低于各组分闪点的算术平均值，并接近于含量大的组分的闪点。例如，甲醇（闪点7℃）和丁醇（闪点36℃）按1：1的比例混合，其混合液的闪点为13℃，低于平均值21.5℃。汽油是C_5～C_{12}脂肪烃的混合物，它的闪点按组分含量多少来决定，一般都低于－40℃。②可燃液体与不燃液体的混合物，闪点随不燃液体含量的增加而升高，当不燃液体组分含量达到一定值时，混合物不再发生闪燃。例如，乙醇的水溶液，当水占60％时，含水乙醇的闪点由纯乙醇时的11℃升至25℃；当水占97％时，就不发生闪燃。

该部分应包括的信息还有：自燃温度（指物质在没有火焰、火花等火源作用下，在空气或氧气中被加热而引起燃烧的最低温度）；溶解性；分解温度；主要用途等。

如果有必要，应提供下列信息：气味阈值；蒸发速率；易燃性（固体、气体）。也应提供与化学品安全使用相关的其他资料，例如放射性或体积密度等。

应使用SI国际单位制单位。可以使用非SI单位，但只能作为SI单位的补充。必要时，应提供数据的测定方法。

准确的物质理化特性信息是最难获得的部分。

（10）第十部分：稳定性和反应性（stability and reactivity）

该部分应描述化学品的稳定性和在特定条件下可能发生的危险反应。

应包括以下信息：应避免的条件（如静电、撞击或震动）；不相容的物质/禁配物；危险的分解产物等。

填写该部分时应考虑提供化学品的预期用途和可预见的错误用途。

（11）第十一部分：毒理学信息（toxicological information）

该部分应全面、简洁地描述使用者接触化学品后可能产生的各种毒性作用或其对健康的影响。

应包括以下信息：急性毒性；亚急性和慢性毒性；皮肤刺激或腐蚀；眼睛刺激或腐蚀；呼吸或皮肤过敏；生殖细胞突变性；致癌性；生殖毒性；特异性靶器官系统毒性（一次接触）；特异性靶器官系统毒性（反复接触）；吸入危害。

还可以提供下列信息：毒物代谢动力学、代谢和分布信息。

如果可能，分别描述一次接触、反复接触与连续接触所产生的毒性作用；应对迟发效应和即时效应分别进行说明。

潜在的有害效应，应包括在毒性值（例如急性毒性估计值）测试中观察到的各种症状、理化和毒理学特性。

应按照不同的接触途径（如：吸入、皮肤接触、眼睛接触和食入）提供信息。

如果可能，提供更多的科学实验产生的数据或结果，并标明引用文献资料来源。

如果混合物没有作为整体进行毒性试验，应提供每个组分的相关信息。

（12）第十二部分：生态学信息（ecological information）

该部分提供化学品的环境影响、环境行为和归宿方面的信息，如：化学品在环境中的预期行为，可能对环境造成的影响/生态毒性；持久性和降解性；潜在的生物累积性；土壤中的迁移性（排放到环境中的物质或混合物组分在自然力的作用下迁移到地下水或排放地点一定距离以外的潜力）。

如果可能，提供更多的科学实验产生的数据或结果，并标明引用文献资料来源，以及提供生态学限值。

(13) 第十三部分：废弃处置（disposal considerations）

该部分包括推荐的废弃处置方法信息，目的是安全和环境保护。这些处置方法适用于化学品（残余废弃物），也适用于任何受污染的容器和包装。

提醒使用者注意当地废弃处置相关法规。

(14) 第十四部分：运输信息（transport information）

该部分包括国际运输法规规定的编号与分类信息，这些信息应根据不同的运输方式，如陆运、海运和空运进行区分。

应包含以下信息：联合国危险货物编号（UN 号）；联合国运输名称；联合国危险性类别；包装组（如果可能）；海洋污染物（是/否）；为使用者提供需要了解或遵守的其他与运输或运输工具有关的特殊防范措施方面的信息，包括：对运输工具的要求；消防和应急处置器材配备要求；防火、防爆、防静电等要求；禁配要求；行驶路线要求；其他运输要求。

可增加其他相关法规的规定。

(15) 第十五部分：法规信息（regulatory information）

该部分应标明使用本 MSDS 的国家或地区中，管理该化学品的法规名称。

提供与法律相关的法规信息和化学品标签信息。

提醒用户注意当地废弃处置法规。

(16) 第十六部分：其他信息（other information）

该部分应进一步提供上述各项未包括的其他重要信息。如编写和修订信息、缩略语和首字母缩写、培训建议、参考文献、免责声明等。

3.2.2 MSDS 的查阅方法

MSDS 信息可以通过查询相关中英文图书、手册获得。除此以外，由于 MSDS 是国家或地区要求化学品供应商提供的信息，因此也可以从供应商或大型试剂公司网站（如 Sigma-Aldrich 试剂、阿拉丁试剂等）直接获取。一般情况下，从试剂公司网站查找 MSDS 的流程可以分为三步：①确认需要查询化学品的中文名称、英文名称或 CAS 号（注意：同一种化学品可能有多种命名，但只有一个 CAS 号）；②在搜索引擎中输入试剂公司名称如 Aldrich、阿拉丁试剂等，点击链接，进入官网，在试剂公司网站搜索栏中输入待查询的化学品名称或 CAS 号；③在搜索结果中，找到要查询的化学物质，点击 MSDS（或 SDS）链接，选择语言（中文或英文），就可以查看该物质的 MSDS（或 SDS）信息。

需要指出的是，同一家公司提供的同一物质的 MSDS 的中文版和英文版有可能存在差异，不同公司提供的同一物质的 MSDS 也可能存在差异。如果在阅读时存在疑问甚至发现矛盾和错误之处，务必要通过其他数据来源或者拨打相关公司电话进行信息核实。

事故案例及分析[16]

氢化铝锂（$LiAlH_4$）是一种燃烧性（pyrophoric）化学物质。通常在有机合成中作为强还原剂使用。在一次实验中，一名经常使用粉末状 $LiAlH_4$ 的研三学生想要称量约 250 毫克试剂。该学生将大约 400 毫克的 $LiAlH_4$ 颗粒放置在陶瓷研钵中，并用陶瓷杵对颗粒进行研磨。几秒钟后，材料就爆发出熊熊火焰。幸运的是，该生在实验中穿戴了阻燃实验服和护目镜，因此没有受伤。但是，该学生并没有将这一起未遂事件报告给相关人员。几天后，同样的事故再次在该学生身上发生，而且两周后同类型事故又发生在同实验室的另外一名研究生和一名本科生身上。所幸所有的学生都穿戴了合适的个人防护装备，在这几次事故中没有人员受伤。

MSDS 指出，$LiAlH_4$ 存在"因冲击、摩擦、火或其他引燃源而发生爆炸风险"。在该事故中，研磨 $LiAlH_4$ 颗粒是将其引燃的直接原因。此外，$LiAlH_4$ 与水会发生剧烈放热反应，即使是空气中存在的水蒸气也足以引发反应。$LiAlH_4$ 在适当加热下就会释放出大量氢气，可以与空气中的氧气反应。$LiAlH_4$ 还可以直接燃烧生成水。$LiAlH_4$ 在熔点（125℃）附近就会自燃，表明只需很少的热量就能引发反应。

$$LiAlH_4 + 2H_2O \longrightarrow 4H_2 + LiAlO_2$$

$$LiAlH_4 \longrightarrow H_2 + LiAlH_2$$

$$2H_2 + O_2 \longrightarrow 2H_2O$$

$$LiAlH_4 + 2O_2 \longrightarrow 2H_2O + LiAlO_2$$

关于该事故的发生原因、如何避免等，大家也可以进一步展开分析讨论。

3.2.3 不要迷信 MSDS

2022 年，Kolchinski 博士发表的"When Safety Data Sheet is a Safety Hazard（当安全数据说明书变成一种安全危害）"[17] 一文提醒我们：对于安全数据，不应迷信单一的来源！这也是一种严谨的科学精神。

文章指出，尽管 MSDS 总体上取得了成功，但仍有三个有待改进的方面（表 3.3），分别是：MSDS 可用性不足（shortcomings in MSDS availability）、安全数据覆盖不完全（incomplete coverage of safety data）以及存在少量不准确（occasional inaccuracies）。

理想情况下，每一种化学品的安全技术说明书应该由安全、化学、毒理学、环境科学、交通等方面的专家共同创建，是一份具有重要意义的安全指南。但在现实中，一份化学品安全技术说明书可能由一个很小的团队甚至是一个人创建发布，这一个团队或者一个人可能对说明书涵盖的所有领域并不是全部都熟悉，而且说明书中的第二、九、十四部分的信息比较难获得。此外，材料提交者的准备是否充分也会影响 MSDS 的质量，因为有时候化学品运输需要同时提交大量文件，在有限的时间内，发布者可能会在缺失安全数据的情况下提供其他数据滥竽充数。

表 3.3 一些 MSDS 中出现的错误

化学品	错误	错误分析
草酸银	"爆炸危险：产品不存在爆炸危险"	140℃左右加热、冲击或摩擦时具有爆炸风险
苦味酸（TNT）甲醇溶液	"未注意到不寻常的火灾或爆炸危险"；禁配物仅列出"强氧化剂"	爆炸性化合物通常以溶液形式售卖，此时大多数化合物都是安全的。但是，MSDS 应当明确指出，若在储存过程中，水或溶剂蒸发，材料可能发生爆炸。此外，苦味酸容易与金属生成对冲击敏感的苦味酸盐，可以引发苦味酸爆炸，因此应该将金属，尤其是铁和铅同时列为该化学品的禁配物

续表

化学品	错误	错误分析
2-氯苯亚甲基丙二腈	危害说明仅为"严重刺激眼睛"(同"乙醇")	低估了该化学品的危害，事实上，它是一种众所周知的强效催泪瓦斯
ω-氟代羧酸，$F(CH_2)_nCOOH$（n 为奇数）	毒性声明仅为"吞食致命"；急性毒性信息为"没有可用数据"	该化学品的毒性被严重低估，它在第二次世界大战之后不久就被认为是一种潜在的可用于化学战的毒性化学品，Siegfried Franke 描述它的毒性：在一桶水中，即使是几滴氟乙酸，也会杀死一匹马，而吃了这匹马的肉的狗也会死亡
二氧化碳	被推荐为各种镁金属的灭火介质	镁可以在二氧化碳中继续燃烧
发烟硫酸、氢化铝锂	皮肤接触化学品的建议为"用大量的水和肥皂冲洗"或"立即用大量的水冲洗至少 15 分钟"	用水冲洗，水会与化学品剧烈反应，造成严重的化学灼伤和烧伤。正确做法应该是用纸巾、布等先把大部分化学品擦除，然后再用水洗掉残留的化学品
Tollens 试剂（硝酸银的氨溶液）	化学稳定性描述为"产品稳定"，在有害分解产物部分描述为"在正常储存和使用条件下，不会产生有害分解产物"	久制的 Tollens 试剂会生成易爆的氮化银黑色沉淀
三氧化二铁	将"强氧化剂"列为禁配物	三氧化二铁不易与氧化剂发生反应，可以与还原剂剧烈反应：三氧化二铁与铝、镁、锌等金属或者硅、硼等非金属可以形成热剂
丙酮氰醇（2-羟基-2-甲基丙腈）	禁配物仅列出"强氧化剂"，未列出"氢氧化物"	该化学品可与氢氧化钾反应生成剧毒氰化钾
二乙基二硫代氨基甲酸钠	禁配物仅列出"强氧化剂"，未列出"酸"	该化学品可被酸化释放易燃、剧毒的二硫化碳

因此，为了确保安全，在进行风险评估时，除了查询 MSDS，最好还有其他安全数据来源。至少也应该比较不同版本的 MSDS，通过比较可能会找出某些 MSDS 中的错误。以下几本手册均可以提供化学品的安全数据，并含有一些与特定化合物相关事故的分析，大家可以查阅参考：*Encyclopedia of Reagents for Organic Synthesis*（《有机合成试剂百科全书》，EROS），*Sax's Dangerous Properties of Industrial Materials*（《Sax 工业材料危险性质》），*Bretherick's Handbook of Reactive Chemical Hazards*（《Bretherick 反应性化学危害手册》）。

另外，Ira O. Staehle 等人发表的"An approach to enhance the safety culture of an academic chemistry research laboratory by addressing behavioral factors（通过解决行为因素改善化学学术实验室安全文化的一种策略）"[18] 一文也为我们总结了其他安全数据来源（表 3.4）。

表 3.4 可供查询的安全数据来源

数据来源	数据内容
Chemical Safety Searches	提供了化学品安全信息资源综述及搜索技巧，包括订阅和公开的信息资源
ChemSpider	化学搜索引擎，将化学结构式与其相关信息，包括安全信息，整合在一起并将其编入索引在一个单一并可供搜索的数据库中
Enviro-Health Links：Laboratory Safety	提供了实验室工作相关的信息来源指南，包括非化学危害
Internet Resources for MSDS	概述了与安全相关的化学信息网站，包括 MSDS、药品公司以及政府和非营利资源
Lab Safety Information Guide	提供了大量信息来源的综述，包括从物质信息到协议和反应条件。该数据库可能不是完全公开，需要通过斯坦福链接进入

续表

数据来源	数据内容
PubChem Laboratory Chemical Safety Summary(LCSS)	提供了基于谨慎实践的化学实验室安全总结(LCSS)的化学安全观点。整合多项资源的化学安全数据，包括 Bretherick 手册中的事故
TOXNET	可检索多个政府毒性和健康数据库

3.3 如何做风险评估（Ⅱ）：Bretherick 手册的查阅

3.3.1 Bretherick 手册介绍

《Bretherick 反应性化学危害手册（第八版）》[19]（简称“Bretherick 手册”）是一部仍在不断修订更新的实验数据手册。该手册提供自 2014 年初以来收录的关于单质或化合物的单独或联合反应性危害的所有信息。更重要的是，该手册还指明了一些相关性并不明显事件之间的因果关系和相互联系，因而可以帮助提高实验人员对潜在化学反应危害的认识。此外，该书还提供了有关化学品储存、处理、包装、运输、销售以及应急处理的更多相关信息，方便读者查阅使用。

Bretherick 手册的信息来源十分广泛，既包括安全领域学术期刊以及专门研究合成和制备过程的一系列教科书，也包括其他相关专业的教科书、百科全书，以及各种安全手册、汇编、摘要、数据表和历史案例，并在手册附录中提供了所引用来源的完整详细信息。

Bretherick 手册全书分为两个部分（Section 1 和 Section 2），分别是“反应性化学危害（reactive chemical hazards）”和“分类、分组和专题（class，group and topic）”。

（1）第一部分（Section 1）

这一部分共收录近五千种化学品（单质及其相关化合物）的详细信息。如表 3.5 所示，在每一种化学品的条目中，第一标题行使用红色加粗字体给出该化学品的英文名称（其他名称也会标注在括号内）及其编号，若英文名称前有“†”符号，表示可在附录 2 中查阅该物质的消防数据；第二标题行左侧括号内是化学品的 CAS 号（若括号中内容缺失表示该化学品尚未被指定 CAS 号）；第二标题行右侧为化学品的分子式（Section 1 中所有化学品根据分子式进行排序，因此 Ag 的序列号为 0001）；接下来，手册会给出该化学品的结构式或分子式，以及该化学品使用和处理的注意事项及其数据来源。除此以外，手册还整理了与该化学品产生反应性危险（reactive chemical hazards）的其他物质，使用蓝色粗斜体字体，按照名称首字母顺序进行排序分别介绍，并列出最大反应热（maximum reaction heats，缩写为 MRH）数据。例如，在单质银的条目中依次列出了与银发生危险反应的几种反应性物质，如：乙炔类化合物、氮丙烷、溴叠氮化物、3-溴丙炔、羧酸类等。其中，在乙炔类化合物和三氟化氯两种化学品标题的右侧分别注明了“MRH 乙炔 8.70/99＋”和“MRH 三氟化氯 1.42/36”。“MRH 乙炔 8.70/99＋”表示当乙炔质量分数大于 99％、银的质量分数小于 1％时，最大反应热数值为 8.70 kJ/g。“MRH 三氟化氯 1.42/36”表示当三氟化氯质量分数为 36％、银的质量分数为 64％时，最大反应热数值为 1.42 kJ/g。

通过相互引用，Bretherick 手册将涉及同一危险反应的多种反应物、中间物以及反应产物的相关信息关联起来。例如，已知氨和碘可以反应产生极易爆炸的三碘化氮-氨加合物，因此氨和碘互为彼此的反应性危害物质。Bretherick 手册在“氨：卤素和卤素互化物”中提出碘是氨的反应性物质之一（表 3.6），在“碘：氨”中指出氨溶液与碘（或碘化钾）反应生成极易爆炸的三碘化氮-氨加合物，在“三碘化氮-氨：自身，与卤素、氧化剂或浓酸”中详细描述了该危险反应并给出更多参考文献。

表 3.5　Bretherick 手册中单质银的条目

0001　Silver

注：序列号和化学品英文名称。

[7440-22-4]

Ag

注：CAS 号(左侧)和分子式(右侧)。

Ag

注：化学品结构式或分子式。

Acetylenic compounds　　MRH Acetylene

8.70/99+

注：反应性物质——乙炔类化合物。

乙炔质量分数为 99+%(银的质量分数低于 1%)时反应热最大为 8.70kJ/g。

See ACETYLENIC COMPOUNDS

Aziridine

注：反应性物质——氮丙烷。

See Aziridine：Silver

Bromine azide

注：反应性物质——溴叠氮化物 $Br—N═N^+═NH^-$。

See Bromine azide

注：该反应性物质结构、性质见“溴叠氮化物”。

3-Bromopropyne

注：反应性物质——3-溴丙炔。

See 3-Bromopropyne：Metals

Carboxylic acids

注：反应性物质——羧酸类。

Silver is incompatible with oxalic or tartaric acids, since the silver salts decompose upon heating. Silver oxalate explodes at 140℃, and silver tartrate loses carbon dioxide.

注：由于银盐加热时分解，银与草酸、酒石酸禁配。草酸银在 140℃时爆炸，酒石酸银失去二氧化碳。

Koffolt, J. H., private comm., 1965

See other METAL OXALATES

Chlorine trifluoride

MRH 1.42/36

注：反应性物质——三氟化氯的质量分数为 36%(银的质量分数为 64%)时，反应热最大为 1.42kJ/g。

See Chlorine trifluoride：Metals

Copper, Ethylene glycol

注：反应性物质——铜，乙二醇。

See Ethylene glycol：Silvered copper wire

注：见“乙二醇：镀银铜线”。

Electrolytes, Zinc

Causes of spontaneous combustion and other hazards of silver—zinc batteries were investigated.

Britz, W. K. *et al.*, *Chem. Abs.*, 1975, 83, 150293

注：引用文献。

Ethanol, Nitric acid

Action of silver on nitric acid in the presence of ethanol may form the readily detonable silver fulminate.

Luchs, J. K., *Photog. Sci. Eng.*, 1966, 10, 334

See Nitric acid：Alcohols

See also SILVER-CONTAINING EXPLOSIVES

Ethyl hydroperoxide

See Ethyl hydroperoxide：Silver

Ethylene oxide

MRH 3.72/99+

See Ethylene oxide：Reference 4

Hydrogen peroxide

MRH 1.59/99+

See Hydrogen peroxide：Metals

Iodoform

In contact with finely divided(reduced) silver, incandescence occurs.

Grignard, 1935, Vol. 3, 320

Other reactants

MRH values for seven combinations, largely with catalytically susceptible materials, are given.

Yoshida, 1980, 103

Ozonides

See OZONIDES

Peroxymonosulfuric acid

See Peroxymonosulfuric acid：Catalysts

Peroxyformic acid　MRH 5.69/100

See Peroxyformic acid：Metals

See other METALS

表 3.6　Bretherick 手册中氨、碘、三碘化氮-氨的相互引用

†4492 Ammonia

注："†"符号表示可在附录 2 中查阅该物质的消防数据。

[7664-41-7]

H_3N

H　H
N
H

Halogens, or Interhalogens

Ammonia either reacts violently or produces explosive products, with all four halogens and some of the interhalogens.

注：氨与四种卤素以及一些卤素互化物可以剧烈反应或者生成爆炸性产物。

See Bromine: Ammonia

Bromine pentafluoride: Hydrogen-containing materials

Chlorine trifluoride: Hydrogen-containing materials

Chlorine: Nitrogen compounds

Fluorine: Hydrides

Iodine: Ammonia

注：见"碘：氨"。

4620　Iodine

[7553-56-2]

I_2

I—I

Ammonia

Ammonia solutions react with iodine(or potassium iodide) to produce highly explosive addition compounds of nitrogen triiodide and ammonia.

注：氨溶液与碘（或碘化钾）反应生成极易爆炸的三碘化氮-氨加合物。

Mellor, 1940, Vol. 8, 605; 1967, Vol. 8, Suppl. 2. 2, 416

See Nitrogen triiodide-ammonia

注：见"三碘化氮-氨"。

4630 Nitrogen triiodide-ammonia

[34641-74-2], [14014-86-9] (1 : 1)

$I_3N. H_3N$

I—N(I)(I)　　H　H
N
H

Alone, or Halogens, or

Oxidants, or Concentrated acids

Readily formed in systems containing ammonia and iodine or some of its derivatives, the addition compound of nitrogen triiodide and ammonia when dry is an extremely sensitive, unstable detonator capable of initiation by minimal amounts of any form of energy(i. e. , light, heat, sound, nuclear radiation, mechanical vibration), even at subzero temperatures, and occasionally even with moisture present. It may be handled cautiously when wet, but heavy friction will still initiate it. It explodes in boiling water and is decomposed by cold water to explosive diiodamine. It explodes, possibly owing to heat-initiation in contact with virtually any concentrated acid, with chlorine or bromine, ozone or hydrogen peroxide solution[1]. Crystals desiccated in vacuum spontaneously explode when dry[2]. It has been formed in relatively large amounts during preparation of iodoacetylene derivatives in liquid ammonia[3,4], and may be destroyed by the addition of sodium ethoxide[4]. Accidents involving demonstration of the explosive properties have been summarized[5]. A student prepared some to spread about on the floor as a joke, but it exploded prematurely while still in contact with the solution, causing eye injuries to the prankster[6].

注：三碘化氮-氨加合物在含有氨和碘或其某些衍生物的体系中极易形成，干燥时是一种极其敏感、不稳定的炸药，即使在零摄氏度以下，有时甚至在潮湿条件下，也能通过极少量的任何形式的能量（即光、热、声、核辐射、机械振动）起爆。潮湿时可以小心处理，但过大的摩擦仍会引发它。在沸水中会爆炸，会被冷水分解成爆炸性的二碘胺。可能由于与几乎任何浓酸、氯或溴、臭氧或过氧化氢溶液接触时的热引发而发生爆炸[1]。真空中干燥的晶体在干燥时自发爆炸[2]。在液氨中制备碘乙炔衍生物时会形成较大量三碘化氮-氨加合物[3,4]，可通过加入乙醇钠进行破坏[4]。文献 5 总结了涉及爆炸性能演示的事故。一个学生制备了一些三碘化氮-氨加合物，打算洒在地板上进行恶作剧，但是加合物在未接触溶液时提前爆炸，导致该学生眼睛受伤[6]。

[1]Mellor, 1940, Vol. 8, 607; 1967, Vol. 8, Suppl. 2, 418

[2]Garner, W. E. et al. , *Nature*, 1935, 135, 832

[3]Taylor, G. N. , *Chem. Brit.* , 1981, 17, 107

[4]Houben-Weyl, 1977, Vol. 5. 2a, 605

[5]Bodner, G. M. , *J. Chem. Educ.* , 1985, 62(12), 1107

[6]Bentzinger, von R. et al. , *Praxis Naturwiss. Chem.* , 1987, 36, 37

See other N-HALOGEN COMPOUNDS

See other IODINE COMPOUNDS

(2) 第二部分 (Section 2)

这一部分包含两种类型条目：其一提供某些具有危险性，属于特定分类，组别（无机、有机、有机金属、混合等）的化学品的一般信息；其二关注反应性危害相关专题、技术或事故，它们之间虽然表现出某些共同主题或行为模式，但在物质结构上并没有共同性。如表 3.7 所示，Bretherick 手册的附录 6 提供了全书对这些分类、专题等的目录。

表 3.7　Bretherick 手册第二部分分类目录

化学分类 chemical classes	烷基铝衍生物、烷基金属、烷基非金属卤化物、烷基非金属氢化物、烷基非金属、叠氮化物、苯异构体、硼化合物、卤代烃、*N*-卤素化合物、重金属衍生物、高氮化合物、次卤酸盐、金属-非金属化合物、金属氧卤化物、金属、金属盐、硝基化合物、非金属卤化物、有机叠氮化物、有机过氧化物、磷化合物、硅化合物、硫化合物等
无机化学组 inorganic chemical groups	无机酸、无机碱、金属硝酸盐、金属氢化物、氰化物、肼盐、无机叠氮化物、无机过氧化物等
有机金属组 organometallic groups	格氏试剂、羰基金属、烷基金属、有机锂试剂、金属乙炔、烷基金属卤化物、烷基金属氢化物等
有机化学组 organic chemical groups	醛类、烯烃、炔烃、偶氮化合物、重氮化合物、含氟化合物、有机酸、有机碱等
混合化学组 hybrid chemical groups	酸酐、酰卤、亚氯酸盐、金属柠檬酸盐、有机金属硝酸盐、有机金属高氯酸盐、氧化剂、汞化合物等
危害评估和预测专题 hazard assessment and prediction topics	加速量热法、绝热量热法、反应性化学危害评估、量热法、化学稳定性/反应性评估、反应性危害的计算、临界点火温度、差示扫描量热法、热化学和放热分解等
其他专题 miscellaneous topics	纯化、标签、电池、腐蚀事故、玻璃事故、通风橱、冰箱、静电爆炸事故、蒸气爆炸、化学品的储存、真空泵、废弃物处理、有毒危害等
性能材料专题 performance materials topics	吸收剂、非质子溶剂、生物燃料、催化杂质事故、粉尘爆炸事件、纳米技术、氧化剂、还原剂、引发剂、高能化合物、吸热化合物、导电聚合物等
现象专题 phenomenon topics	自燃事故、自燃温度、自氧化、爆燃事故、可燃性、闪点、纺织服装静电、热化学和放热分解、反应混合物和系统热稳定性等
特定反应危害 specific reaction hazards	王水、阴极腐蚀保护、催化剂处理、D-A 反应、熔盐浴、硝化剂、溶剂中的过氧化物、过氧化物事故、自加速反应、失控反应等
物质 substances	煤、咖啡、金属氮化物、导热盐、灰尘、压缩气体、纤维素、离子交换树脂、废酸、松节油、金属粉尘、熔盐、奶粉、核废料等
技术专题 technique topics	原子吸收光谱、催化剂处理、催化加氢反应釜、化学气相沉积、通风柜、微波炉加热、真空烘箱、冷冻干燥、氧弹量热法等
单元操作或过程主题 unit operation or process topics	搅拌、胺化、重氮化、电解、环氧化、氟化、卤化、氢化、中和、硝化、氧化、过氧化、磺化、氧化还原反应、缩聚反应、聚合反应事故、工厂清洁事故、维修和维护、单元过程或单元操作事件等

3.3.2 Bretherick 手册的查阅方法

对某一特定化学品，我们可以通过以下不同方法从 Bretherick 手册查询其相关信息。

第一种方法是直接根据化学品的英文名称（可以通过相关词典或者网络搜索获得），按照字母顺序在附录 4 中找到对应的化学品名称完成索引。例如，无机化合物磷化硼（boron phosphide），可以很容易在附录 4 以字母 B 开头的化学品中找到对应的数字——0156（图 3.1）。注意，0156 是化学品在手册第一部分的序列号，而非页码。此外，通过附录 4 查询有机化合物时，英文名称中使用斜体连字符、用于表明结构的前缀部分（如 *cis*-、*o*-、*m*-、*tert*-、*O*-、*N*-等）不用于排序，应当忽略。但是，结构前缀（如 iso 和 neo 等）以及数字前缀（如 di、tris、tetra、hexakis 等）参与排序。例如，叔丁醇（*tert*-Butanol）、*N*，*N*-二溴甲胺（*N*,*N*-Dibromomethylamine）和异己烷（isohexane）分别在附录 4 的字母 B、字母 D 和字母 I 部分查找。

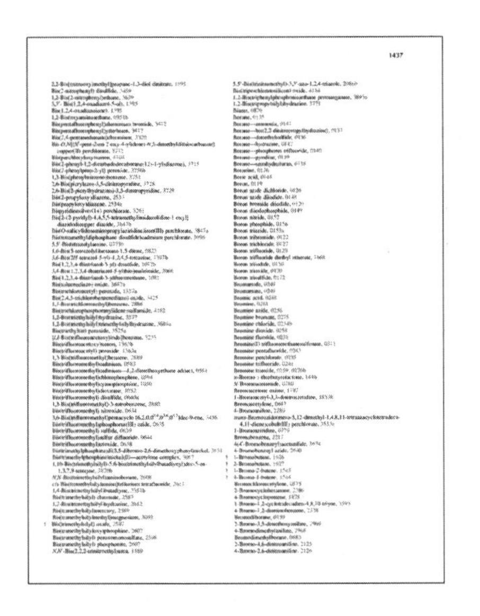

Borane—pyridine, 0139
Borane—tetrahydrofuran, 0138
Borazine, 0176
Boric acid, 0144
Boron, 0119
Boron azide dichloride, 0126
Boron azide diiodide, 0148
Boron bromide diiodide, 0120
Boron diiodophosphide, 0149
Boron nitride, 0152
Boron phosphide, 0156
Boron triazide, 0153a
Boron tribromide, 0122
Boron trichloride, 0127
Boron trifluoride, 0129
Boron trifluoride diethyl etherate, 1668
Boron triiodide, 0150
Boron trioxide, 0170
Boron trisulfide, 0172

图 3.1　根据英文名在 Bretherick 手册附录 4 中查找化学品

第二种方法是通过 Scifinder 查询已知分子结构的化学品名称，再按上述步骤进行索引。Scifinder 是美国化学学会（American Chemical Society，ACS）旗下的化学文摘服务社所出版《Chemical Abstract（CA）（化学文摘）》的在线版数据库，是全球最大、最全面的化学和科学信息数据库。除可查询每日更新的 CA 数据外，还向读者提供图形结构式检索。

第三种方法是直接使用附录 5 对已知 CAS 号的化学品进行索引。前面已经介绍过，CAS 号是分配给每一种化学品的唯一数字识别号码，如同人的身份证。该索引按 CAS 号的

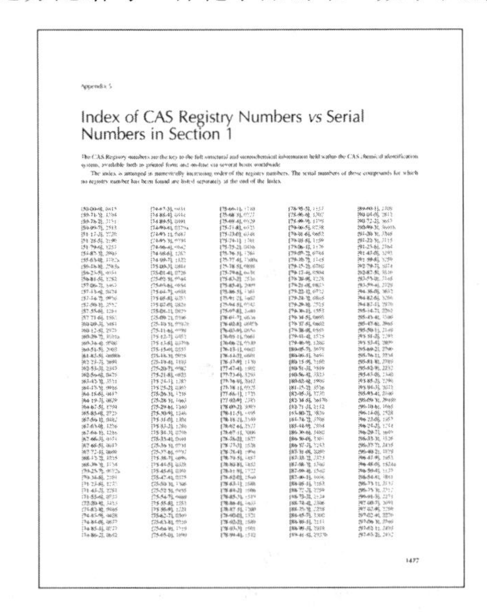

Appendix 5

Index of CAS Registry Numbers *vs* Serial Numbers in Section 1

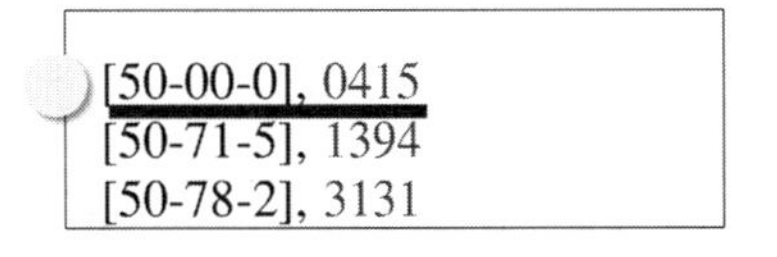

[50-00-0], 0415
[50-71-5], 1394
[50-78-2], 3131

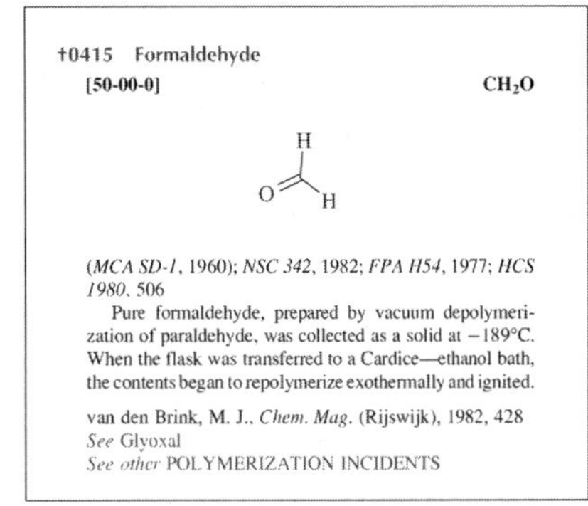

†0415 Formaldehyde

[50-00-0] CH_2O

(*MCA SD-1*, 1960); *NSC 342*, 1982; *FPA H54*, 1977; *HCS 1980*, 506

Pure formaldehyde, prepared by vacuum depolymerization of paraldehyde, was collected as a solid at −189°C. When the flask was transferred to a Cardice—ethanol bath, the contents began to repolymerize exothermally and ignited.

van den Brink, M. J., *Chem. Mag.* (Rijswijk), 1982, 428

See Glyoxal

See other POLYMERIZATION INCIDENTS

图 3.2　根据 CAS 号在 Bretherick 手册附录 5 中查找化学品

数字递增顺序排列。对于一些尚未分配 CAS 号、只有序列号的化学品，手册在索引末尾单独列出。例如，已知常见有机试剂甲醛的 CAS 号是 50-00-0，通过附录 5 查询，它在手册第一部分的序列号为 0415，查询十分方便（图 3.2）。

3.4 相容与禁配

除了 MSDS 与反应性化学危害信息之外，有经验的实验人员还将一些涉及实验室安全的常识和规律整理成相关表格并将这些信息进行发布。在这些表格中，具有代表性的是各种相容性图表（compatibility charts）和禁配图表（incompatibility charts）。

Compatibility（相容性），经常出现在与生活息息相关的两个场景。首先，它指机器与需使用的程序的兼容情况（the ability of machines，especially computers，and computer programs to be used together）。比如手机硬件与系统软件是否兼容。同时，它也指人与人之间和睦相处，并存，相容（the ability of people or things to live or exist together without problems）。由此不难理解，当被用于实验室安全这一场景中时，compatibility 是指不同的物质（如化学品与化学品、化学品与容器材料、化学品与手套材料等）一起使用时的安全情况。相容性图表（compatibility charts）不仅存在于化学实验室中，也存在于其他专业，以及日常生活中。例如，我们可以在充电线的介绍页面看到充电线类型与各种手机品牌、型号的相容性表格。

相容性图表可以提供化学品与化学品以及化学品与材料间相互作用的信息。根据相容性表格，我们可以判断不同物质接触时以及不同化学品之间混合时，是否会发生危险反应，以便采取必要的预防措施，以避免不相容物质之间相互接触。

化学品禁配表提供的是化学品的反应性危害信息，能表明在给定的条件（场景）下两个化学品混合是否会产生一个不希望发生的后果。化学品禁配表是一种简单、实用、有效地辨识反应性危害的图表，可用于过程安全和反应性化学品的危险性评价、员工教育和应急救援等方面。

下面是化学实验室安全中一些比较常见的相容性图表和化学品禁配表。

3.4.1 手套

手套的耐化学性能图表提供了不同手套材料与化学品作用的一般信息，即手套在接触不同化学物质时的表现。

如表 3.8 所示，这张手套耐化学性能表列出了四种常用手套与各种化学品接触的不同表现。这四种手套分别是：氯丁（neoprene）橡胶手套、丁腈（nitrile）手套、乳胶（latex）手套和聚氯乙烯（PVC）手套。图表中使用“表现差与不推荐（poor and not recommended，P and NR）”“一般（fair，F）”“良好和优秀（good and excellent，E）”说明相容性情况。例如，在使用乙醛（acetaldehyde）试剂时，通过查询该表格，我们可以获知使用氯丁橡胶手套可以起到优秀的防护作用（E），乳胶手套的防护作用一般（F），丁腈手套的防护作用很差（P），而聚氯乙烯手套则不推荐使用（NR）。

表 3.8　相容性图表：手套耐化学性能表

该耐化学性能表旨在提供不同手套材料对所列化学品反应的一般信息。手套厚度、化学品浓度、温度和暴露于化学品的时间长短等因素将影响性能。

P＝Poor（差），F＝Fair（一般），G＝Good（良好），E＝Excellent（优秀），NR＝Not Recommended（不推荐）

化学品 Chemical	氯丁橡胶 Neoprene	丁腈 Nitrile	乳胶 Latex	聚氯乙烯 PVC
Acetaldehyde 乙醛	E	P	F	NR
Acetic acid 乙酸	E	G	G	F
Acetone 丙酮	G	NR	G	NR
Acetonitrile 乙腈	F	NR	F	NR
Ammonium hydroxide ＜ 30% 氨水	E	E	G	E
Amyl acetate 乙酸戊酯	NR	E	F	P
Amyl alcohol 戊醇	P	G	G	NR
Aniline 苯胺	G	NR	P	F
Animal fats 动物性脂肪	E	E	P	G
Battery acids 蓄电池酸液	E	E	G	E
Benzaldehyde 苯甲醛	NR	NR	F	NR
Benzene 苯	NR	P	NR	NR
Benzoyl chloride 苯甲酰氯	NR	NR	P	NR
Butane 丁烷	F	E	P	P
Butyl acetate 乙酸丁酯	NR	E	P	NR
Butyl alcohol 丁醇	E	P	E	G
Butyl cellusolve 丁基纤维素醇	E	E	E	NR
Carbon acid 碳酸	E	P	P	G
Carbon disulfide 二硫化碳	NR	NR	NR	NR
Carbon tetrachloride 四氯化碳	P	G	NR	NR
Castor oil 蓖麻油	E	E	E	E
Cellulose acetate 醋酸纤维素	E	G	G	NR
Cellulose solvent 纤维素溶剂	E	G	E	NR
Chlorobenzene 氯苯	NR	NR	NR	NR
Chloroform 氯仿	F	F	NR	NR
Chloronaphthalene 氯萘	NR	F	NR	NR
Chloroethene VG 氯乙烯	NR	F	NR	P
Chromic acid 铬酸	F	F	NR	G
Citric acid 柠檬酸	E	E	E	E
Cottonseed oil 棉籽油	E	E	P	G
Cresols 甲苯酚	G	G	P	F
Cutting oil 切削油	E	E	F	P
Cyclohexane 环己烷	F	E	P	P
Cyclohexanol 环己醇	E	E	P	G
Dibutyl phthalate 邻苯二甲酸二丁酯	F	G	P	G
Diethylamine 二乙胺	P	F	NR	NR
Diisobutyl ketone 二异丁基酮	P	E	P	P
Dimethyl formamide(DMF)二甲基甲酰胺	G	NR	E	NR
Dimethyl sulfoxide(DMSO)二甲基亚砜	E	E	E	NR
Dicotyl phthalate(DOP)邻苯二甲酸双子叶酯	G	G	P	NR
Dioxane 二氧己环	NR	NR	NR	NR
Ethyl acetate 乙酸乙酯	F	NR	P	NR
Ethyl alcohol 乙醇	E	E	E	G
Ethylene dichloride 二氯乙烯	NR	NR	P	NR

续表

化学品 Chemical	氯丁橡胶 Neoprene	丁腈 Nitrile	乳胶 Latex	聚氯乙烯 PVC
Ethylene glycol 乙二醇	E	E	E	E
Ethyl ether 乙醚	E	E	NR	NR
Ethylene trichloride 三氯乙烯	P	P	P	NR
Formaldehyde 甲醛	E	E	E	E
Formic acid 甲酸	E	F	E	E
Freon 氟利昂	G	F	NR	NR
Furfural 糠醛	G	NR	E	NR
Gasoline 汽油	P	E	NR	P
Glycerol 甘油	E	E	E	E
Hexane 己烷	E	E	NR	NR
Hydraulic fluid petro based 基于石油的液压油	F	E	P	G
Hydraulic fluid ester based 基于酯类的液压油	P	P	P	P
Hydrazine 65% 联氨 65%	E	E	G	E
Hydrochloric acid 盐酸	G	E	E	E
Hydrofluoric acid 氢氟酸	G	E	E	E
Hydrogen peroxide 过氧化氢	E	E	E	E
Hydroquinone 对苯二酚	G	E	E	E
Isobutyl alcohol 异丁醇	E	E	E	F
iso-Octane 异辛烷	E	E	NR	P
Isopropyl alcohol 异丙醇	E	E	E	G
Kerosene 煤油	E	E	P	F
Lactic acid 乳酸	E	E	E	E
Lauric acid 月桂酸	E	E	G	F
Linoleic acid 亚油酸	E	E	P	G
Linseed oil 亚麻籽油	E	E	P	E
Maleic acid 马来酸	E	E	P	G
Methyl acetate 乙酸甲酯	G	P	P	NR
Methyl alcohol 甲醇	E	E	E	G
Methylamine 甲胺	G	E	E	E
Methyl bromide 甲基溴	NR	NR	NR	NR
Methylene chloride 二氯甲烷	NR	NR	NR	NR
Methyl cellulose 甲基纤维素	E	F	P	—
Methyl ethyl ketone(MEK)甲基乙基酮	G	NR	G	NR
Methyl isobutyl ketone 甲基异丁基酮	NR	P	F	NR
Methyl methacrylate 甲基丙烯酸甲酯	NR	P	P	NR
Mineral oil 矿物油	E	E	P	F
Mineral spirits 矿物烈酒	G	E	NR	F
Monoethanolamine 单乙醇胺	E	E	G	E
Morpholine 吗啉	P	NR	G	NR
Muriatic acid 盐酸	E	G	G	G
Naptha VM & P 挥发油	G	E	NR	P
Nitric acid <30% 硝酸 <30%	E	P	G	G
Nitrile acid 70% 腈酸 70%	G	NR	F	F
Nitrile acid red fuming 亚硝酸红烟	NR	NR	P	P
Nitrile acid white fuming 亚硝酸白烟	NR	NR	P	P
Nitrobenzene 硝基苯	NR	NR	P	NR
Nitromethane 硝基甲烷	E	F	G	P
Nitropropane 硝基丙烷	G	NR	E	NR
Octyl alcohol 辛基醇	E	E	G	F

续表

化学品 Chemical	氯丁橡胶 Neoprene	丁腈 Nitrile	乳胶 Latex	聚氯乙烯 PVC
Oleic acid 油酸	E	E	P	F
Paint remover 脱漆剂	G	G	F	P
Palmitic acid 棕榈酸	E	G	G	G
Pentachlorophenol 五氯苯酚	E	E	P	F
Pentane 戊烷	E	E	P	NR
Perchloric acid 60% 高氯酸 60%	E	E	P	E
Potassium hydroxide <50% 氢氧化钾 <50%	E	G	E	E
Printing ink 印刷油墨	G	E	G	F
Propyl acetate 乙酸丙酯	P	F	P	NR
Propyl alcohol 丙醇	E	E	E	F
Perchloroethylene 全氯乙烯	NR	G	NR	NR
Phenol 苯酚	E	NR	G	G
Phosphoric acid 磷酸	E	E	G	G
Picric acid 苦味酸	E	E	G	E
Propylene oxid 环氧丙烷	NR	NR	P	NR
Rubber solvent 橡胶溶剂	G	E	NR	NR
Sodium hydroxide <50% 氢氧化钠 <50%	E	G	E	G
Stoddard solvent 斯托达德溶剂	E	E	P	NR
Styrene 苯乙烯	NR	NR	NR	NR
Sulfuric acid 95% 硫酸 95%	F	G	NR	NR
Tannic acid 鞣酸	E	E	E	E
Tetrahydrofuran(THF)四氢呋喃	NR	NR	NR	NR
Toluene 甲苯	P	G	NR	NR
Toluene di-isocyanate(TDI)甲苯二异氰酸酯	NR	NR	P	P
Trichlorethylene(TCE)三氯乙烯	P	G	NR	NR
Triethanolamine 85%(TEA)三乙醇胺 85%	E	E	G	E
Tung oil 桐油	E	E	NR	F
Turbine oil 涡轮机油	E	G	P	F
Turpentine 松节油	G	E	P	P
Vegetable oil 植物油	E	E	P	F
Xylene 二甲苯	P	G	NR	NR

值得注意的是，这些图表往往还会附上手套选择使用的重要注意事项：手套的防护效果受手套厚度、化学品浓度、温度以及在化学品中暴露的时间长短影响；相容性表格提供的手套耐化学性能主要来自已发表的研究数据，仅作为指导和参考使用，使用者必须通过对工作环境危害进行评估后正确选择防护手套和防护服；手套和防护服材料无法对所有化学品提供绝对防护(unlimited protection)；使用者自身有责任确定手套和防护服是否可以阻挡使用环境中的化学品渗透和分解；错误选择防护手套可能导致受伤、染病，甚至死亡；在选择手套时，除了要考虑手套与材料之间的作用外，还需要考虑穿戴者对手套材质的耐受性，比如是否会对乳胶过敏等。(关于手套的具体使用和相关讨论，详见“第 4 章 RAMP 原则Ⅲ风险最小化”)

思考

你能否通过网络或者图书找到其他形式有关手套的相容性图表（表 3.9）？是否可以根据你所在的实验室特点（可供选择的手套类型、常用的化学试剂等）或者不同需求（基础实验室、科研实验或日常生活等)，绘制一张定制化的手套相容图表?

表 3.9 相容性图表：手套与日常使用

日常使用场景	聚乙烯手套	乳胶手套	氯丁橡胶手套	聚氯乙烯手套	丁腈手套
普通		√		√	√
食品准备	√	√		√	√
烹饪		√		√	√
操作台任务		√		√	√
洗碗		√		√	√
保洁		√		√	√
检查		√			√
高风险			√		
粉尘或无尘		√		√	√
不含乳胶	√		√	√	√

3.4.2 容器

在中学时大家就学习过，强碱溶液不能长时间盛放在玻璃瓶中，氢氟酸需用塑料瓶盛放。这些都是化学品与盛放容器材料之间相容性的体现。

玻璃和塑料是最常见的两类盛放化学品的容器。

玻璃容器具有化学性质稳定、耐热性能好的特点，在化学实验室中，常用来盛放液体试剂。根据玻璃组分和膨胀系数的不同，玻璃容器的应用范围也有差别。如钠钙玻璃耐碱性能弱、机械性能较差，一般适用于盛放中性或酸性化学品；低硼硅玻璃容易产生脱片及瓶体冻干炸裂等问题，不能用来盛放酸碱性较强的化学品；中硼硅玻璃和高硼硅玻璃的化学稳定性更好、膨胀系数小、耐急冷急热性强、不易炸裂，但生产工艺复杂，生产成本高，价格贵，目前广泛应用于注射剂和口服液体制剂的包装，如玻璃安瓿瓶、玻璃输液瓶、管制注射剂玻璃瓶、管制冻干粉针玻璃瓶等。因此，对硼硅玻璃容器与化学品相容性的研究多集中在医药学领域，在这里不做赘述。

随着各种高分子材料应用范围的不断扩大，塑料容器在化学品的存储中逐步得到了更广泛的应用。与玻璃容器相比，塑料容器具有机械性能强、可塑性高、不易碎裂的优点。塑料容器的材质至少有以下四种，分别是：低密度聚乙烯（low density polyethylene，LDPE)、聚丙烯（polypropylene，PP)、聚甲基戊烯（polymethylpentene，PMP）和全氟烷氧基共聚物（perfluoroalkoxy copolymer，PFA)。它们性质跨度较大，化学耐受性也有很大不同，适用于盛放不同的化学品。如表 3.10 所示，这四种塑料材质和派莱克斯（Pyrex）耐高温玻璃与各种化学品表现出不同的相容性。

在另一份不同容器材料的耐化学性表格（表 3.11）中，提供了更加全面和复杂的数据。表中除了低密度聚乙烯（LDPE)、聚丙烯（PP)、聚甲基戊烯（PMP）和全氟烷氧基共聚物（PFA）外，还包含了高密度聚乙烯（HDPE)、聚丙烯共聚物（PPCO)、聚对苯二甲酸乙二醇酯（PETG)、氟化乙烯丙烯共聚物（FEP）等多种高分子材料，分别列出了各材料在25℃和 50℃条件下与不同化学品的相容性数据。此外，该图表还列出了影响容器材料和化学品相容性的时间因素的详细数据：E 表示持续暴露 30 天而不损坏；G 表示持续暴露 30 天略有损坏；F 表示持续暴露 7 天材料就受影响；N 表示一经接触就可能马上损坏，不建议持续使用。

表 3.10 相容性图表：不同容器材料的耐化学性（Ⅰ）

G=Good（良好），F=Fair（一般），P=Poor（差）

化学品		低密度聚乙烯(LDPE)	聚丙烯(PP)	聚甲基戊烯(PMP)	全氟烷氧基共聚物(PFA)	Pyrex
Acids 酸类	Hydrochloric acid(25%)盐酸(25%)	G	G	G	G	G
	Hydrochloric acid 盐酸	G	G	G	G	G
Concentrated acids 浓酸类	Hydroflouric acid 氢氟酸	P	P	P	G	P
	Concentrated nitric acid 浓硝酸	P	P	F	G	G
	Nitric acid(25%)硝酸(25%)	F	F	F	G	G
Alcohols 醇类	Butanol 丁醇	G	G	G	G	G
	Ethanol 乙醇	G	G	G	G	G
	Methanol 甲醇	G	G	G	G	G
Amines 胺类	Aniline 苯胺	G	G	G	G	G
	Dimethylformamide 二甲基甲酰胺	G	G	G	G	G
Bases 碱类	Ammonium hydroxide(25%)氨水(25%)	G	G	G	G	G
	Ammonium hydroxide 1mol/L 氨水 1mol/L	G	G	G	G	G
	Sodium hydroxide 氢氧化钠	G	G	G	G	P
Hydrocarbons 烃类	Hexane 己烷	F	G	F	G	G
	Toluene 甲苯	F	F	G	G	G
	Xylene 二甲苯	F	P	F	G	G
	Dioxane 二氧己环	G	G	F	G	G
	Dimethyl sulfoxide(DMSO)二甲亚砜	G	G	G	G	G
Halogenated hydrocarbons 卤化烃类	Chloroform 氯仿	P	P	F	G	G
	Methylene chloride 二氯甲烷	F	F	P	G	G
Ketones 酮类	Acetone 丙酮	G	G	G	G	G
	Methyl ethyl diketone 甲基乙基二酮	F	G	P	G	G

表 3.11　相容性图表：不同容器材料的耐化学性（Ⅱ）

化学品	LDPE		HDPE		PP		PPCO		PMP		PETG		FEP		PTFE		PFA		ECTFE		ETFE		PC		Rigid PVC		Flexible PVC		PS		FLPE		SAN	
Temperature /℃	25	50	25	50	25	50	25	50	25	50	25	50	25	50	25	50	25	50	25	50	25	50	25	50	25	50	25	50	25	50	25	50	25	50
Acetic acid,50%	G	F	E	G	E	E	E	E	E	E	N	N	E	E	E	E	E	E	E	G	E	E	G	F	E	N	F	N	G	G	E	G	E	F
Acetic acid,glacial	G	N	G	G	E	G	E	G	G	G	N	N	E	E	E	E	E	E	E	E	E	E	N	N	E	N	N	N	F	N	G	G	N	N
Acetic anbydride,pure	N	N	F	F	G	F	G	F	E	G	—	—	E	E	E	E	E	E	E	E	E	E	N	N	N	N	N	N	N	N	F	F	N	N
Acetone,pure	G	N	N	N	F	N	N	N	E	E	N	N	E	E	E	E	E	E	E	G	G	N	N	N	N	N	N	N	N	N	F	F	N	N
Acetonitrile,pure	E	E	E	E	E	G	F	N	F	N	—	—	E	E	E	E	E	E	E	E	E	E	N	N	N	N	N	N	N	N	E	E	N	N
Acetophenone,pure	N	N	F	F	F	N	F	N	G	N	—	—	E	E	E	E	E	E	E	E	E	E	N	N	N	N	N	N	N	N	G	G	N	N
Acrylonitrile,pure	E	E	E	E	F	N	F	N	F	N	—	—	E	E	E	E	E	E	E	G	E	G	N	N	N	N	N	N	N	N	E	E	—	-
Adipic acid,pure	E	G	E	E	E	E	E	E	E	E	—	—	E	E	E	E	E	E	E	E	E	E	E	E	E	E	E	F	E	E	E	E	E	E
Alanine,pure	E	E	E	E	E	E	E	E	E	E	—	—	E	E	E	E	E	E	E	E	E	E	E	E	—	—	E	G	E	E	E	E	E	E
Allyl alcohol,pure	E	E	E	E	E	E	E	E	E	G	—	—	E	E	E	E	E	E	E	E	E	E	G	G	E	N	G	N	G	F	E	E	N	N
Aluminum chloride,pure	E	E	E	E	E	E	E	E	E	E	—	—	E	E	E	E	E	E	E	E	E	E	E	G	E	E	G	G	E	E	E	E	E	G
Aluminum hydroxide,pure	E	G	E	E	E	G	E	E	E	G	—	—	E	E	E	E	E	E	E	E	E	E	F	N	E	E	E	G	G	G	E	E	G	G
Aluminum salts,pure	E	E	E	E	E	E	E	E	E	E	—	—	E	E	E	E	E	E	E	E	E	E	E	G	E	E	E	G	E	G	E	E	E	G
Amino acids,pure	E	E	E	E	E	E	E	E	E	E	—	—	E	E	E	E	E	E	E	E	E	E	E	E	E	E	E	G	E	E	E	E	E	E
Ammonia,25%	E	E	E	E	E	E	E	E	E	E	—	—	E	E	E	E	E	E	E	E	E	E	N	N	E	N	G	F	E	G	F	F	E	G
Ammonia,pure	E	E	E	E	E	E	E	E	E	E	—	—	E	E	E	E	E	E	E	E	E	E	N	N	E	E	G	F	E	G	F	F	E	G
Ammonium acetate,saturated	E	E	E	E	E	E	E	E	E	E	—	—	E	E	E	E	E	E	E	E	E	E	G	G	E	E	G	N	E	E	E	E	E	E
Ammonium chloride,pure	E	E	E	E	E	E	E	E	E	E	—	—	E	E	E	E	E	E	E	E	E	E	E	G	E	E	E	G	E	E	E	E	E	E
Ammonium glycolate,pure	E	G	E	E	E	G	E	G	E	G	—	—	E	E	E	E	E	E	E	E	E	E	G	F	E	E	G	F	E	E	E	E	E	E
Ammonium hydroxide,5%	E	E	E	E	E	E	E	E	E	E	F	N	E	E	E	E	E	E	E	E	E	E	F	N	E	E	E	G	E	F	F	F	E	E
Ammonium hydroxide,30%	E	G	E	E	E	G	E	G	E	G	N	N	E	E	E	E	E	E	E	E	E	E	N	N	E	E	G	F	G	F	F	F	E	G
Ammonium oxalate,pure	E	G	E	E	E	G	E	G	E	G	—	—	E	E	E	E	E	E	E	E	E	E	E	E	E	E	G	N	E	E	E	E	E	E

续表

化学品	LDPE		HDPE		PP		PPCO		PMP		PETG		FEP		PTFE		PFA		ECTFE		ETFE		PC		Rigid PVC		Flexible PVC		PS		FLPE		SAN	
Ammonium salts,pure	E	E	E	E	E	E	E	E	E	E	—	—	E	E	E	E	E	E	E	E	E	E	G	G	E	E	E	G	G	G	E	E	E	G
Amyl alcohol,pure	E	E	E	E	E	F	E	E	G	F	—	—	E	E	E	E	E	E	E	E	E	E	G	F	E	E	G	N	G	F	E	E	E	N
Amyl chloride,pure	N	N	F	N	N	N	N	N	F	F	—	—	E	E	E	E	E	E	E	E	E	E	N	N	N	N	N	N	N	N	G	F	N	N
Aniline,pure	E	G	G	F	E	G	G	F	G	F	—	—	E	E	E	E	E	E	G	N	E	G	N	N	N	N	N	N	N	N	G	F	N	N

Acetic acid，50% 醋酸，50%
Acetic acid，glacial 冰醋酸
Acetic anhydride，pure 醋酸酐，纯
Acetone，pure 丙酮，纯
Acetonitrile，pure 乙腈，纯
Acetophenone，pure 苯乙酮，纯
Acrylonitrile，pure 丙烯腈，纯
Adipic acid，pure 己二酸，纯净
Alanine，pure 丙氨酸，纯
Allyl alcohol，pure 丙烯醇，纯
Aluminum chloride，pure 氯化铝，纯
Aluminum hydroxide，pure 氢氧化铝，纯
Aluminum salts，pure 铝盐，纯
Amino acids，pure 氨基酸，纯
Ammonia，25% 氨，25%
Ammonia，pure 氨，纯
Ammonium acetate，saturated 乙酸铵，饱和
Ammonium chloride，pure 氯化铵，纯
Ammonium glycolate，pure 甘醇酸铵，纯
Ammonium hydroxide，5% 氢氧化铵，5%
Ammonium hydroxide，30% 氢氧化铵，30%
Ammonium oxalate，pure 草酸铵，纯
Ammonium salts，pure 铵盐，纯
Amyl alcohol，pure 纯戊醇，纯
Amyl chloride，pure 氯戊烷，纯
Aniline，pure 苯胺，纯
LDPE-low-density polyethylene 低密度聚乙烯
HDPE-high-density polyethylene 高密度聚乙烯
PP-poly propylene 聚丙烯
PPCO-polypropylene copolymer 聚丙烯共聚物
PMP-polymethylpentane 聚甲基戊烯
PETG-polyethylene terephthalate 聚对苯二甲酸乙二醇酯
FEP-fluorinated ethylene propylene 氟化乙烯丙烯共聚物
PTFE-polytetrafluoroethylene 聚四氟乙烯
PFA-perfluoroalkoxy copolymer 全氟烷氧基共聚物
ECTFE-ethylene chlorotrifluoroethylene copolymer 乙烯-三氟氯乙烯共聚物
ETFE-ethylene-tetra-fluoro-ethylene 乙烯-四氟乙烯共聚物
PC-polycarbonate 聚碳酸酯
PVC-polyvinyl chloride 聚氯乙烯
PS- polystyrene 聚苯乙烯
FLPE-fluorinated polyethylene 氟化聚乙烯
SAN-styrene acrylonitrile 苯乙烯-丙烯腈共聚物

3.4.3 储存

由于化学实验室中化学品数量和种类繁多，化学品的隔离和储存与实验室安全息息相关。实验室常见危险化学品包括七类：爆炸品；压缩气体和液化气体；易燃液体；易燃固体、自燃物品和遇湿易燃物品；氧化剂和有机过氧化物；有毒品；腐蚀品。根据化学品的化学性质分类、分区、分库存放，可以防止试剂之间发生反应而导致事故。比如，氧化剂和还原剂混放容易发生反应，实验室管理要对两种试剂分类放置；易爆类试剂应放置在通风、远离火源与强光的地方，与易燃、酸类、易被氧化等物质隔离存放等。

根据不同类型实验室的特点，化学品储存的相容性图表和禁配表也有不同的形式（表3.12～表3.19）。

表3.12中列出了不同物质混合在一起可能发生的危害类型，包括：放热（heat generation，H）、着火（fire，F）、产生无毒不燃性气体（innocuous & nonflammable gas formation，G）、产生有毒气体（toxic gas formation，GT）、产生可燃性气体（flammable gas formation，GF）、爆炸（explosion，E）、急剧聚合（violent polymerisation，P）、毒性物质溶解（solubilation of toxic substances，S）、可能有不明危险（unknown but may be hazardous，U）等，空白表示二者相容。

表3.14指出了可燃液体、氧化剂、有机酸、无机酸、碱、水反应物、水溶液和氰化物两两混合的相容性情况，×表明两类物质不相容。

表3.16列举了常用危险化学品储存禁忌物配存情况。

表3.17给出了有关危险化学品相容性的存放建议，分为：分开（separate），分隔（segregate），专门隔离（isolate），参照MSDS（refer to MSDS）和相容（OK）。根据定义，separate是指化学品应该分开，距离至少保持3米；segregate指应该放置于两个不同的区域，以防化学品之间可能发生的化学反应；isolate是指建议放置在专用仓库或贮存柜中。

表3.18进一步注明了两类不相容化学品储存时应该相隔的最小距离。

在图3.3和图3.4中，根据不同类型化学品之间的相容性，实验人员提出了对它们进行分类储存的方法。在实验室空间足够的情况下，每类化学品应该存放在单独的试剂柜中。但在试剂柜数量和空间有限时，可参照图中方案，在试剂柜中将化学品按类分层、分组存放，且必须保证试剂瓶摆放有序、放置平稳以及避免拥挤，并做好监控和检查。具体而言，对共用试剂柜和单独试剂柜提出了如下建议：①共用试剂柜可以按组存放有机碱，有机酸，低毒或非自反应性、非易燃或可燃物质，不具反应性的易燃或可燃物质（包括溶剂）；②易爆物质存放于单独试剂柜；③自燃物以及与水反应的材料存放于单独试剂柜；④共用试剂柜可以按组存放低毒或非自反应性、非易燃或可燃物质，氧化剂，无机碱，无机酸；⑤部分剧毒物质可以与其他类别化学品共用试剂柜，分组存放。

表3.19详细列出了某公司存放的每种化学品的性质、禁配物、禁止混贮品种类、不得同库存放的化学品、储存安全要求、避免接触的条件等。这类表格针对性强，各种化学品名称一目了然，对于公司的过程安全和员工教育比较友好，有利于公司员工识别化学品的危害及评估风险等级。

表 3.12　相容性图表：四十一种化学品的混合相容性表

注 1：表中方格内的字母表示了不相容物质混合后产生的危害，对于可产生多种危害的情况分行表示，第一行表示初生危害和次生危害，末行表示最终危害。

注 2：表中字母的含义说明如下：

H——放热；
F——着火；
G——产生无毒不燃性气体；
GT——产生有毒气体；
GF——产生可燃性气体；
E——爆炸；
P——急剧聚合；
S——毒性物质溶解；
U——可能有不明危险。

编号	化学品类别/名称																																									
1	非氧化性无机酸	1																																								
2	氧化性无机酸		2																																							
3	有机酸		G H	3																																						
4	醇类、二醇类	H	H F	H P	4																																					
5	醛类	H P	H P	H P		5																																				
6	氨基化合物	H	H GT				6																																			
7	胺类、脂肪族、芳香族化合物	H	H GT	H		H		7																																		
8	含氧及叠氮化合物、肼类	H G	H GT	H G	H G	H			8																																	
9	氨基甲酸盐	H G	H GT						G H	9																																
10	腐蚀性物质	H	H	H						H G	10																															
11	氰化物	GT GF	GT GF	GT GF					G			11																														
12	二硫代氨基甲酸盐类	H,F GF	H,F GF	H,GT GF				U	H G				12																													
13	酯类	H	H F						H G		H			13																												
14	醚类	H	H F												14																											
15	无机氟化物	GT	GT	GT												15																										
16	芳香烃		H F														16																									
17	有机卤化物	H GT	H,F GT					H GT	H G		H GF	H						17																								
18	异氰酸盐	H G	H,F GT	H G	H P			H P	H G		H,P G	H G	U						18																							
19	酮类	H	H F						H G		H	H								19																						
20	硫醇及其他有机硫化物	GT GF	H,F GT						H G									H	H	H	20																					
21	碱金属和碱土金属	H,F GF	H,F GF	H,F GF	H,F GF	H,F GF	GF H	GF H	GF H	GF H	GF H	GF H	GF,H GT	GF H				H E	GF H	GF H	GF H	21																				
22	其他金属或合金粉末、气化物或海绵态金属及合金	H,F GF	H,F GF	G F					H,F GF	U	GF H							H E	GF H		H,F GF		22																			
23	其他金属或合金板、棒、熔滴	H,F GF	H,F GF						H,F GF									H F						23																		
24	有毒金属及金属化合物	S	S	S			S	S			S														24																	
25	氨化物	GF HF	H,F E	H GF	H,E GF	GF H			U	H G	U	GF H	H	GF H				GF H	U	GF H	GF H	E				25																
26	腈类	H,GT GF	H,F GT	H							U											H P			S	GF H	26															
27	有机硝基化合物		H,F GT			H					H E											H,E GF				H,E GF		27														
28	不饱和脂肪烃	H	H F			H																	H E						28													
29	饱和脂肪烃		H F																											29												
30	有机过氧化物、氢过氧化物	H G	H E		H F	H G		H GT	H,F E	H,F GT		H,E GT	H,F GT					H E	H	E	H,F GT	H E	H G		H G	H,E GT	H,P PT		H P		30											
31	酚类、甲酚	H	H F						H G										H P			GF H				GF H					H	31										
32	有机磷酸酯、硫代磷酸酯、有机磷酸盐类	H GT	H GT						U			H E										H E									U		32									
33	无机硫化物	GT GF	H,F GF	GT		H			E										H												H GT			33								
34	环氧化合物	H P	H P	H P	H P	U		H P	H P		H P	H P	U								H P	H P	H P		H P	H P					H P	H P	U	H P	34							
35	易燃材料及其混合物	H G	H,F GT																			H,F G				H,F GF					H,F GT					35						
36	爆炸品	H E	H E	H E					H E		H E			H E								H E	H E	H E	E	E					H E	H E		H E	H E	H E	36					
37	可聚合化合物	P H	P H	P H					P H		P H	P H	U									P H	P H	P H	P H	P H					P H	P H		P H			H E	37				
38	强氧化剂	H GT		H GT	H F	H F	H,F GT	H,F GT	H E	H,F GT		H,E GT	H,F GT	H F	H F		H F	H GT	H GT	H F	H,F GT	H,F E	H,F E	H F		H,F E	H,F GT	H E	H F	H F	H G	H F	H,F GT	H,F GT	H,F G	H,F G	H E	H,F GT	38			
39	强还原剂	H GF	H,F GT	H GF	H,F GF	H,F GF	H GF	H G				H GT	H F				H,F E	H E	H GF	H GF	H GF						H GF	H E			H E	H GF	H,GT GF		H	H GF	H E	H,P GF	H,F E	39		
40	水和含水混合物	H	H						G										H G		H GF	H GF		S	H GF									GT GF					GT GF		40	
41	遇水反应的物质	反应剧烈！严禁与任何化学品或废弃物混合！																																								41
		1	2	3	4	5	6	7	8	9	10	11	12	13	14	15	16	17	18	19	20	21	22	23	24	25	26	27	28	29	30	31	32	33	34	35	36	37	38	39	40	41

表 3.13　相容性图表：二十四种化学品的混合相容性表

1	无机酸	1																							
2	有机酸	•	2																						
3	碱	•	•	3																					
4	胺和烷醇胺	•	•		4																				
5	卤代化合物	•		•	•	5																			
6	醇、乙醇和乙二醇醚	•					6																		
7	醛	•	•	•	•		•	7																	
8	酮	•		•	•			•	8																
9	饱和烃									9															
10	芳香烃	•									10														
11	烯烃	•				•						11													
12	石油												12												
13	酯	•		•	•									13											
14	单体和可聚合酯	•	•	•	•	•	•								14										
15	苯酚			•	•			•							•	15									
16	亚烷基氧化物	•	•	•	•		•	•							•	•	16								
17	氰醇	•	•	•	•	•		•									•	17							
18	腈	•	•	•	•												•		18						
19	氨	•	•					•	•					•	•	•	•	•		19					
20	卤素			•			•	•	•	•	•	•	•	•	•	•				•	20				
21	醚	•													•						•	21			
22	磷（元素）	•	•	•																	•		22		
23	硫（熔融）									•	•	•	•				•						•	23	
24	酸酐	•		•	•		•	•							•		•	•	•	•					24

• 表示不安全组合

□ 表示安全组合

表 3.14　相容性图表：八种不同类型化学品的混合相容性表

类别	可燃液体	氧化剂	有机酸	无机酸	碱	水反应物	水溶液	氰化物
可燃液体		×		×				
氧化剂	×		×					
有机酸		×		×	×	×		×
无机酸	×		×		×	×		×
碱			×	×				
水反应物			×	×			×	
水溶液						×		×
氰化物			×	×			×	

表 3.15　相容性图表：九种不同类型化学品的混合相容性表

类别	无机酸	有机酸	氧化性酸	碱	氧化剂	有毒无机物	有毒有机物	有机溶剂	水反应物
无机酸		×		×		×	×	×	×
有机酸	×		×	×	×	×	×		×
氧化性酸		×		×		×	×	×	×
碱	×	×	×				×	×	×
氧化剂		×					×	×	×
有毒无机物	×	×	×				×	×	×
有毒有机物	×	×	×	×	×	×			
有机溶剂	×		×	×	×	×			
水反应物	×	×	×	×		×			

表 3.16　相容性表格：常用危险化学品储存禁忌物配存表

危险化学品的种类和名称			配存序号	1	2	3	4	5	6	7	8	9	10	11	12	13	14	15	16	17	18	19	20	21	22	23	24
危险化学品	爆炸品	点火器材	1	1																							
		起爆器材	2	×	2																						
		炸药及爆炸性药品(不同品名的不得在同一库内配存)	3	×	×	3																					
		其他爆炸品	4	△	×	×	4																				
	氧化剂	有机氧化剂	5	×	×	×	×	5																			
		亚硝酸盐、亚氯酸盐、次亚氯酸盐①	6	△	△	△	△	×	6																		
		其他无机氧化剂②	7	△	△	△	△	×	×	7																	
	压缩气体和液化气体	剧毒(液氯与液氨不能在一库内配存)	8		×	×	×	×	×	×	8																
		易燃	9	△	×	×	△	×	△	△		9															
		助燃(氧及氧空钢瓶不得与油脂在同一库内配存)	10	△	×	×	△				△	10															
		不燃	11		×	×								11													
	自燃物品	一级	12	△	×	×	×	×	△	△	×	×	×		12												
		二级	13		×	×	△				×	△	△			13											
	遇水燃烧物品(不得与含水液体货物在同一库内配存)		14		×	×	×	△	△	△	△	△	△		×		14										
	易燃液体		15	△	×	×	×	×	△	×	×		×		×	△		15									
	易燃固体(H 发孔剂不可与酸性腐蚀物品及有毒和易燃酯类危险货物配存)		16		×	×	△	×	△	△	×		×		×				16								
	毒害品	氰化物	17		△	△														17							
		其他毒害品	18		△	△															18						
	腐蚀物品：酸性腐蚀物品	溴	19	△	×	×	×	×				△			×	△	△	△		×	△	19					
		过氧化氢	20	△	×	×	△	△							△	△	×	△		×	△		20				
		硝酸、发烟硝酸、硫酸、发烟硫酸、氯磺酸	21	△	×	×	×	×	×	①	×	×	△	△	×	×	△	△	△	×	△	△	△	21			
		其他酸性腐蚀物品	22	△	×	×	△	△	△	△	△	△			△		△			×	△		△	△	22		
	腐蚀物品：碱性及其他腐蚀物品	生石灰、漂白粉	23		△	△	△		△	△								△					△	×	△	23	
		其他(无水肼、水合肼、氨水不得与氧化剂配存)	24														△							×			24

注：

1. 无配存符号表示可以配存。
2. △表示可以配存，堆放时至少隔离 2 m。
3. ×表示不可以配存。
4. 有注释时按注释规定办：

①除硝酸盐(如硝酸钠、硝酸钾、硝酸铵等)与硝酸、发烟硝酸可以配存外，其他情况均不得配存。

②无机氧化剂不得与松软的粉状可燃物(如煤粉、焦粉、炭墨、糖、淀粉、锯末等)配存。

表 3.17　相容性图表:危险品相容性指南

类别	易燃气体	不易燃、无毒气体	有毒气体	易燃液体	易燃固体	自燃物质	遇湿危险	氧化剂	有机物	有毒物质	腐蚀性
易燃气体	相容	分开	参考 MSDS	分隔	分隔	分隔	分隔	分隔	专门隔离	分开	分开
不易燃、无毒气体	分开	相容	分开	分开	参照 MSDS	分隔	参照 MSDS	参照 MSDS	分隔	参照 MSDS	分开
有毒气体	参照 MSDS	参照 MSDS	相容	参照 MSDS	参照 MSDS	参照 MSDS	参照 MSDS	参照 MSDS	参照 MSDS	参照 MSDS	参照 MSDS
易燃液体	分隔	分开	参照 MSDS	相容	分开	分隔	分隔	分隔	专门隔离	分开	分开
易燃固体	分隔	参照 MSDS	参照 MSDS	分开	相容	分开	分隔	分隔	分隔	分开	参照 MSDS
自燃物质	分隔	分隔	参照 MSDS	分隔	分开	相容	分开	分隔	专门隔离	分开	分开
遇湿危险	分隔	参照 MSDS	参照 MSDS	分隔	分隔	分开	相容	分开	分隔	参照 MSDS	参照 MSDS
氧化剂	分隔	参照 MSDS	参照 MSDS	分隔	分隔	分隔	分开	参照 MSDS	分隔	分开	分开
有机物	专门隔离	分隔	参照 MSDS	专门隔离	分隔	专门隔离	分隔	分隔	相容	分开	分开
有毒物质	分开	参照 MSDS	参照 MSDS	分开	分开	分开	参照 MSDS	分开	分开	相容	参照 MSDS
腐蚀性	分开	分开	参照 MSDS	分开	参照 MSDS	分开	参照 MSDS	分开	分开	参照 MSDS	参照 MSDS

分开（separate）：这两类危险物质应当至少分开 3 米存放或采取其他适当控制措施。查询 MSDS 或咨询供应商。

分隔（segregate）：这两类危险物质有可能相互发生反应从而大幅提高风险，因此，若未证实风险完全可控，这两类物质不能存放在同一区域。进一步了解可查询 MSDS。

专门隔离（isolate）：推荐使用专用仓库或贮存柜。需要与其他建筑物保持足够距离。进一步了解可查询 MSDS。

参照 MSDS（refer to MSDS）：这两类危险物质可能需要分隔存放。进一步了解可查询 MSDS。

相容（OK）：同一类型危险物质具有相似危害，通常认为是相容的。对具体化学品的要求，需查询 MSDS 或咨询供应商。

表 3.18　相容性图表：危险品和可燃液体储存相容性表格

类别	易燃气体	无毒、不易燃气体	有毒气体	强氧化性气体	易燃和可燃液体	易燃固体	自燃物质	遇湿危险	氧化剂	有机过氧化物	有毒物质	腐蚀性
易燃气体	相容可混存	相容可混存	至少相隔3米存放	至少相隔3米存放	至少相隔5米存放	至少相隔5米存放	至少相隔5米存放	至少相隔5米存放	至少相隔3米存放	专门隔离	至少相隔3米存放	至少相隔5米存放
无毒、不易燃气体	相容可混存	相容可混存	相容可混存	相容可混存	至少相隔5米存放	至少相隔5米存放	至少相隔5米存放	至少相隔5米存放	至少相隔3米存放	专门隔离	至少相隔3米存放	至少相隔5米存放
有毒气体	至少相隔3米存放	相容可混存	可能不相容，需查询MSDS	至少相隔3米存放	至少相隔5米存放	至少相隔5米存放	至少相隔5米存放	至少相隔5米存放	至少相隔3米存放	专门隔离	至少相隔3米存放	至少相隔5米存放
强氧化性气体	至少相隔3米存放	相容可混存	至少相隔3米存放	相容可混存	至少相隔5米存放	至少相隔5米存放	至少相隔5米存放	至少相隔5米存放	至少相隔3米存放	专门隔离	至少相隔3米存放	至少相隔5米存放
易燃和可燃液体	至少相隔5米存放	至少相隔5米存放	至少相隔5米存放	至少相隔5米存放	相容可混存	至少相隔3米存放	至少相隔5米存放	至少相隔5米存放	至少相隔5米存放	专门隔离	至少相隔5米存放	至少相隔3米存放
易燃固体	至少相隔5米存放	至少相隔5米存放	至少相隔5米存放	至少相隔5米存放	至少相隔3米存放	相容可混存	至少相隔3米存放	至少相隔5米存放	至少相隔3米存放	专门隔离	至少相隔3米存放	可能不相容，需查询MSDS
自燃物质	至少相隔5米存放	至少相隔5米存放	至少相隔5米存放	至少相隔5米存放	至少相隔5米存放	至少相隔3米存放	相容可混存	至少相隔5米存放	至少相隔5米存放	专门隔离	至少相隔3米存放	至少相隔3米存放
遇湿危险	至少相隔5米存放	至少相隔5米存放	至少相隔5米存放	至少相隔5米存放	至少相隔5米存放	至少相隔5米存放	至少相隔5米存放	相容可混存	至少相隔5米存放	专门隔离	至少相隔3米存放	至少相隔5米存放
氧化剂	至少相隔3米存放	至少相隔3米存放	至少相隔3米存放	至少相隔3米存放	至少相隔5米存放	至少相隔3米存放	至少相隔5米存放	至少相隔5米存放	可能不相容，需查询MSDS	专门隔离	至少相隔3米存放	至少相隔3米存放
有机过氧化物	专门隔离	专门隔离	专门隔离	专门隔离	专门隔离	专门隔离	专门隔离	专门隔离	专门隔离	相容可混存	专门隔离	至少相隔3米存放
有毒物质	至少相隔3米存放	至少相隔3米存放	至少相隔3米存放	至少相隔3米存放	至少相隔5米存放	至少相隔3米存放	至少相隔3米存放	至少相隔3米存放	至少相隔3米存放	专门隔离	相容可混存	专门隔离
腐蚀性	至少相隔5米存放	至少相隔5米存放	至少相隔5米存放	至少相隔5米存放	至少相隔3米存放	可能不相容，需查询MSDS	至少相隔3米存放	至少相隔5米存放	至少相隔3米存放	至少相隔3米存放	专门隔离	相容可混存

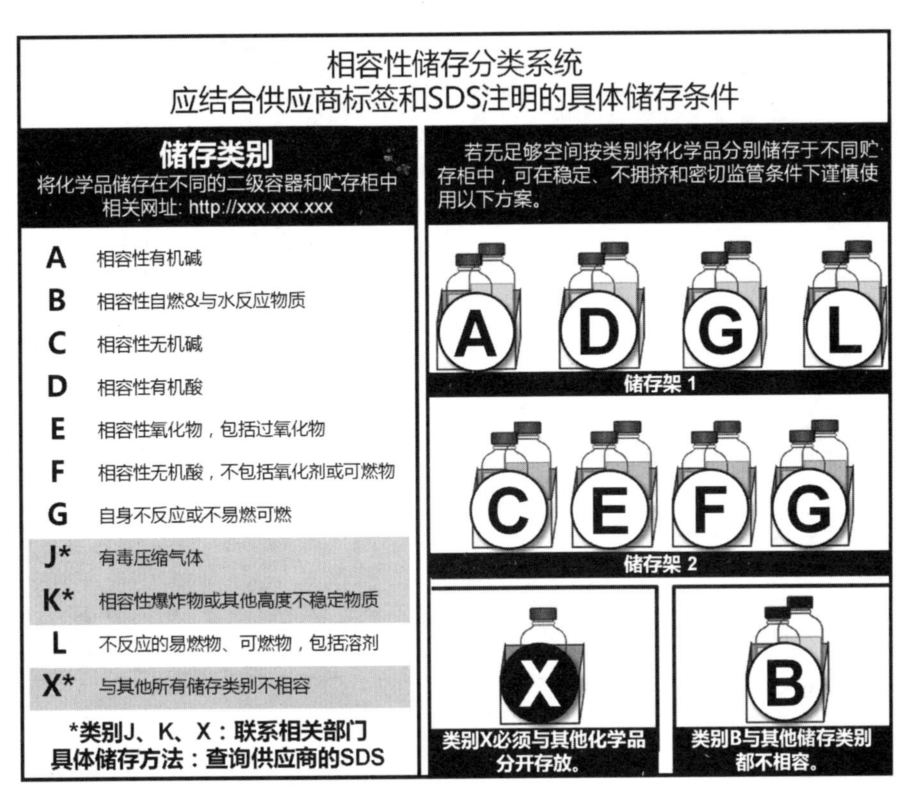

图 3.3　相容性储存分类系统

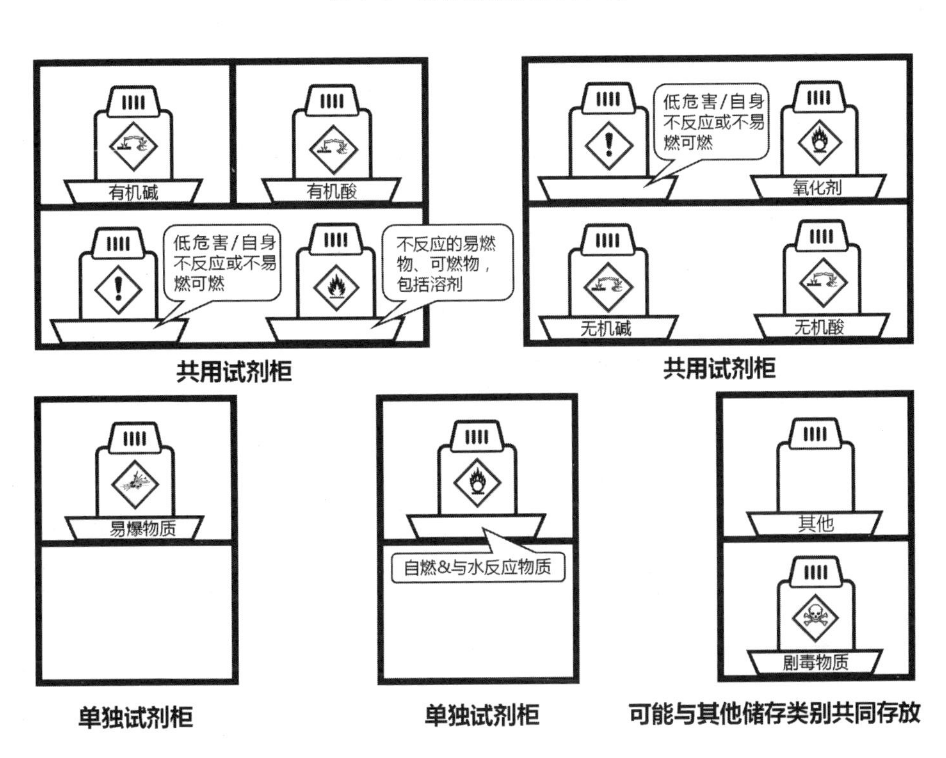

图 3.4　化学品分类储存方案

表 3.19　化学品禁配表

序号	化学品名称	化学品性质	禁配物	禁止混贮物品种类	不得同库存放的化学品（仅从公司目前使用的化学品中筛选）	储存安全要求	避免接触的条件	备注
1	盐酸	酸性腐蚀品	碱类、碱金属、胺类	碱类、胺类、碱金属、易燃物、可燃物	氢氧化钠溶液、卡尔费休试剂、甲醇、乙醇、碳酸二乙酯、电解液、聚丙烯酰胺、NMP	密闭包装，贮存于阴凉通风处，库温不超过30℃，相对湿度不超过80%	受热	强腐蚀性、强刺激性
2	硝酸	酸性腐蚀品	还原剂、碱类、醇类、碱金属、铜、胺类、金属粉末、电石、硫化氢、松节油、可燃物等	还原剂、碱类、醇类、碱金属	氢氧化钠溶液、甲醇、乙醇、聚丙烯酰胺	密闭包装，贮存于干燥通风处，库温不超过30℃，相对湿度不超过80%	—	强腐蚀性、强氧化性
3	硫酸	金属腐蚀物	碱类、碱金属、水、强还原剂、易燃或可燃物	易燃物、可燃物、还原剂、碱类、碱金属	卡尔费休试剂、乙醇、碳酸二乙酯、电解液、氢氧化钠、聚丙烯酰胺、甲醇、NMP	阴凉、通风，库温不超过35℃，相对湿度不超过80%	—	强腐蚀性、强刺激性
4	甲醇	高度易燃液体和蒸气	多种塑料、镁锌合金	氧化剂、过氯酸、过氯酸盐、卤氧酸盐、氧化铬、卤氧化物、氮氧化物、非金属氧化物、铬硫酸、氯酸盐、氢化物、二乙基锌、卤素、粉状的镁、过氧化氢、硝酸、硫酸、过锰酸、次氯酸钠、卤化酸、酸酐、还原剂、酸、溴、氯、氯仿、镁、四氯甲烷、氟、磷的氧化物、雷尼镍、碱土金属、碱金属	硫酸、硝酸、次氯酸钠、双氧水、聚合氯化铝	干燥通风	加温	容器和接收设备接地，需在通风橱中操作
5	三氯化铁	金属腐蚀物	强氧化剂、钾、钠	氧化剂、活性金属粉末	硝酸、双氧水（过氧化氢）	阴凉、通风	火种、热源	
6	卡尔费休试剂	易燃液体和蒸气	—	强氧化剂、卤化酸、酸酐	硝酸、盐酸	容器密闭，干燥通风	光、加热、闪光点在5℃以下被认为危险	

续表

序号	化学品名称	化学品性质	禁配物	禁止混贮物品种类	不得同库存放的化学品（仅从公司目前使用的化学品中筛选）	储存安全要求	避免接触的条件	备注
7	酒精	易燃液体	铬酸、次氯酸钙、过氧化氢、硝酸、硝酸银、过氯酸盐等强氧化剂	氧化剂、酸类、碳金属、胺类	硝酸、盐酸、硫酸、双氧水（过氧化氢）、聚丙烯酰胺、聚合氯化铝	阴凉、通风，远离火种、热源。库温不宜超过30℃	明火、热源	
8	碳酸二乙酯	高闪点易燃液体	酸类、酸酐、强氧化剂	酸类、酸酐、强氧化剂	硝酸、盐酸、硫酸、双氧水（过氧化氢）	容器密封、阴凉、通风，库温不宜超过30℃	受热、光照、振荡、挤压、明火	
9	电解液	易燃液体	氧化剂、还原剂、强碱	氧化剂、还原剂、强碱	双氧水（过氧化氧）、硝酸、氢氧化钠	阴凉、干燥、通风，远离火种、热源。库温不宜超过25℃	热、火焰、火花	
10	双氧水（过氧化氢）	爆炸性强氧化剂	易燃物、可燃物、强氧化剂、铜、铁、铁盐、锌、活性金属粉末	易燃物、可燃物、还原剂、活性金属粉末	甲醇、卡尔费休试剂、乙醇、碳酸二乙酯、电解液、NMP	阴凉、通风，库温不宜超过30℃	受热	
11	聚合氯化铝	酸性腐蚀品	—	易燃物、可燃物、碱类、醇类	甲醇、卡尔费休试剂、乙醇、碳酸乙酯、电解液、氢氧化钠、NMP	阴凉、干燥、通风，相对湿度不超过75%		
12	次氯酸钠	其他腐蚀品	碱类	易燃物、可燃物、碱类、金属粉末	甲醇、卡尔费休试剂、乙醇、碳酸乙酯、电解液、氢氧化钠、NMP	阴凉、干燥、通风良好	受热	
13	氢氧化钠	腐蚀品	强酸、易燃物、可燃物、二氧化碳、过氧化物、水	易燃物、可燃物、酸类	甲醇、卡尔费休试剂、乙醇、碳酸乙酯、电解液、硝酸、硫酸、盐酸、NMP	阴凉、干燥、通风良好，相对湿度不超过85%，密封、不得受潮	潮湿空气	强腐蚀性、强刺激性
14	NMP	可燃性液体和蒸气	强氧化剂、强碱、强酸、强还原剂	强氧化剂、强碱、强酸、强还原剂	硝酸、双氧水（过氧化氢）、盐酸、硫酸、氢氧化钠	阴凉、干燥、通风良好，本品应保持容器直立且密闭	—	可燃、有毒、具有刺激性
15	聚丙烯酰胺	易燃物	产生放热反应的氧化物	产生放热反应的氧化物	氢氧化钠、聚合氯化铝、次氯酸钠、双氧水（过氧化氢）、硫酸、盐酸、乙醇	阴凉、通风的库房		

3.5 金属与溶剂毒性

3.5.1 金属的毒性

元素周期表中超过75%的元素是金属，还有一些被认为是“类金属（metalloids）”。现代化学研究中大量使用金属单质、离子或者配合物。因此，我们有必要对不同形式金属的毒性有所了解。在《毒理学（第九版）》一书的第23章中详细介绍了三十余种金属的毒性[20]，包括最常见的有毒金属（如铅和镉）、必需金属（如锌和铜）、药物金属（如钯和铋）、轻微毒性金属（如具有技术意义的铟和铀）以及类金属（如砷和锑）和非金属（如硒和氟）等。

我们知道，讨论金属毒性需要考虑不同形态金属的代谢。首先，金属自身的元素性质会影响其生物转化和毒性。金属单质中毒时，通过破坏性代谢转化成毒性较小的次级组分的解毒方法不能奏效。实际上，金属单质是不可生物降解的。这种不可降解性和生物累积，使金属中毒引起高度关注。尽管绝大多数金属具有形成离子键的倾向，但它们更可能发生生物共轭而形成具有配位共价键的有机金属化合物，尤其是像砷这样的类金属会生成具有含碳化合物和金属的双重性质的化合物。此外，讨论某种金属或金属化合物的代谢时还需要考虑它们的氧化还原能力。总而言之，金属的代谢是复杂而微妙的，并且与它们的毒性大小直接相关。

金属中毒中可能涉及多种化学机理，包括：

① 像镉和汞这样的金属很容易与含硫蛋白质配体的配位原子硫相结合，可能导致分子空间重排从而损害生物分子功能，因此产生毒性。例如铅对血红素合成酶的抑制。

② 有毒金属可能表现为必需元素的替代物，从而严重干扰必需元素控制或参与的多种代谢和信号传递功能。例如镉、铜和镍可以模仿和替代锌，铊模仿钾，锰模仿铁，砷酸盐和钒酸盐模仿磷酸盐，硒酸盐、钼酸盐和铬酸盐模仿硫酸盐等。此外，有机金属化合物也可以模仿生物分子，例如氨基酸或有机阴离子转运器会把甲基汞当成生物分子进行运输。

③ 由金属介导造成的氧化损伤。许多金属可以作为催化中心直接与氧分子或其他内源性氧化剂发生氧化还原反应，致使蛋白质或DNA等生物分子发生氧化修饰。这可能是某些金属致癌的一个关键步骤。此外，一些金属还可以取代与配体结合的其他元素，释放的元素可产生氧化还原活性，从而导致细胞氧化损伤。例如，被不具有氧化还原活性的镉离子取代而释放的铁离子，因为其强氧化还原活性，会引起氧化应激。

④ 在生物系统中，金属离子的反应活性很高，容易生成DNA和蛋白质加合物。例如，一旦正六价铬离子进入细胞，就会被细胞内的各种还原剂还原为高活性的三价铬离子，形成DNA加合物或DNA-蛋白质交联，因此，铬可能产生遗传毒性。另外，金属还可以诱导一系列基因表达异常，从而产生不良后果。例如，镍的致癌作用可能源自其在转录因子HIF-1的控制下可以诱导Cap43/NDRG1的表达。将成年小鼠子宫暴露在砷中，会出现一系列异常的肝脏基因表达，可能是砷致肝癌的化学机理。

化学实验室常见有毒金属毒性及注意事项[21]

① 汞Hg，银白色液态固体，在常温下可挥发。金属汞在肠道内难以被吸收，大量食入

才有可能发生中毒现象。常见的汞中毒是吸入性的，长期接触汞蒸气会造成慢性中毒，出现失眠、记忆衰退、情绪不稳定等症状。短期大量吸入造成的急性中毒表现为咳嗽、呼吸困难、肠胃绞痛等。吞食蛋清和牛奶可延缓肠胃对汞的吸收。

② 铅 Pb，有毒重金属，可经吸入、食入进入人体。长期接触铅及其化合物会导致心悸、易激动；短时大量接触可发生急性或亚急性铅中毒，损害造血、神经、消化系统及肾脏。无机铅及其化合物十分稳定，对人体的毒害具有累积性。接触时，应戴化学安全防护眼镜，戴防护手套。

③ 铊 Tl，化合物有剧毒，是强烈的神经毒物，对肝、肾有损害作用，可经吸入、食入、皮肤吸收进入人体。急性中毒 3～5 天后出现多发性颅神经和周围神经损害，慢性中毒可致神经衰弱综合征、周围神经病，可发生肝损害。可能接触时，应佩戴安全面罩，穿工作服，戴防护手套。

④ 砷 As，化合物有剧毒，可通过吸入、食入、皮肤吸收进入人体。经口暴露易引起急性肠胃炎、周围神经病、中毒性心肌炎等；大量吸入可引起消化系统症状、多发性周围神经炎。可能接触时，应佩戴空气呼吸器，戴化学安全防护眼镜，穿连体衣式胶布防毒衣，戴防护手套。

⑤ 铍 Be，易燃固体，单质及化合物都有剧毒，可经吸入、食入进入人体。短期大量接触可引起急性铍病，表现为急性化学性支气管炎或肺炎；长期接触可引起慢性铍病，除无力、消瘦、食欲不振外，常有胸闷、气短和咳嗽症状。可能接触铍粉末时，应佩戴隔离式呼吸器，穿连体衣式胶布防毒衣，戴防护手套。

金属中毒的主要治疗策略是使用螯合剂（即含有多个配位原子的配体），与金属配位，并增强其排泄能力。目前，临床上常用的解毒剂主要包括二巯基丙醇（dimercaptopropanol，BAL）、二巯基丁二酸（dimercaptosuccinic acid，DMSA）、二巯丙磺钠（sodium dimercaptopanesulfonate，DMPS）、青霉胺（penicillamine，DPEN）和硫辛酸（alpha lipoic acid，LA）等巯基螯合剂及依地酸二钠钙（disodium-calcium edetate，$Na_2CaEDTA$）和二乙烯三胺五乙酸（diethylenetriaminepentaacetic acid，DTPA）等非巯基螯合剂，其中巯基螯合剂是重金属中毒主要的解毒剂[22]，化学特征如表 3.20 所示。

表 3.20 巯基螯合剂的化学特征[22]

结构	名称	缩写	分子式	分子量	$\lg K_1$	$\lg K_2$	$\lg K_3$	$\lg K_4$
O, SH, OH	巯基乙酸	TGA	$C_2H_4O_2S$	92.12	9.96	3.34	—	—
HS, OH, SH	二巯基丙醇	BAL	$C_3H_8OS_2$	124.22	10.8	8.7	—	—
O, HO, OH, O, SH	巯基丁二酸	TMA	$C_4H_6O_4S$	150.15	10.24	4.52	3.12	—
SH, OH, O, O, OH, SH	二巯基丁二酸	DMSA	$C_4H_6O_4S_2$	182.22	12.05	9.65	3.43	2.71

续表

结构	名称	缩写	分子式	分子量	$\lg K_1$	$\lg K_2$	$\lg K_3$	$\lg K_4$
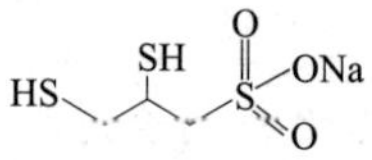	二巯基丙磺钠	DMPS	$C_3H_8O_3S_3$	188.289	11.38	8.69		—
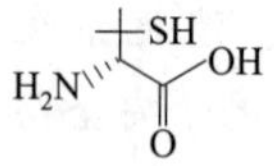	青霉胺	DPEN	$C_5H_{11}NO_2S$	149.211	10.35	7.91	2.19	—
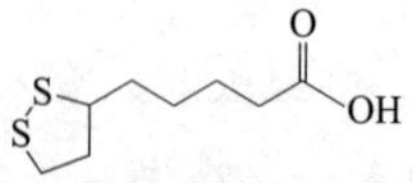	硫辛酸	LA	$C_8H_{14}O_2S_2$	206.318	6.37	—	—	—
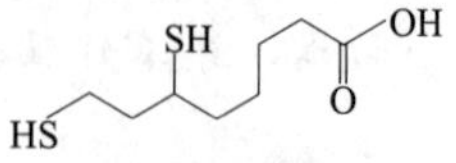	二氢硫辛酸	DHLA	$C_8H_{16}O_2S_2$	208.34	11.02	9.86	4.73	—

但是螯合剂作为解毒剂，存在一些问题：①大多数螯合剂都不具有特异选择性，可与多种金属相互作用，因此其他金属会严重干扰有毒金属的清除；②生物体内自身存在大量、多种金属配体，会大大削弱螯合剂的解毒效果；③螯合剂的水/脂肪溶解度问题也会对解毒效果造成影响；④螯合剂本身的毒性和是否对患者造成严重的不良反应，也是需要考虑的问题。因此，面对金属中毒的危害和风险，我们仍应当以避免和减少暴露为主。

当然，我们也不应当谈“金属”色变。金属和金属化合物具有悠久、丰富的药用历史。直到今天，仍有许多金属化合物被用于治疗人类疾病。例如，铂化合物在癌症化疗中具有良好效果；无机三氧化二砷仍是治疗早幼粒细胞白血病的一线药物；铝用于抗酸剂和缓冲镇痛药；铋用于消化性溃疡药物；锂用于治疗狂躁和双相情感障碍；金用于治疗关节炎等。

3.5.2 常见溶剂的毒性

溶剂是一类具有不同亲脂性和挥发性的有机化学品。这些具有亲脂性和挥发性的有机物分子尺寸小且不带电荷，导致它们的主要暴露途径为吸入，也容易穿透肺和胃肠道膜、皮肤被大量吸收。决定一种溶剂的固有毒性大小的因素主要有：碳原子数目，是否饱和或存在碳碳双键和三键，是否为卤代物、分子构型（即直链、支链或环状结构）以及官能团的存在。通常情况下，它们的毒性具有如下规律：

- 亲脂性越强的有机物，抑制中枢神经系统作用能力越强；
- 酰胺、胺类往往是强效增敏剂；
- 醛类具有强烈刺激性；
- 被大量代谢的碳氢化合物的细胞毒性、致突变性往往更强；
- 不饱和的短链卤代烃很多都是动物致癌物。

值得注意的是，即使是同一类溶剂，毒性差异也可能很大。例如，1,1,1-三氯乙烷和1,1,1-三氯乙烯都是含有三个氯的卤代烃，但不饱和的后者对大鼠和小鼠具有致癌性，前者则没有。与之相似，2,4-二氨基甲苯和2,6-二氨基甲苯虽然结构相似，但是只有前者能够显著诱导肝细胞增殖和肝肿瘤形成。溶剂的毒性不同也可能由其代谢物的细微结构差异造成。例如，正己烷和2-己酮具有诱导周围神经病变的毒性，因为它们的代谢物2,5-己二酮是一种γ-二酮，非γ型的二酮代谢物则没有神经毒性。此外，尽管不同溶剂的毒性不一，但是几乎所有溶剂都可能造成不良影响。当剂量（dose）或浓度（concentration）达到足够量，大部分溶剂都可能引起一定程度的麻醉，并引起呼吸道和黏膜刺激。已知很多溶剂对动物具有致癌性，但是只有少数溶剂被认定为人类致癌物，其余仍有待研究确定。

化学实验室常用溶剂毒性及注意事项[21]

① 苯，毒性高，可致癌。常温下易挥发，多以蒸气形式经呼吸道进入人体，高浓度苯对中枢神经系统有麻醉作用，引起急性中毒；长期接触苯对造血系统有损害。虽然经皮肤吸收的量极微，但绝对禁止使用苯洗手，苯可脱去皮肤上的脂肪，造成皮肤损坏。苯中毒引起的严重损害是不可逆的，在停止接触后，损害还可以进一步发展。在实验室中，最好能用低毒性溶剂如醇类、酮类等代替苯做溶剂。

② 甲苯，性质与苯类似。主要经呼吸道吸入，皮肤吸入较少，属于低毒类。主要对皮肤黏膜有刺激性，对神经系统具有麻醉作用。长期接触可引发神经衰弱综合征、肝肿大，皮肤干燥、皲裂、皮炎。使用甲苯时应注意通风排气，空气中浓度超标时，应佩戴过滤式防毒面具。

③ 甲醇，无色易挥发液体，易燃易爆且有剧毒。甲醇吸收至体内后，可迅速分布在机体各组织内，经人体代谢产生甲醛和甲酸，之后对人体产生伤害。甲醇中毒对视神经和视网膜有特殊的选择作用，严重者会失明乃至丧命。甲醇中毒，通常可用乙醇解毒法，乙醇与代谢酶更具亲和力，可抑制甲醇代谢，使之排出体外。使用时应加强排风和个人防护。

④ 四氯化碳，易挥发，高毒性，可经呼吸道吸收，皮肤吸收也很快。四氯化碳是典型的肝脏毒物，长期接触可引起肝癌。乙醇可促进四氯化碳的吸收，加重中毒症状。四氯化碳可增加心肌对肾上腺素的敏感性，引起严重的心律失常。直接皮肤接触可致损害。实验室使用时，要充分通风，做好个人防护。空气中浓度超标时，佩戴防毒面具。

⑤ 氯仿，即三氯甲烷。易挥发，纯品遇光照会与空气中的氧作用分解生成剧毒的光气（碳酰氯）和氯化氢，常加入1%～2%乙醇破坏生成的光气以消除毒性。可经吸入、食入和皮肤吸收进入人体，主要作用于中枢神经系统，具有麻醉作用，对心、肝、肾有损害。在实验室中，应加强通风和个人防护，避免皮肤接触。可以的话，建议用其他毒性较低的溶剂代替。

不同溶剂在体内的毒性大小还会受到生物转化（biotransformation）的显著影响。这种影响可以分为代谢失活（metabolic inactivation）和代谢活化（metabolic activation）两种情况。前者利用细胞酶将难溶于水的有机溶剂转化为水溶性相对更好的衍生物，因此可能更容易在以水为主的尿液和/或胆汁中清除，从而达到解毒作用。例如，甲苯被代谢成极性很大的羟基和羧基代谢物，因此不再在神经元膜中大量积累或留存。代谢活化则通过代谢将溶剂转化为具有细胞毒性和/或致突变的活性代谢物。例如，苯被氧化成各种环氧化合物、醌类和半醌类，由此产生造血毒性甚至会引发白血病。溶剂代谢是一个十分复杂的过程，可能涉及相互竞争的多种代谢途径，既有代谢失活（即解毒途径）也有代谢活化途径。存在多种因素可以影响这些途径，从而改变毒性结果。

有毒物质的联合及三致作用

讨论溶剂的毒性，还需要考虑混合溶剂的联合作用。毒理学上将两种或两种以上的外源化学物质对机体的作用称为联合作用[23,24]。由于化学物质之间复杂的交互作用能影响彼此的代谢动力学过程，最终可能影响各自的毒性效应。目前认为联合作用可分为无相互作用类型（独立作用和相加作用）和相互作用类型（协同作用和拮抗作用）。

① 相加作用（addition）：可分为浓度相加（concentration addition，CA）和剂量相加（dose addition，DA）。若各种化学物质对机体产生的总效应等于各个化学物质单独效应的总和，即是化学物质具有相加作用。具有相加作用的几种化学物质，各组分之间均可按比例取代另一种组分，但总体毒性结果无变化。

② 独立作用（independent action）：是指各化学物质所引发的生物效应不相互干扰，联合作用表现为化学物质的各自的毒性效应。各化学物质间不能按比例互相取代，独立作用产生的总效应低于相加作用，但不低于其中活性最强者。

③ 协同作用（synergistic effect）：也称增效作用。是指联合作用化学物质的总作用大于其中各个组分单独作用的总和，即其中某一成分能促使机体对其他成分的吸收加强、降解受阻等，从而使毒性增强。例如四氯化碳和乙醇，臭氧和硫酸气溶胶等。此外，亚硝酸盐和胺类单独无致癌性，但二者可以在胃内反应生成具有致癌性的亚硝酸胺类化合物。

④ 拮抗作用（antagistic effect）：是指毒物联合作用的毒性小于其中各毒物成分单独作用毒性的总和。就是说，其中某一毒物成分能促进机体对其他毒物成分的降解加速、排泄加快、吸收减少或产生低毒代谢物等，使混合毒性降低。例如二氯乙烷和乙醇，亚硝酸和氰化物，硒与汞，硒与镉等。

需要关注的是，通常不能确定在较高暴露水平下发生的相互作用是否能在低暴露水平下重现，化学混合物在不同暴露水平的毒性作用机制可能有所不同，因此从高暴露水平到低暴露水平的联合作用模式外推可能没有意义。

三致作用是指毒物的致突变、致癌和致畸作用。致突变是指机体的遗传物质在一定条件下发生突然的根本性变异。致癌是指一些化学物质能引起病变、产生肿瘤。致畸是指毒物对胚胎产生多种不良影响，导致先天性畸形。

3.6 全球各高校化学实验室风险评估表格案例

本节以全球不同高校化学实验室风险评估表格为例（表 3.21～表 3.26），再次强调风险评估的普遍性、必要性和重要性，更重要的是，这些实际案例将有助于我们了解实验室风险评估的方法、具体内容和步骤，为设计满足不同化学实验室风险评估的个性化表格提供重要参考。

表 3.21 美国耶鲁大学化学危害风险评估表

化学危害风险评估表

完成该表格将帮助你识别你的研究中伴随的风险。

实验或步骤名称：

起始和其他检查日期：

实验或步骤简述：(如适用，包括反应条件，如温度、压力)

步骤中已知风险：[简述危害，概率(高/中、低)，发生后果]

使用物质：(列出所有物质，包括溶剂、目标产物及副产物)

使用物质	使用量	物理形态(粉末、蒸气、易挥发液体、气体等)	危害(易燃性、腐蚀性、刺激性、皮肤易吸收等)	暴露途径(如皮肤、眼睛等)

风险影响：

是否使用或生成可能引起火灾或爆炸的物质(例如可燃气体/液体)？如果是，如何确保不发生爆炸？	是/否
在发生泄漏或者倾洒时，是否可能达到爆炸下限？ 如果是，需做更详细的风险评估，请联系有关部门。	是/否
是否有可能释放大量气体或发生热失控？如果实验将在无人值守的情况下持续进行，请描述所采用的故障安全机制/冗余系统。	是/否
是否使用任何致癌物、急性毒性物质或其他需获得有关部门批准使用的化学品？	是/否
是否可以用危害较小的物质来代替这些物质？	是/否
如果仪器发生灾难性故障可能会有哪些后果？	是/否
万一发生事故，是否会影响他人？	是/否

采取的控制措施：

操作空间	个人防护设备
□化学通风橱	□实验服(类型)：
□手套箱	□化学围裙
□其他局部通风	□手套(类型)：
□防爆罩/防护罩	□眼部防护(类型)：
□其他(注明)	□呼吸防护设备*(类型)：
	□其他(注明)
	*需戴面罩，操作前请与相关部门联系。

是否需要其他控制措施？(考虑附近的火源、爆炸性气体/混合物或残留物的形成以及密闭空间中的窒息。)

使用设备：

主要使用的实验室设备	潜在危害(例如触电、极端温度、压力、化学品接触等)

设备控制要求：

使用中及使用完毕的处置措施：

应急预案(强调具体危害)：

- 设备关闭程序：
- 发生火灾的应对措施(灭火器类型)：
- 如果发生倾洒或不可控泄漏，应采取的措施：
- 人员受到污染、接触蒸气或其他不利影响时的紧急处理：

风险评估人：

签名：　　　　　　　　　　　　　　　　日期：

表 3.22　英国牛津大学化学危害风险评估表

化学科研实验室风险评估表

在进行评估以前，请先阅读“评估须知”

实验步骤	

操作人			
评估人			
评估日期		房间号	

实验步骤/活动描述及地点：

潜在危害：

物质/仪器名称/程序或物理位置	已知或预期危害

现有控制措施：

个人防护设备：

可能有危险的人员：

在发生事故或紧急情况时应采取的行动：

检查控制措施是否有效地安排：

剩余风险水平：

培训要求：

续表

风险评估的审核：

审核日期		审核人	
下次审核日期		签字	

控制措施是否有效控制风险？

□是	□否

实验操作或现有信息是否有任何变化影响所列物质的预估风险水平？

□是	□否

管制措施需要做出哪些改变？

风险评估表格名单(已收到并阅读该风险评估表人)：

姓名	日期	签名	培训者姓名及签名	培训时间

表 3.23　新加坡国立大学化学系实验风险评估表格

化学系实验风险评估表

此表格必须由所有本科生、研究生、博士后或访问学者与负责人在尝试开展任何工作之前共同填写完成。填写完成的表格打印件应与“项目风险评估”一并保存在档案内。

负责人姓名	研究人员姓名	项目批准号
活动评估：		
与该活动相关的已知或预期危害： 反应物、溶剂与已知反应产物的危害。描述所有物质和使用/生成的大致数量。		
禁配物(特殊注意事项)：		
由这些危害引起的伤害的风险及其严重程度：		
哪些人员有风险？		
为降低风险水平而采取的措施：		
培训要求：		
剩余风险水平：		
应急预案，如果发生： 倾洒： 火灾：		
该实验是否适合在非工作时间操作？	□是 □否	
如果适用，列出参考资料：		
研究者签名： 负责人签名：	日期： 日期：	 项目完成日期：

表 3.24　英国格拉斯哥大学实验风险评估表格

管理单位		地点(楼栋/房间号)		
评估日期		审核日期		版本
评估人		工作标题		
任务描述				

续表

风险识别		风险评估				风险管理			
危害	潜在后果	未实施风险控制措施			风险控制措施	实施风险控制措施			其他控制措施/备注
		概率	影响	风险级别		概率	影响	风险级别	

风险级别计算器(分别评估"概率"和"影响"并相乘得到"风险级别")

危害事件发生的概率		危害事件最有可能的影响	
1	极不可能	1	无关紧要的(没有伤害或者只有极小伤害)
2	不太可能	2	小(急救处理即可的微小伤害)
3	或许	3	中(造成更严重的伤害或者最多三天缺勤)
4	有可能	4	大(造成严重伤害或者三天以上缺勤)
5	极有可能	5	灾难性的(永久性伤害甚至死亡)

采取行动级别表

风险级别	风险等级	采取行动	
20～25	极高风险	终止!	终止实验并立即采取行动减小风险,需要提出具体方案并在开始或继续实验前实施该方案。方案应该交由上级监督检查
15～16	高风险	紧急行动!	立即采取行动,如有必要,立即停止实验,严格执行现有控制措施。对控制措施的安全有效性要定期监督检查
8～12	中风险	行动	计划并采取进一步控制措施以减小风险或无法再减小风险时,中风险实验可以进行。如有可能,应不断改善
3～6	低风险	监控	如有可能,尽量减小风险,或监控实验以确保低风险
1～2	极低风险	无需行动	一般无需其他行动,但是需要确保并定期检查已有控制措施

表 3.25 英国帝国理工学院化学风险评估表格

化学风险评估

实验室/房间号： 楼栋： 负责人：

危险源或危险实验是什么?	
哪些人员可能受到影响?	□学生与实验室人员 □清洁工 □维修人员 □工程师 □其他(请注明)
伤害如何发生?	
最有可能的后果是什么?	
实施哪些控制措施?	
可能发生什么?(所有适用项打钩)	需要哪些紧急预案措施?
□衣服污染	□脱掉并在再次使用前清洗 □其他(请注明)
□通风橱中发生倾洒	描述采取措施
a. 不严重＜500 mL	
b. 严重＞500 mL	
□通风橱外发生倾洒	描述采取措施
a. 不严重＜500 mL	
b. 严重(将造成直接伤害)＞ 500 mL	
□皮肤/眼睛接触	□使用大量水清洗 20 分钟 □其他(请注明)
□割伤/外伤	□使用温水清洗促使血液流出,再使用大量水清洗 20 分钟 □与 MSDS 一起上报相关部门

□吸入	□转移到新鲜空气 □其他
□火灾	□灭火器类型(请注明) □沙子　□其他(请注明)
□通风橱故障	□关闭/移除热源　□拉下通风橱玻璃窗 □其他(请注明)
□其他工程控制措施故障	
□其他(请注明)	

我已阅读并理解该风险评估，接受了相关培训，并将遵守上述健康和安全操作规定。

姓名	日期	签名

表 3.26　澳大利亚墨尔本大学化学风险评估表格

<table>
<tr><td colspan="5">化学风险评估</td></tr>
<tr><td>编号：</td><td>日期：</td><td>版本号：</td><td>审核日期：</td><td>授权人：</td></tr>
</table>

第一步：输入实验操作/任务信息，地点以及风险评估人

<table>
<tr><td>楼栋：</td><td>房间号：</td><td>日期：</td><td>评估人：</td><td>负责人：</td></tr>
<tr><td colspan="2">化学品(生产商及产品名称)：</td><td>化学品是否为有害物质：
□是　□否</td><td colspan="2">如果是，描述危害：</td></tr>
<tr><td>是否为危化品
□是 □否</td><td>如果是，列出危险等级：</td><td>化学品是否为管控有毒物质：
□是　□否</td><td colspan="2">如果是，描述毒性级别：</td></tr>
<tr><td colspan="5">描述实验/操作/使用：</td></tr>
<tr><td>是否需要执照或者审批？
□是 □否</td><td>如果是，请注明：</td><td>健康监控要求
(若无要求注明“无”)：</td><td colspan="2">是否有 SDS 资料：
□是 □否</td></tr>
<tr><td colspan="5">化学品暴露途径：□吸入　□皮肤接触 □眼睛　□消化道 □刺伤 □其他(请注明)：</td></tr>
<tr><td colspan="5">实验环境(描述布局和物理环境，包括出入口)：</td></tr>
<tr><td colspan="2">储存要求：</td><td colspan="3">废弃物及其处置要求：</td></tr>
<tr><td colspan="3">列出实验操作/任务的相关工作：
• 培训 • 检查 • 标准操作规程 • 现有控制措施 • 紧急情况</td><td colspan="2"></td></tr>
<tr><td colspan="3">是否具备有助于评估的化学品使用经验：
• 现有控制措施 • 标准操作规程 • 标准 • 工业标准 • 事故及幸免事故
• 法规与标识 • 培训 • 事故调查 • 指导材料</td><td colspan="2"></td></tr>
<tr><td colspan="3">急救和紧急情况要求：
• 额外急救装备内容 • 特殊急救要求(如氧气) • 紧急洗眼 • 紧急淋浴
• 倾洒处理装置 • 中和剂 • 限制进入</td><td colspan="2"></td></tr>
</table>

第二步：风险评级——风险矩阵和定义

<table>
<tr><td rowspan="2">概率</td><td colspan="5">影响</td></tr>
<tr><td>无关紧要的</td><td>小</td><td>中</td><td>大</td><td>严重</td></tr>
<tr><td>几乎确定</td><td>中风险</td><td>高风险</td><td>高风险</td><td>极高风险</td><td>极高风险</td></tr>
<tr><td>可能</td><td>中风险</td><td>中风险</td><td>高风险</td><td>极高风险</td><td>极高风险</td></tr>
<tr><td>或许</td><td>低风险</td><td>中风险</td><td>中风险</td><td>高风险</td><td>极高风险</td></tr>
<tr><td>不太可能</td><td>低风险</td><td>低风险</td><td>中风险</td><td>高风险</td><td>高风险</td></tr>
<tr><td>极不可能</td><td>低风险</td><td>低风险</td><td>低风险</td><td>中风险</td><td>高风险</td></tr>
</table>

续表

概率	影响
几乎确定:进行实验时绝大多数情况下会发生(发生概率大于90%)	无关紧要的:急救处理,小伤害,无需请假
可能:进行实验时有可能发生(发生概率在51%~90%之间)	小:单次治疗,小伤害,无需请假
或许:进行实验时也许会发生(发生概率在21%~50%之间)	中:多次治疗,非永久性伤害,少于10天病假
不太可能:进行实验时有时会发生(发生概率在1%~20%之间)	大:需要治疗的重伤(如手术),严重或永久性伤害/疾病,大于10天病假
极不可能:进行实验时只有在极特殊情况下才可能发生(发生概率低于1%)	严重:需要生命辅助设备的严重受伤/疾病,急性或者潜在致命,大于250天病假

风险评级行动优先性

风险级别	风险接受	行动	推荐行动时间范围
极高	不可接受	终止或隔绝风险源 实施进一步风险控制 监控、审核和登记控制	立即 不超过1个月 持续不断
高	一般(大部分情况下)不可接受	实施进一步风险控制 监控、审核和登记控制	1~3个月 持续不断
中	一般(大部分情况下)不可接受	实施进一步风险控制 监控、审核和登记控制	3~6个月 持续不断
低	可以接受	监控和审核	持续不断

第三步:化学实验审查阶段

化学风险评估的每个阶段:	控制优先级(控制类型)
对案例的每一类别的每种暴露途径进行审查; 使用风险矩阵确认和记录固有风险评分; 在备注栏描述暴露途径和其他信息(如适用); 指明每一项已有和提出的风险控制的类别; 详细说明已有和有待实施的各项风险控制; 有待实施风险控制方案需要完成相关表格; 使用风险矩阵确定剩余风险评分。	El:消除 S:替代 En:工程 Is:隔离 G:保护装置 Sh:屏蔽 A:管理 T:培训 In:检查 M:监控 H:健康监控 P:个人防护装备

类别	固有风险评分	备注(暴露位置/时间)	控制类型	控制描述(已有和有待实施的)	剩余风险评分
储存 □吸入 □皮肤接触 □眼睛 □消化道 □刺伤 □其他					
使用 □吸入 □皮肤接触□眼睛 □消化道 □刺伤 □其他					
倾倒/混合 □吸入 □皮肤接触□眼睛 □消化道 □刺伤 □其他					
使用/应用 □吸入 □皮肤接触 □眼睛 □消化道 □刺伤 □其他					
倾洒/泄漏 □吸入 □皮肤接触 □眼睛 □消化道 □刺伤 □其他					
处置 □吸入 □皮肤接触 □眼睛 □消化道 □刺伤 □其他					

<table>
<tr><td colspan="4">第四步:实施和咨询阶段</td></tr>
<tr><td colspan="4">确定负责审核风险评估和实施风险评估的具体人员,以及各种风险控制。
确保待实施风险控制方案相关表格完成,审核以及签字。
取得管理部门的授权。
确保已咨询相关部门(如适用)。确保已咨询所有实验操作人员。
在以下表格中填写记录已咨询人员名单。</td></tr>
<tr><td>管理部门代表</td><td></td><td>操作人员代表</td><td></td></tr>
<tr><td>操作人员</td><td></td><td>操作人员</td><td></td></tr>
<tr><td>操作人员</td><td></td><td>操作人员</td><td></td></tr>
<tr><td colspan="2">实施或风险升级负责人</td><td colspan="2"></td></tr>
<tr><td colspan="4">附加空白处(在此处填写其他备注或描述)</td></tr>
<tr><td colspan="4"></td></tr>
</table>

3.7 常见的化学实验室安全专业词汇

在评估风险时，应当从不同渠道搜集和查阅最新、齐全、中英文内容的安全数据与信息。正如前面所提到，采取“鸵鸟态度”非但不能将危害和风险减少半分，反而可能造成更加严重的安全事故。因此，掌握一些化学实验室安全相关的专业词汇，对于全面、客观、科学评估实验室风险十分必要。

常见的化学实验室安全专业词汇

flammable 易燃的
flammability 易燃性
combustible 可燃的
inflammable 易燃的
* 注意:不是“不燃的”
pyrophoric 自燃的
nonflammable/noninflammable 不燃的
carcinogens 致癌物质
mutagens 致突变
teratogens 致畸剂
lachrymators 催泪剂
synergists 增效剂
synergism 增效作用(协同作用)
sensitizer 致敏剂
personal protection 个人保护
ventilation 通风、换气
goggle 护目镜
fume hoods 通风柜(橱)
fume cupboards 通风柜(橱)
blast shield 防爆板
nitrile gloves 丁腈手套

route of exposure 暴露途径
inhalation 吸入
oral 口腔
dermal 皮肤
swallow 吞咽
reproductive toxicity 生殖毒性
target organ toxicity 靶向器官毒性
aspiration toxicity 吸入毒性
acute toxicity 急性毒性
compressed gases 压缩气体
hygiene 卫生
ethical responsibility 道德责任
waste disposal 废弃物处置
risk assessment 风险评估
flashpoint 闪点
spill cleanup 倾洒清理
exothermic reaction 放热反应
elimination/substitution 消除/取代
noxious odor 恶臭
label 标签

参考文献

[1] Nor A AW，Nur A A，Norain I，et al. A systematic review on hazard identification，risk assessment and risk control in academic laboratory [J] . Journal of Advanced Research in Applied Sciences and Engineering Technology，2021，24（1）：47-62.

[2] Karimi Z S，Barakat S，Yazdi M. Chemical risk assessment in a chemical laboratory based on three different techniques [J] . J. Occup. Heal. Epidemiol. 2016，5（3）：168-175.

[3] Ais A A，Dani N H，Putri A A，et al. Hazard identification，risk assessment，and determining controls in laboratories [J] . Indian J. Public Heal. Res. Dev. 2019，10（7）：877-883.

[4] Rika F，Putri A A，Dani N H，et al. Hazard identification，risk assessment，and determining control（HIRADC）method in a university laboratory in Surabaya，Indonesia [J] . Indian J. Forensic Med. Toxicol. 2020，14（1）：380-385.

[5] David L. Identifying hazards in the chemical research laboratory [J] . Process Saf. Prog. 2012，31（4）：393-397.

[6] David L. Lab-HIRA：Hazard identification and risk analysis for the chemical research laboratory：Part 1. Preliminary hazard evaluation [J] . J. Chem. Heal. Saf. 2012，19（5）：9-24.

[7] David L. Lab-HIRA：Hazard identification and risk analysis for the chemical Part 2. Risk analysis of laboratory operations [J] . J. Chem. Heal. Saf. 2012，19（5）：25-36.

[8] Elnaz T，Farzaneh M，Maryam F，et al. Risk assessment in academic laboratories in the west of Iran：compare the CHRA and the RSLs methods [J] . Int. J. Environ. Health Res. 2020，30（2）：198-211.

[9] Buchari，Nazaruddin M，Nurhayati S. Work environment engineering using HIRARC and 5S method [J] . AIP Conf. Proc. 1977（1）：020008（2018）.

[10] Jean-Luc M，Kirstin F，Thierry M. Safety management and risk assessment in chemical laboratories [J] . Chimia. 2011，65（9）：734-737.

[11] Mary B M，Chris B，Samuella S，et al. Using bowtie methodology to support laboratory hazard identification，risk management，and incident analysis [J] . J. Chem. Heal. Saf. 2017，24（3）：14-20.

[12] Yasal O，Muhammet G，Erkan C. Assessment of occupational hazards and associated risks in fuzzy environment：A case study of a university chemical laboratory [J] . Hum. Ecol. Risk Assess：An International Journal. 2017，23（4）：895-924.

[13] Zhang X，Hu X F，Bai Y P，et al. Risk assessment of gas leakage from school laboratories based on the Bayesian network [J] . Int. J. Environ. Res. Public Health. 2020，17（2）：426.

[14] 孙万付，郭秀云，李运才 . 危险化学品安全技术全书 [M] . 3 版 . 北京：化学工业出版社，2007.

[15] 李昕哲 . 可燃液体的闪点 [J] . 安全、健康和环境，2006（01）：51.

[16] Craig A M，Carl J F，Imke S. Lessons learned-lithium aluminum hydride fires [J] . ACS Chem. Health Saf. 2022，29（4）：362-365.

[17] Alexander G K. When safety data sheets are a safety hazard [J] . Org. Process Res. Dev. 2022，26（2）：263-266.

[18] Ira O S，Tim S C，Antoine S，et al. An approach to enhance the safety culture of an academic chemistry research laboratory by addressing behavioral factors [J] . J. Chem. Educ. 2016，93（2）：217-222.

[19] Urben P G. Bretherick's Handbook of Reactive Chemical Hazards [M] . 8th ed. Elsevier，2017.

[20] Curtis D K. Casarett & Doll's Toxicology：The Basics Science of Poisons [M] . 9th ed. McGraw-Hill Education，2019.

[21] 邵超峰，尚建程，张艳娇，等 . 典型化学品突发环境事件应急处理技术手册 [M] . 北京：化学工业出版社，2019.

[22] 姚青，杨国宝，王皓，等 . 巯基螯合剂治疗重金属中毒研究进展 [J] . 中国药理学与毒理学杂志，2022，36（4）：314-320.

[23] 鲍涵冰，刘兆平，魏晟，等 . 国内外化学混合物联合作用的累积暴露风险评估模型与方法研究现况 [J] . 中国食品卫生杂志，2022，34（1）：175-183.

[24] 孔令云，田大勇，石恬恬，等 . 混合化合物联合毒性研究进展 [J] . 中国科技论文，2014，9（6）：663-668.

习题

1. 闪点是指（　　）。

A. 可燃物发生持续燃烧的最低温度

B. 化学品在空气中发生自燃的最低温度

C. 化学品在空气中燃烧的浓度

D. 化学品在表面挥发出的可燃气体与空气混合后遇火发生闪燃的温度

2. MSDS 是____________的缩写，中文名称为__________。

3. 查询 MSDS 时，气体的蒸气密度小于（　　），在空气中会上浮。

A. 0.9　　B. 1.0　　C. 1.1　　D. 1.2

4. Inflammable 的意思是（　　）。

A. 易燃的　　B. 不易燃的　　C. 可燃的　　D. 不可燃的

5. 乙醇和四氯甲烷对肝脏的毒性大于单独对肝脏的毒性，这一效应被称为（　　）。

A. 叠加效应　　B. 加和效应　　C. 敏化作用　　D. 增效作用

6. 美国化学会的下设组织化学文摘社为每一种出现在文献中的物质分配一个编号，这个登记号称作（　　）。

A. CDS 号　　B. CCS 号　　C. CBS 号　　D. CAS 号

7. 为什么要评估风险？（　　）。

A. 安全且有效地工作　　B. 一种形式主义的规定

C. 保护自己、其他人以及实验室　　D. 履行自己个人、职业、法律责任

第 4 章

RAMP 原则Ⅲ风险最小化

RAMP 原则提出，在进行危害识别和风险评估之后，应当进行安全管理以实现风险最小化。根据风险的分级控制措施（参看第 1 章图 1.8），应当以完全消除或尽量避免实验危险源作为首选方案，其次是采用其他方案如使用低毒化学品作为替代降低风险，接着是采取工程控制措施，如实验室整体通风和污染源局部通风，最后才是管理控制措施和个人防护装备。消除或避免危险源、化学品替代这两种方案主要在选定实验方案阶段发挥作用，管理控制主要由管理部门制定。一旦实验方案确定，实验人员主要通过采取工程控制、选择和穿戴合适的个人防护装备来降低和控制安全风险。本章将依次分别介绍包括护目镜、实验服、手套、防护口罩和防毒面罩在内的个人防护装备，以及实验室中最常见的工程控制措施和最重要的污染控制设备，即通风橱和手套箱，并对这些安全防护方法进行总结。在本章最后一节，还将介绍化学实验室易制毒、易制爆化学品的管理控制，强调实验人员理解并遵守管理制度，是化学实验室安全管理的重要环节。

4.1 护目镜

眼睛受伤甚至失明是不可逆转的，因此识别实验室和实验中可能对眼睛造成伤害的危险源、选择并强制要求使用适当的眼部防护装置非常重要（图 4.1）。

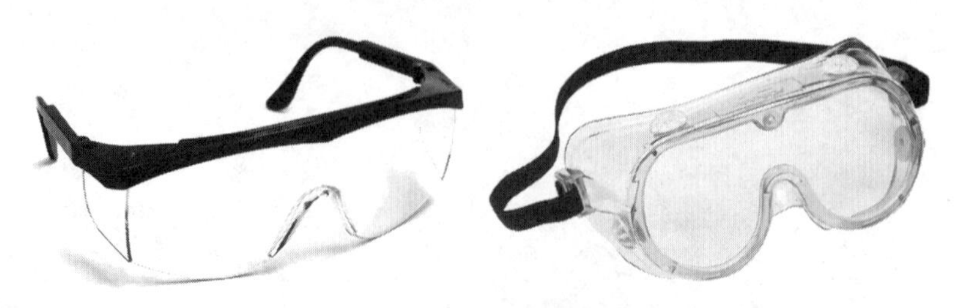

图 4.1　常见的防护眼镜和防护眼罩

事故案例

卡尔·巴里·夏普利斯（Karl Barry Sharpless）教授，美国著名有机化学家，2001和2022年两次诺贝尔化学奖得主，麻省理工学院（MIT）长期教职员工，现为美国斯克利普斯研究所 W. M. Keck 讲座教授。2019年11月22日，当选为中国科学院外籍院士。以下文章是 Sharpless 教授自己撰写的实验室安全事故亲身经历[1]。

“你们中许多人可能都知道，我的一只眼睛在1970年的一次实验室事故中失明，当时我刚到麻省理工学院担任助理教授不久。我在做实验时总是戴着护目镜。虽然我觉得自己认真遵守了安全措施，但我的经验证明，在佩戴护目镜这件事上，再谨慎都不为过。

事故发生当天凌晨，我正准备从实验室回家，我先去看了看同事在做什么，然后回到自己实验台上，取下护目镜，放进了衣服里。当我走到门口时，经过了一位一年级研究生的实验台，他正在用火焰封装一根核磁管。我问他进展如何，他回答说：‘不错，已经封好了。’

他一边接通氮气流在大气压下封装核磁管，一边将核磁管放在液氮浴中冷却，这种封装技术我们以前都没有做过，而且，当时也没有查询过这一操作，这一点令我十分后悔。因为后来，我们才发现这一操作是错误的。

我在他的实验台旁停了下来，从液氮浴中取出核磁管，拿着它对着灯光观察。核磁管立马结满了霜。当我擦拭它想要更清楚地看到里面时，注意到溶剂量实在太大了。突然，溶剂液面陡降了几英寸。虽然我立刻意识到密封核磁管中冷凝的氧气正在我的手温下迅速气化膨胀，在我能采取任何措施前，核磁管发生了爆炸。玻璃碎片粉碎了我的眼角膜，穿透了视网膜，导致一只眼球被部分刺破。除此之外，其他都只是非常浅的面部割伤。

我在麻省眼耳医院（Mass Eye & Ear）的前两周完全不能行动，两只眼睛都被包扎起来。疼痛非常剧烈，但我内心的恐惧更加严重：我被告知有可能会因为‘交叉感染性炎症’在摘除纱布后双目失明，尽管可能性不大。由于眼睛被包裹在眼眶中而与身体的其他部分隔离，进入血液的眼睛蛋白质会引发免疫反应，导致未受伤的眼睛因自身免疫反应也发生‘死亡’，从而失明。幸运的是，未受伤的这只眼睛保持了完整视力，这一喜悦盖过了受伤的眼睛失去功能性视力带来的失望。

从我的经验中吸取的教训很简单：在实验室中，任何时候都没有理由不佩戴护目镜。”

在化学实验室中，需要保护眼睛和/或面部，避免受到的危险源包括：飞沫、熔融金属、液体（包括酸或腐蚀性物质）、生物或放射性物质、化学气体或蒸气，以及潜在的有害光辐射，例如激光或焊接产生的强烈可见光。

根据危险源的类型，我们应当在评估风险后正确选择合适的护目镜（表4.1）。注意：不是所有护目镜都一样！如图4.2所示，不同护目镜的防护等级和效果往往大相径庭（这一点也同样适用于其他个人防护装备）。

表4.1　美国麻省理工学院针对不同危险源建议佩戴的护目镜类型

危害类型	建议佩戴护目镜类型
液体化学品溅洒	当使用少量非强腐蚀性化学品时，可以使用安全防护眼镜；当使用大量或强腐蚀性化学品时，使用间接通气防护眼罩
化学品（干）	防护眼镜
碎屑、颗粒、灰尘、玻璃碎片	带有侧护罩的防护眼镜

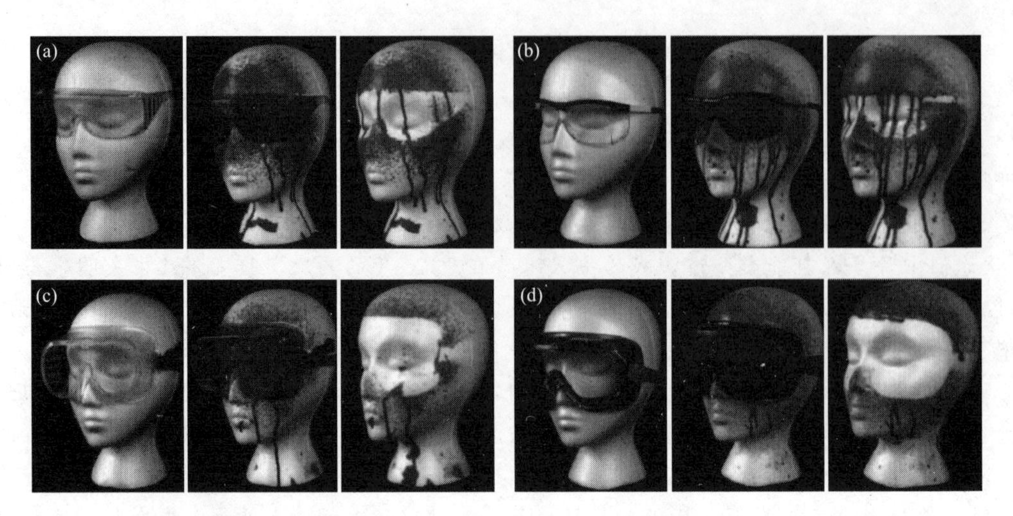

图 4.2　四种不同护目镜对模拟溅洒的保护效果比较：(a) 带通气侧护罩的防护眼镜（仅防冲击），(b) 带不通气侧护罩的防护眼镜（仅防冲击），(c) 防冲击防护眼罩（仅防冲击）和 (d) 防化学溅洒眼罩（防冲击和防化学溅洒）

护目镜的类型可以大致分为：

① 防护眼镜（safety glasses）：分为带有侧护罩（side shields）和不带侧护罩两种。防护眼镜具有防冲击的作用，但对化学品溅洒无法提供有效防护。

② 防护眼罩（safety goggles）：完全包裹眼睛，覆盖眼部周围，并且它的绑带可将防护眼罩牢牢固定在脸上。根据防护功能的不同，可以分为防冲击眼罩（impact goggles）和防化学溅洒眼罩（chemical splash goggles）。后者对冲击和溅洒都可以提供很好的防护，是最安全的一类护目镜。根据眼罩不同的通气情况，分为直接通气眼罩（directed vented goggles）、间接通气眼罩（indirect vented goggles）和不通气眼罩（non-vented goggles）。直接通气眼罩主要用于防护一些会造成冲击的抛射物，而不适合防护溅洒或者蒸气。间接通气眼罩可以阻止液体进入，对溅洒和抛射物都有较好的防护。不通气眼罩可以很好地阻断粉尘、烟雾和蒸气，但容易起雾，可能影响视野。此外，不通气眼罩对气体也有一定的防护作用，但并不等同于防毒气眼罩（gas-proof goggles）。

化学实验室可以佩戴隐形眼镜吗?

针对这一问题，澳大利亚昆士兰大学安全网页中给出了以下回答：

隐形眼镜不是眼睛防护装置，佩戴隐形眼镜不能降低对眼睛和面部保护的防护要求。虽然在过去的几年里，一些专业团体和组织发布了指导方针，取消了在工业环境中佩戴隐形眼镜的限制。但是，当工作环境需要暴露于高温、熔融金属、高浓度颗粒物气氛、腐蚀性物质或以下任何物质：丙烯腈、二氯甲烷、1,2-二溴-3-氯丙烷、环氧乙烷和4,4′-二苯氨基甲烷时，均应避免使用隐形眼镜。

如果接触化学品的人员佩戴隐形眼镜，则必须采取以下安全措施：

● 在使用任何化学品或生物材料之前进行风险评估，以确定需要哪种类型的眼睛保护，以及是否应避免佩戴隐形眼镜。

● 无论是否佩戴隐形眼镜，应当为所有暴露于眼睛受伤危害的工作人员提供适当的眼部和面部保护。

● 明确告知工作人员和访客佩戴隐形眼镜受限进入区域。

● 负责人应了解在化学环境中工作的所有隐形眼镜佩戴者，以确保完成适当的风险评估并提供适当的眼睛保护和急救装备。

● 培训医疗和急救人员摘除隐形眼镜的操作，并提供适当的设备。

● 如果眼部接触到化学品，请立即开始眼部冲洗，并尽快摘下隐形眼镜。等待摘除隐形眼镜时不要延迟冲洗。

● 指导和告知佩戴隐形眼镜的工作人员，在眼睛出现红肿或刺激时，应第一时间摘下隐形眼镜。

4.2 实验服

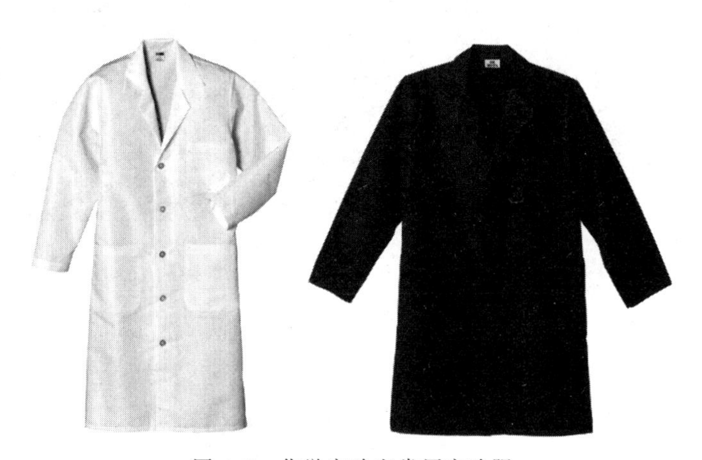

图 4.3 化学实验室常用实验服

实验服在我们的身体和危险之间提供了一个物理保护层，是化学实验室中必不可少的个人防护装备之一（图 4.3）。前面提到，“不是所有护目镜都一样”，同理，不是所有实验服都一样！化学实验室中常见的实验服主要有：

① 阻燃纤维实验服（杜邦 Nomex 面料）：阻燃性好，适用于使用易燃易爆品的研究实验室；防明火、电弧闪光，具有一定的防飞溅能力和耐化学性。合成纤维制成的阻燃实验服结实耐用，纤维在受热时会变大，以增加火焰与皮肤之间的距离，减弱热传导，有效保护人体免受易燃和自燃材料的伤害。缺点是舒适性和耐光色牢度差，且价格昂贵。

② 阻燃棉实验服：阻燃性较好，适用于使用易燃物质、具有火灾风险的研究实验室，但不适用于处理自燃材料。这种阻燃织物可以阻止引燃，防止高温区域的火焰蔓延，在移除火源时迅速自熄。实验服清洗不会破坏其阻燃性能，但其防飞溅能力和耐化学性较差，价格比传统纯棉实验服高。

③ 传统纯棉实验服：没有阻燃性能。适用于医院诊所以及仅使用少量易燃液体或明火的研究实验室。防飞溅能力和耐化学性较差，在处理腐蚀性材料时应额外穿戴防化学溅洒围裙或其他防护装备。

④ 传统涤棉混纺实验服：易燃，不适用于处理易燃、自燃材料或靠近明火的环境，适

用于临床研究和处理生物材料的实验室。抗酸性优于传统纯棉实验服。常见涤纶（聚酯）：棉的比例有80％：20％、65％：35％和40％：60％三种，后两种比例成分的实验服可以在一般化学实验室中使用。

⑤ 100％涤纶实验服：易燃，不适用于处理易燃、自燃材料或靠近明火的环境。仅适用于临床研究和处理生物材料的实验室。

⑥ 聚丙烯（PP）实验服：易燃，价格低廉，轻便、透气、舒适，对环境中的轻度喷溅和干性颗粒有较好的防护作用，适用于食品、保健等多种行业无毒害的工作环境一次性使用（图4.4）。

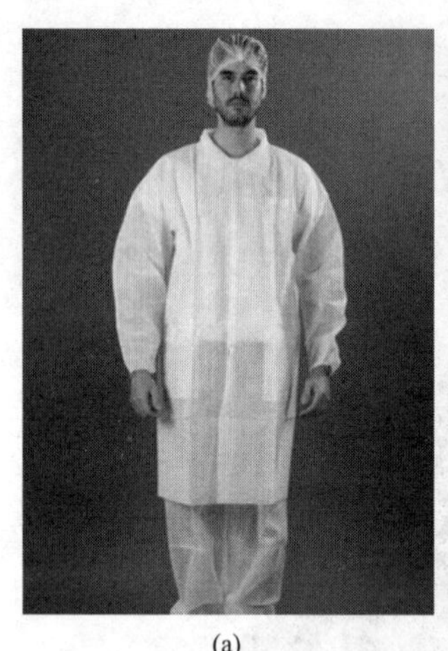
(a)

(b)

图4.4 聚丙烯实验服（a）和“仪特斯”品牌阻燃防静电服（b）

值得一提的是，我国自主研发的“仪特斯”品牌阻燃防静电服已经实现了批量生产，并陆续投用到部分接触易燃易爆介质的岗位中（图4.4）。它使用的是中国石化仪征化纤有限责任公司自主研发的阻燃防静电面料——对位芳纶（聚对苯二甲酰对苯二胺，poly-*p*-phenylene terephthamide，PPTA），打破了国外阻燃防静电服面料的长期技术垄断。对位芳纶纤维具有本质阻燃特性，能承受500℃左右的高温。用它所做成的面料具有阻燃、隔热等优质特性，在遇到明火时纤维的本身阻燃特性发挥作用，离开火源后马上自行熄灭，燃烧部分迅速炭化而不产生熔融、滴落或者穿洞，能实现“烧不着”的效果。同时，通过炭化迅速形成炭屏障保护，阻隔热能对人体的进一步伤害。该面料穿着更舒适，与普通衣物体感没有明显差别。与进口的阻燃面料相比，性价比更高。

思考

请同学们在电商平台查找了解“白大褂”的材质，对比不同材质实验服的价格，思考并回答该材质“白大褂”以及短袖实验服是否适用于化学实验室。

实验室中白色实验服最为常见，主要原因是白色实验服易显脏，可以引起使用者的注意。有时，为了区分普通的传统涤棉实验服和阻燃实验服，后者会使用蓝色。

尽管纯棉或者涤棉混纺的实验服对溅洒、溢出或者污染可以提供一定程度的防护，但是它们最大的问题是阻燃性较差。因此，当使用易燃、自燃或者其他反应性材料时，应该选择阻燃实验服（代表阻燃的“FR”是 fire-resistant 的缩写）。

总之，我们需要认真评估风险，综合考虑实验服的阻燃性能、防溅洒/耐化学性、舒适度等因素，选择符合安全要求的实验服。

除此之外，在实验室，不仅需要注意实验服自身的材质，还需要考虑实验服里面身着衣物的潜在可燃性。当使用易燃的、自燃的或者高反应性的化学品时，建议选择棉质衣物，原因是很多合成材料具有易燃性，一旦被引燃，会十分剧烈地燃烧，将增加严重烧伤的可能性。

事故案例

2008 年 12 月 29 日，加州大学洛杉矶分校（University of California，Los Angeles，UCLA）一学生在取用丁基锂过程中，丁基锂发生自燃，由于未按规定穿实验服，她的衣服和身体着火，造成严重烧伤。在医院治疗 18 天后，最终还是因伤情过重而死亡。

事件发生后，UC 校董会设立了 50 万美元的以其名字命名的奖学金，以此表明愿意对造成该学生死亡的实验室环境问题承担责任，并加强实验室安全培训的责任意识。加州职业安全健康管理局则以违反工作场所安全规范为由，对学校处以了 31875 美元的罚款。

4.3 手套

实验室个人防护的另一种重要装备是手套（图 4.5）。化学实验室中常会接触各类危险化学品，并进行一些危险化学操作，其中，实验室人员的双手是接触危险源最多、较易受到伤害的部位。正确选择和佩戴防护手套能够防止实验人员手部受到危化品伤害，保障手部安全。

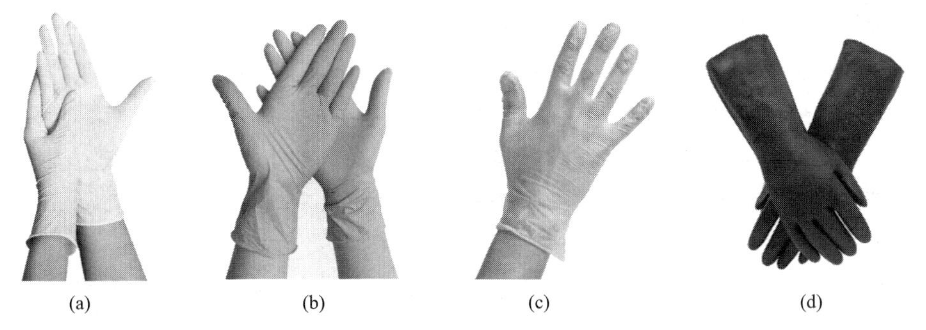

(a) (b) (c) (d)

图 4.5 乳胶手套（a）、丁腈手套（b）、聚氯乙烯手套（c）和氯丁橡胶手套（d）

事故案例

凯伦·维特哈恩（Karen Wetterhahn），美国达特茅斯学院（Dartmouth College）化学教授，在 1996 年成为一位冉冉升起的科学明星。她在理解重金属铬的生化反应以及这些反应如何导致疾病方面取得了重大进展。她发起了一项重要的跨学科研究计划，以了解新英格兰北部地区重金属污染物的影响。她入职达特茅斯学院任教时是第一位受雇于化学系终身职位的女性，并在达特茅斯学院担任高级行政职务。她鼓励女性参与科学研究，帮助启动了达特茅斯的女性科学项目（Dartmouth's Women in Science Project，WISP），至今该项目仍在被美国各地效仿。随后，一场令人震惊的实验室事故使她的生命轨迹中断：1997 年 6 月 8 日，维特哈恩死于二甲基汞中毒。

维特哈恩的大部分工作都集中在重金属铬及其对人体的毒性影响上。当时，维特哈恩与哈佛大学和麻省理工学院的同事合作，研究修复DNA 损伤的锌蛋白。他们想通过核磁共振波谱研究蛋白质锌结合位点的小分子类似物。但是锌不容易被核磁共振检测到，所以他们用汞制备了这些化合物，汞的^{99}Hg 同位素可以用核磁共振波谱测量。在校准达特茅斯的核磁共振仪器时，为了确保准确的读数，她购买了 98%的二甲基汞液体作为汞核磁共振标准物质。

二甲基汞有毒，它与其他有机汞化合物一样，很容易被身体吸收，中毒后对身体危害极大。在与一位博士后研究员讨论了标准的制备程序后，维特哈恩决定自己动手。她穿着实验服，头戴护目镜，套着一次性乳胶手套的双手隔着通风橱的玻璃挡板，将二甲基汞从博士后研究员帮她打开的玻璃安瓿瓶中转移到核磁共振管中。随后，她继续用移液器将安瓿瓶中剩余的二甲基汞转移至一个旋盖容器中，密封好后写上了标签。完成移液和分装操作的维特哈恩离开了通风橱。她脱掉了手套，彻底冲洗了双手，所有的过程都符合化学实验室的标准程序。然而，通风橱中有一两滴二甲基汞，从移液器中滴落在她左手手套上，这些二甲基汞在 298 天后以极其残酷的方式结束了她的生命，终年 48 岁。

根据调查报告[2]，维特哈恩获得三份二甲基汞的材料安全数据表。一个建议戴乳胶手套，另一个建议佩戴“适当的耐化学品手套”，第三个建议戴氯丁橡胶手套，维特哈恩当时佩戴的是乳胶手套，她穿的是她认为合适的个人防护装备。

达特茅斯环境健康和安全办公室的迈克尔·布莱尼（Michael Blayney），现在是西北大学安全研究执行主任，委托一个独立实验室测试在维特哈恩实验室发现的不同类型的手套，以了解二甲基汞通过手套的速度。二甲基汞的毒性比人们意识到的要大，同时，其穿透手套的速度也超出任何人的想象。由于手套降解太快，Intertek 测试服务实验室不得不缩短采样间隔。二甲基汞在不到 20 秒的时间内渗透到所有品牌的乳胶手套中，大多数都在不到 15 秒的时间里即完成渗透。甚至，氯丁橡胶手套的使用时间也不到 10 分钟。布莱尼和 Intertek 能够找到的唯一可靠的防护设备是戴在柔性层压塑料手套上的氯丁橡胶手套。

达特茅斯学院在事故发生后的 1997 年 2 月联系了美国职业安全与健康管理局（Occupational Safety and Health Administration，OSHA）。最终，OSHA 对校方处以 9000 美元的罚款，要求增设化学安全员，并修改实验室安全规程。更重要的是，1998 年，OSHA 发布了一份公告，建议化学家用无机汞盐（高氯酸汞）替代二甲基汞作为汞核磁共振标准，并分享了布莱尼和他的同事们对实验室手套的测试结果。

实验室工作可能是危险的，特别是对于从事有毒物质如重金属研究的人员，维特哈恩清楚地知道这一点。但在她去世之前，很少有人意识到二甲基汞有多致命，或者实验室保障措施有多不足。时至今日，她的遗产依然存在，她的同事和那些不认识她的人仍然能感受到她对实验室安全、科学方法和女性科学的影响。

在实验室中，常见化学品对手部的危害有三类。一是具有刺激性或腐蚀性的化学品，通

过直接或间接方式与手部接触导致损伤。如实验室常接触的强酸、强碱会腐蚀皮肤引发剧烈疼痛，氢氟酸酸雾会刺激手部导致皮炎等症状等。二是高温加热后的化学品对手部的灼伤。如高温煅烧后的氧化镁，在取出时，容易发生灼伤手部的情况。三是低温化学品对手部的冻伤。如实验室中存在的液氮、干冰等，在操作时防护不当则容易冻伤手部。

4.3.1 不同的手套类型

在化学实验室中，常用的防护手套有化学防护手套、防热手套、低温防护手套、防割手套等。本节我们将重点介绍化学防护手套（表 4.2）。

表 4.2 实验室防化手套材质的性能比较

手套材质	防化性能		物理性能:E-特好 G-好 F-一般 P-差						
	能够防护	不能防护	耐磨	抗割	柔韧性	耐温	抗臭氧	抗刺穿	抗撕裂
天然乳胶	酸、碱、醇、水溶液	油、脂、有机物	E	E	E	F	P	E	E
丁基橡胶	酸、酮、酯、极性有机溶剂、二醇醚	烃类、含氧溶剂	F	G	G	E	E	G	G
氯丁橡胶	氧化性酸、强碱、醇、油类、脂肪类、苯胺	氯化烃类、苯酚、二醇醚	E	E	G	G	E	G	G
丁腈橡胶	油类、脂类、酸、碱、脂肪族化合物	芳香族化合物、许多酮类、许多含氯溶剂	E	E	E	G	G	E	G
聚乙烯醇（PVA）	脂肪族化合物、芳香族化合物	酸、醇、碱性物质	F	F	P	G	E	F	G
聚氯乙烯（PVC）	强酸、强碱、盐、其他水溶液、醇、二醇醚	芳香族化合物、含氧溶剂、醛、酮、含氧化合物	G	P	F	P	E	G	G
氟橡胶（杜邦 Vlton）	芳香族化合物、含氧溶剂、脂肪族化合物、醇类	部分酮类、脂类、胺类	G	G	G	G	E	G	G
氯磺化聚乙烯（Hypalon）	酸类、碱类、盐、醇类	芳香族化合物、脂类、酮类	E	G	F	E	E	P	F

在第 3 章讨论“相容与禁配”时我们提到，可以通过查找相容性图表了解手套与各种化学品相容性的具体情况，主要涉及以下几种实验室常用手套[3,4]：

① 乳胶手套（latex gloves）：材质一般是从橡胶树上采集的天然橡胶，经凝固、干燥等工艺程序后制成的弹性固体状物，主要成分为聚异戊二烯（$\left[CH_2-CH=\underset{\underset{CH_3}{|}}{C}-CH_2\right]_n$）。此类手套适用于常见低浓度酸类、碱类、醛类及酮类等化合物，同时可在低浓度酸类、碱类溶液中连续操作，对非极性溶剂（如正戊烷、正己烷、异辛烷、苯、甲苯、二甲苯等）、强氧化性浓硫酸和浓硝酸不具备防护性能。乳胶手套的抗磨损、刺穿性能较好，但使用时需要注意可能导致或者触发乳胶过敏，同时，手套破损时不易察觉。

② 丁腈手套（nitrile gloves）：由丁二烯（$H_2C=CH-CH=CH_2$）和丙烯腈（$H_2C=CH-CN$）经乳液聚合法制得，主要采用低温乳液聚合法生产，兼有两种均聚物的性能。丁二烯组分赋予共聚物弹性和耐寒性，丙烯腈组分具有强极性，—CN 基能使共聚物具备良好的耐化学腐蚀性，尤其是耐油性（指烷烃类油）特别好。增加丙烯腈在橡胶中的含量可以提

高橡胶的耐油性，但弹性和耐寒性将有所降低。其制品耐油性好，耐磨性较高，耐热性较好。此类手套一般具有较好的抗化学品性能和机械性能，耐磨损，耐刺穿。同时，因不含蛋白过敏源，对人体皮肤的过敏刺激反应最低，适于乳胶过敏者使用。丁腈手套适用于常规酸类、碱类的防护，对油脂、毒性及腐蚀性物质也具备较好的防护性能，手套破损很容易察觉，是实验室中应用最为广泛的化学防护手套。值得注意的是，丁腈手套的使用仍有一定的局限：除了阻燃性差，丁腈手套对含有碳氧双键的有机酮类、强氧化性酸和含氮有机物的防护性能也差，在使用二甲基甲酰胺、丙酮、丁酮、四氢呋喃、三氯甲烷、二氯乙烷、氯苯、苯酚、苯甲醛、乙酸乙酯等化学品时，不推荐使用丁腈手套。

③ 聚氯乙烯手套（polyvinyl chloride gloves）：主要材质为 PVC 糊树脂（$\left[CH_2-\underset{\displaystyle |\atop\displaystyle Cl}{CH}\right]_n$）、增塑剂、降黏剂、热稳定剂等。此类手套有较强的抗化学品性能，对实验室内的化学品均有一定的防护能力，不仅可以用于酸类、碱类、油类、脂类过氧化物和胺类，还可以用于强氧化性的浓硫酸、浓硝酸。但需要注意的是，接触有机溶剂会加速 PVC 手套中增塑剂的流失，导致化学防护性能下降，存在一定的局限性。长期使用中，手套中的增塑剂可能被试剂逐步萃取出来，导致手套逐渐变硬，也会使手套渗透时间缩短，防护性能减弱。

④ 氯丁橡胶手套（neoprene gloves）：主要材质由氯丁二烯（Cl）乳液聚合生产而成。此类手套具有较好的抗化学品性能、物理强度和耐老化性，可以防护大多数有害化学物质。适用于酸类、碱类、醇类、燃料、过氧化物、碳氢类和酚类物质，不适用于卤代和芳香族碳氢化合物。这种材料的抗钩破、切割、刺穿和耐磨性不如乳胶手套和丁腈手套，而且价格偏高。

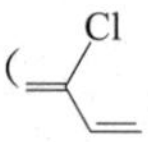

除了以上四种最常见的手套，手套供应商还可以提供用于不同场景的其他类型手套（图 4.6），如无菌手套、聚乙烯（PE）手套、皮手套、超低温手套、重型丁腈手套、银盾手套（silver shield gloves）等。其中，银盾手套由多达五层材料压制而成，每一层材料都能对各种化学品形成屏障，这样的材料和工艺使银盾手套可以在 35℃、四个小时内有效防护至少 90%的有机溶剂。因此，银盾手套可以提供阻止有害化学品的防护屏障，对超过 280 种有害物质及混合物提供优异的渗透保护，包括：酮类、苯类、环氧类、甲醇、氢氧化钠、浓硫酸和三氯乙烷等。

4.3.2 化学品破坏手套防护的两种机制

化学品破坏手套防护有两种机制（图 4.7），分别是渗透（permeation）和降解（degradation）。

渗透是指化学品未经过针孔、气孔和其他可见开口而穿过保护膜的过程。单个化学品分子进入薄膜，并且穿过手套化合物或薄膜“钻”进去。很多情况下，被渗透的材料从肉眼可能看不到变化。

降解是指手套材料与化学品接触时，一种或多种物理属性的弱化过程。一些手套材料可能变硬、僵直或易碎，有些可能变得更加柔软、脆弱或膨胀成原来尺寸的数倍。如果一种化学品对手套材料的物理属性影响巨大，它也会轻易损害手套的抗渗透性能。因此，标注为“较差”的手套/化学品组合通常不进行抗渗透性能测试，而标注为“不推荐使用”的组合则不进行抗渗透性能测试。但是，请注意，渗透和降解并非永远是相互关联的。

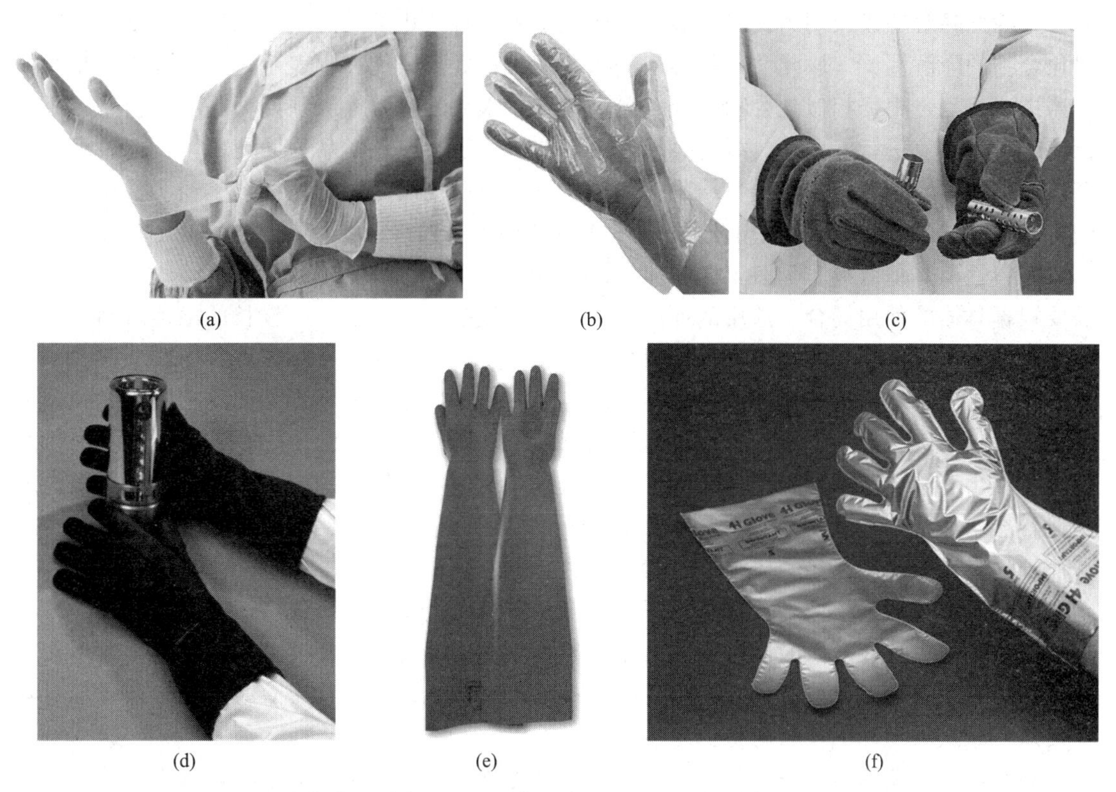

图 4.6　其他类型手套：(a) 无菌手套，(b) 聚乙烯手套，(c) 皮手套，(d) 超低温手套，(e) 重型丁腈手套，(f) 银盾手套

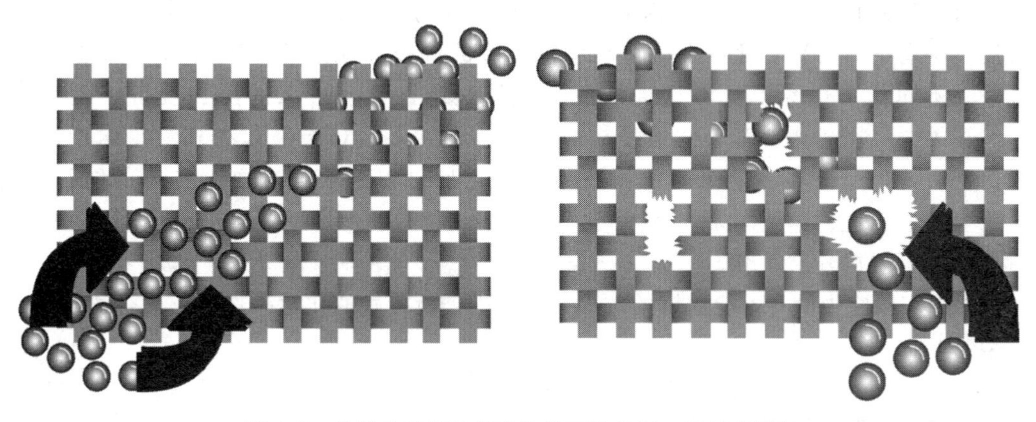

图 4.7　化学品破坏手套防护的两种机制：渗透和降解

根据“安思尔手套渗透/降解防护指南”，不同手套在 167 种化学品中的总体降解防护水平、渗透时间及渗透率表现出极大的差异（图 4.8、图 4.9）。在这份指南中，方格内的字母代表降解等级。字母 E 表示极优（excellent），液体降解性极小；G 表示良好（good），液体降解性较小；F 表示一般（fair），液体降解性中等；P 表示较差（poor），液体降解性明显；DD 表示降解外层并进行脱层（degradation and delamination of outer layer，评定氟橡胶/丁基手套对某些化学品的新型降解等级）；NR 表示不推荐使用（not recommended），液体的降解性严重。另外，符号▲表示未进行该化学品的降解测试，但是，由于渗透时间大于 480

分钟，因此降解等级预期为良好至极优。■表示未进行该化学品的降解测试，但是，根据相似化合物的降解测试，该化学品的降解等级预期为良好至极优。▼表示未进行该化学品的降解测试，但是，根据相似化合物的降解测试，该化学品的降解等级预期为一般至较差。原版指南中还用颜色进行了标注，绿色表示该手套非常适合与该化学品一同使用，黄色表示该手套应谨慎使用，红色表示禁止将该手套和该化学品一同使用。用蓝色标出了经实验显示具致癌特性的化学品（如图 4.8 中的乙醛等），用灰色标出列为怀疑致癌物质、在大剂量作用下具致癌特性及其他致癌危险性相对较低的化学品（如图 4.8 中的丙烯酸等）。选用手套时，需要根据具体的使用场合，选用的原则主要是：不能被试剂溶解、有较长的渗透时间、较小的渗透速率以及由良好的抗老化性能材质制造。

在哈佛大学建议的手套选用指南中（图 4.10），根据使用化学品数量及其操作方式，定义了三种保护级别：一是飞溅（splash），是指只需要接触容器而不需要接触容器内容物的情况下，由于液体飞溅而引起的小规模污染风险，当使用更大量的容器并倾倒时，飞溅的风险通常会增加。二是间歇性接触（intermittent contact），是指手套可能会偶尔与化学品或湿润部件发生短时间（1～5 分钟）接触，比如，酸蚀刻和清洗操作、喷洒或使用沸腾溶剂等情况下，就可能发生间歇性接触。三是完全浸没（full immersion），是指要求手套的大部分部位长期浸没或在较长时间内频繁发生间歇性接触的情况，这种类型的接触通常发生在工业生产中，在实验室比较少见。指南还特别提醒，在决定使用何种手套时，还必须考虑对其他皮肤区域进行适当的接触防护。

在化学实验室内接触各类化学品时，要综合考虑所接触化学品的危害，并根据手套材质的特点，选择最高的防护等级。

通过对手套相容性和耐化学品性能的介绍，我们可以看到，没有一种手套的材质可以为所有化学品提供全面防护。因此，在需要提高防护等级时，可以选择使用双层（不同材质）手套进行防护。比如在维特哈恩中毒事故调查中介绍的，Intertek 测试公司对二甲基汞在不同材质手套上的渗透性能测试数据显示，唯一可靠的防护装备正是双层手套——在柔性层压塑料手套上戴氯丁橡胶手套。实际上，双层手套在外科手术中的使用非常广泛，这也是世界卫生组织的建议做法，其目的在于增强对血液传染的防护能力，降低手套穿透风险。但是，当外层手套发生穿孔时，内层手套同样可能失去防护能力，此时应同时更换内外层手套。

总之，实验室中没有万能通用的防护手套，根据所接触的化学品选择正确合适的手套才是上策。

4.3.3 正确摘除手套的方法

在摘除已沾染危险化学品的手套时，看似简单的操作，却很可能由于我们的疏忽，导致皮肤与危险化学品的接触，造成伤害。如图 4.11 所示，正确摘除手套的方法主要包括四步：①向下扯动被污染的手套，手套里朝外；②移除和扔掉被污染的手套；③将干净的一只手的手指伸进手套里，将手套翻成里朝外；④向下扯手套并扔掉。摘除手套的过程中最重要的一点，就是应该确保沾在手套上的化学品不会与皮肤直接接触。同理，我们应当确保摘除了手套的实验室人员在离开实验室前尽可能减少化学品暴露。

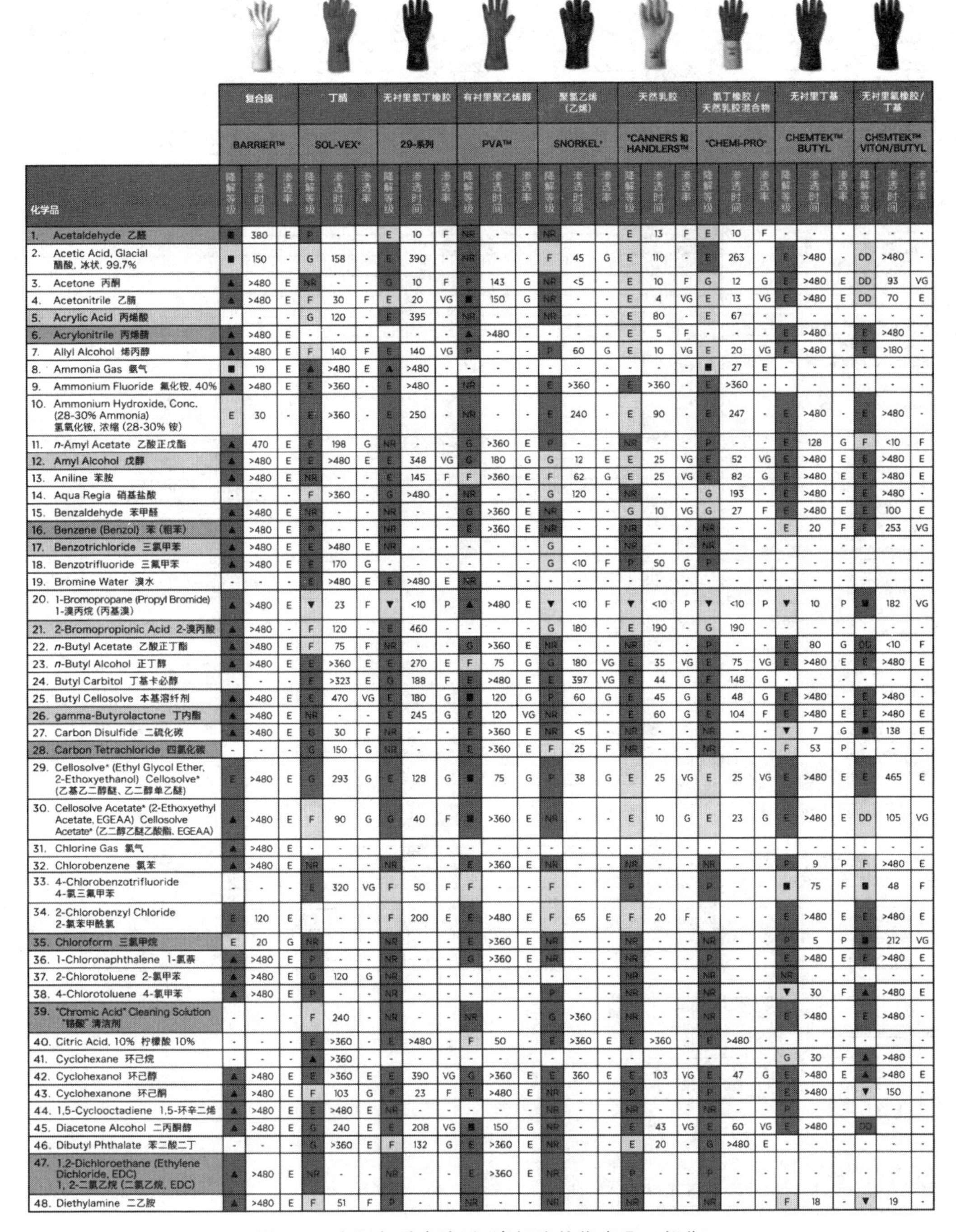

化学品	复合膜 BARRIER™			丁腈 SOL-VEX®			无衬里氯丁橡胶 29-系列			有衬里聚乙烯醇 PVA™			聚氯乙烯（乙烯） SNORKEL®			天然乳胶 ®CANNERS和HANDLERS™			氯丁橡胶/天然乳胶混合物 ®CHEMI-PRO®			无衬里丁基 CHEMTEK™ BUTYL			无衬里氟橡胶/丁基 CHEMTEK™ VITON/BUTYL		
	降解等级	渗透时间	渗透率	降解等级	渗透时间	渗透率	降解等级	渗透时间	渗透率	降解等级	渗透时间	渗透率	降解等级	渗透时间	渗透率	降解等级	渗透时间	渗透率	降解等级	渗透时间	渗透率	降解等级	渗透时间	渗透率	降解等级	渗透时间	渗透率
1. Acetaldehyde 乙醛	■	380	E	P	-	-	E	10	F	NR	-	-	NR	-	-	E	13	F	E	10	F	-	-	-	-	-	-
2. Acetic Acid, Glacial 醋酸，冰状，99.7%	■	150	-	G	158	-	E	390	-	NR	-	-	F	45	G	E	110	-	E	263	-	E	>480	-	DD	>480	-
3. Acetone 丙酮	▲	>480	E	NR	-	-	G	10	F	P	143	G	NR	<5	-	E	10	F	G	12	G	E	>480	E	DD	93	VG
4. Acetonitrile 乙腈	▲	>480	E	F	30	F	E	20	VG	■	150	G	NR	-	-	E	4	VG	E	13	VG	E	>480	E	DD	70	E
5. Acrylic Acid 丙烯酸	-	-	-	G	120	-	E	395	-	NR	-	-	NR	-	-	E	80	-	E	67	-	-	-	-	-	-	-
6. Acrylonitrile 丙烯腈	▲	>480	E	-	-	-	-	-	-	▲	>480	-	-	-	-	E	5	F	-	-	-	E	>480	-	E	>480	-
7. Allyl Alcohol 烯丙醇	▲	>480	E	F	140	F	E	140	VG	P	-	-	P	60	G	E	10	VG	E	20	VG	E	>480	-	E	>180	-
8. Ammonia Gas 氨气	■	19	E	▲	>480	E	▲	>480	-	-	-	-	-	-	-	-	-	-	■	27	E	-	-	-	-	-	-
9. Ammonium Fluoride 氟化铵，40%	▲	>480	E	E	>360	-	E	>480	-	NR	-	-	E	>360	-	E	>360	-	E	>360	-	-	-	-	-	-	-
10. Ammonium Hydroxide, Conc. (28-30% Ammonia) 氢氧化铵，浓缩（28-30% 铵）	E	30	-	E	>360	-	E	250	-	NR	-	-	E	240	-	E	90	-	E	247	-	E	>480	-	E	>480	-
11. *n*-Amyl Acetate 乙酸正戊酯	▲	470	E	E	198	G	NR	-	-	G	>360	E	P	-	-	NR	-	-	P	-	-	E	128	G	F	<10	F
12. Amyl Alcohol 戊醇	▲	>480	E	E	>480	E	E	348	VG	G	180	G	G	12	E	E	25	VG	E	52	VG	E	>480	E	E	>480	E
13. Aniline 苯胺	▲	>480	E	NR	-	-	E	145	F	F	>360	E	F	62	G	E	25	VG	E	82	G	E	>480	E	E	>480	E
14. Aqua Regia 硝基盐酸	-	-	-	F	>360	-	G	>480	-	NR	-	-	G	120	-	NR	-	-	G	193	-	E	>480	-	E	>480	-
15. Benzaldehyde 苯甲醛	▲	>480	E	NR	-	-	NR	-	-	G	>360	E	NR	-	-	G	10	VG	G	27	F	E	>480	E	E	100	E
16. Benzene (Benzol) 苯（粗苯）	▲	>480	E	P	-	-	NR	-	-	E	>360	E	NR	-	-	NR	-	-	NR	-	-	E	20	F	E	253	VG
17. Benzotrichloride 三氯甲苯	▲	>480	E	E	>480	E	NR	-	-	-	-	-	G	-	-	NR	-	-	NR	-	-	-	-	-	-	-	-
18. Benzotrifluoride 三氟甲苯	▲	>480	E	E	170	G	-	-	-	-	-	-	G	<10	F	P	50	G	P	-	-	-	-	-	-	-	-
19. Bromine Water 溴水	-	-	-	E	>480	E	E	>480	E	NR	-	-	-	-	-	-	-	-	-	-	-	-	-	-	-	-	-
20. 1-Bromopropane (Propyl Bromide) 1-溴丙烷（丙基溴）	▲	>480	E	▼	23	F	▼	<10	P	▲	>480	E	▼	<10	F	▼	<10	P	▼	<10	P	▼	10	P	■	182	VG
21. 2-Bromopropionic Acid 2-溴丙酸	▲	>480	-	F	120	-	E	460	-	-	-	-	G	180	-	E	190	-	G	190	-	-	-	-	-	-	-
22. *n*-Butyl Acetate 乙酸正丁酯	▲	>480	E	F	75	F	NR	-	-	G	>360	E	NR	-	-	NR	-	-	P	-	-	E	80	G	DD	<10	F
23. *n*-Butyl Alcohol 正丁醇	▲	>480	E	E	>360	E	E	270	E	F	75	G	G	180	VG	E	35	VG	E	75	VG	E	>480	E	E	>480	E
24. Butyl Carbitol 丁基卡必醇	-	-	-	F	>323	E	G	188	F	E	>480	E	E	397	VG	E	44	G	F	148	G	-	-	-	-	-	-
25. Butyl Cellosolve 本基溶纤剂	▲	>480	E	E	470	VG	E	180	G	■	120	G	P	60	G	E	45	G	E	48	G	E	>480	-	E	>480	-
26. gamma-Butyrolactone 丁内酯	▲	>480	E	NR	-	-	E	245	G	E	120	VG	NR	-	-	E	60	G	E	104	F	E	>480	E	E	>480	E
27. Carbon Disulfide 二硫化碳	▲	>480	E	G	30	F	NR	-	-	E	>360	E	NR	<5	-	NR	-	-	NR	-	-	▼	7	G	■	138	E
28. Carbon Tetrachloride 四氯化碳	-	-	-	G	150	G	NR	-	-	E	>360	E	F	25	F	NR	-	-	NR	-	-	F	53	P	-	-	-
29. Cellosolve® (Ethyl Glycol Ether, 2-Ethoxyethanol) Cellosolve®（乙基乙二醇醚、乙二醇单乙醚）	E	>480	E	G	293	G	E	128	G	■	75	G	P	38	G	E	25	VG	E	25	VG	E	>480	E	E	465	E
30. Cellosolve Acetate® (2-Ethoxyethyl Acetate, EGEAA) Cellosolve Acetate®（乙二醇乙醚乙酸酯，EGEAA）	▲	>480	E	F	90	G	G	40	F	■	>360	E	NR	-	-	E	10	G	E	23	G	E	>480	E	DD	105	VG
31. Chlorine Gas 氯气	▲	>480	E	-	-	-	-	-	-	-	-	-	-	-	-	-	-	-	-	-	-	-	-	-	-	-	-
32. Chlorobenzene 氯苯	▲	>480	E	NR	-	-	NR	-	-	E	>360	E	NR	-	-	NR	-	-	NR	-	-	P	9	P	F	>480	E
33. 4-Chlorobenzotrifluoride 4-氯三氟甲苯	-	-	-	E	320	VG	F	50	F	F	-	-	F	-	-	P	-	-	P	-	-	■	75	F	■	48	F
34. 2-Chlorobenzyl Chloride 2-氯苯甲酰氯	E	120	E	-	-	-	F	200	E	E	>480	E	F	65	E	F	20	F	-	-	-	E	>480	E	E	>480	E
35. Chloroform 三氯甲烷	E	20	G	NR	-	-	NR	-	-	E	>360	E	NR	-	-	NR	-	-	NR	-	-	P	5	P	■	212	VG
36. 1-Chloronaphthalene 1-氯萘	▲	>480	E	P	-	-	NR	-	-	G	>360	E	NR	-	-	NR	-	-	P	-	-	E	>480	E	E	>480	E
37. 2-Chlorotoluene 2-氯甲苯	▲	>480	E	G	120	G	NR	-	-	-	-	-	-	-	-	NR	-	-	NR	-	-	NR	-	-	-	-	-
38. 4-Chlorotoluene 4-氯甲苯	▲	>480	E	P	-	-	NR	-	-	-	-	-	P	-	-	NR	-	-	NR	-	-	▼	30	F	▲	>480	E
39. "Chromic Acid" Cleaning Solution "铬酸"清洁剂	-	-	-	F	240	-	NR	-	-	NR	-	-	G	>360	-	NR	-	-	NR	-	-	E	>480	-	E	>480	-
40. Citric Acid, 10% 柠檬酸 10%	-	-	-	E	>360	-	E	>480	-	F	50	-	E	>360	E	E	>360	-	E	>480	-	-	-	-	-	-	-
41. Cyclohexane 环己烷	-	-	-	▲	>360	-	-	-	-	-	-	-	-	-	-	-	-	-	-	-	-	G	30	F	▲	>480	-
42. Cyclohexanol 环己醇	▲	>480	E	E	>360	E	E	390	VG	G	>360	E	E	360	E	E	103	VG	E	47	G	E	>480	E	▲	>480	E
43. Cyclohexanone 环己酮	▲	>480	E	F	103	G	P	23	F	E	>480	E	NR	-	-	P	-	-	P	-	-	E	>480	-	▼	150	-
44. 1,5-Cyclooctadiene 1,5-环辛二烯	▲	>480	E	E	>480	E	NR	-	-	-	-	-	NR	-	-	NR	-	-	NR	-	-	P	-	-	-	-	-
45. Diacetone Alcohol 二丙酮醇	▲	>480	E	G	240	E	E	208	VG	■	150	G	NR	-	-	E	43	VG	E	60	VG	E	>480	-	DD	-	-
46. Dibutyl Phthalate 苯二酸二丁	-	-	-	G	>360	E	F	132	G	E	>360	E	NR	-	-	E	20	-	G	>480	E	-	-	-	-	-	-
47. 1,2-Dichloroethane (Ethylene Dichloride, EDC) 1, 2-二氯乙烷（二氯乙烷，EDC）	▲	>480	E	NR	-	-	NR	-	-	E	>360	E	NR	-	-	P	-	-	P	-	-	-	-	-	-	-	-
48. Diethylamine 二乙胺	▲	>480	E	F	51	F	P	-	-	NR	-	-	NR	-	-	NR	-	-	NR	-	-	F	18	-	▼	19	-

图 4.8 安思尔手套渗透/降解防护指南Ⅰ（部分）

产品	TouchNTuff®			Fresh Touch®			Conform™		
产品型号	92-500 / 600 / 605			840 / 850 / 851			844		
材料	丁腈橡胶			乙烯基			天然乳胶		
等级类型	降解等级	渗透时间/分钟	渗透率	降解等级	渗透时间/分钟	渗透率	降解等级	渗透时间/分钟	渗透率
化学物质名称									
Acetaldehyde 乙醛	P	-	-	NR	-	-	E	< 10	F
Acetic Acid 醋酸	E	10	-	G	45	-	E	10	-
Acetone 丙酮	NR	-	-	NR	-	-	P	-	-
Acetonitrile 乙腈	F	< 10	G	NR	-	-	G	< 10	G
Ammonium Fluoride 氟化铵	E	-	-	E	240	-	E	360	-
Ammonium Hydroxide 氢氧化铵	G	20	-	E	240	-	E	11	-
Aniline 苯胺	NR	-	-	G	20	VG	E	< 10	G
Butyl Acetate 乙酸丁酯	NR	-	-	NR	-	-	NR	-	-
Butyl Alcohol 丁醇	G	475	G	VG	< 10	F	E	< 10	G
Butyl Cellosolve 本基溶纤剂	NR	-	-	P	-	-	E	< 10	F
Citric Acid, 10% 柠檬酸 10%	E	> 480	-	E	> 360	-	E	> 480	-
Cyclohexanol 环己醇	E	-	-	E	60	E	E	< 10	G
Dimethyl Formamide 二甲基甲酰胺	NR	-	-	NR	-	-	E	< 10	G
Dimethyl Sulfoxide 二甲亚砜	F	10	E	NR	-	-	NR	-	-
Ethanolamine 乙醇胺	E	> 480	-	E	120	-	E	120	-
Ethyl Acetate 乙酸乙酯	NR	-	-	NR	-	-	G	< 10	F
Ethyl Alcohol 乙醇	F	10	VG	VG	< 10	F	E	< 10	VG
Ethylene Dichloride 二氯乙烷	NR	-	-	NR	-	-	NR	-	-
Ethylene Glycol 乙二醇	E	38	G	E	45	VG	-	-	-
Ethyl Ether 乙醚	G	< 10	G	P	-	-	F	< 10	P
Formaldehyde 甲醛	E	> 480	E	E	20	VG	E	< 10	E
Gasoline (Shell 92 oct.) 汽油（壳牌 92 号）	F	< 10	G	P	-	-	NR	-	-
Hexane 己烷	E	> 480	E	NR	-	-	NR	< 10	F
Hydrazine 肼	E	< 10	F	E	> 360	E	G	25	F
Hydrochloric Acid, conc. 盐酸，浓缩	E	78	-	G	> 360	-	E	55	-
Hydrogen Peroxide, 30% 过氧化氢 30%	E	200	-	E	> 360	E	E	> 480	E
Isobutyl Alcohol 异丁醇	G	61	VG	G	10	VG	E	< 10	F
Isopropyl Alcohol 异丙醇	E	10	VG	VG	< 10	F	E	< 10	VG
Kerosene 煤油	E	> 480	-	G	30	G	NR	-	-
Maleic Acid, saturated 马来酸，饱和液	E	> 480	-	VG	> 360	-	-	-	-
Methyl Alcohol 甲醇	E	< 10	G	VG	10	G	E	< 10	VG
Methyl Ethyl Ketone 丁酮	NR	-	-	NR	-	-	F	< 10	F
Methylene Chloride 二氯甲烷	NR	-	-	NR	-	-	NR	-	-
Nitric Acid, 10% 硝酸 10%	E	> 480	E	VG	> 360	E	G	> 480	E
Octyl Alcohol 辛醇	E	350	E	G	9	E	-	-	-
Perchloroethylene 四氯乙烯	G	10	G	P	-	-	NR	-	-
Phenol 苯酚	NR	-	-	G	30	VG	-	-	-
Phosphoric Acid, 85% 磷酸 85%	-	-	-	G	> 360	-	F	> 480	-
Propyl Alcohol 丙醇	E	125	VG	G	< 10	F	E	< 10	G
Sodium Hydroxide, 50% 氢氧化钠 50%	E	> 480	-	E	> 360	-	E	> 480	-
Stoddard Solvent 斯陶大溶剂	E	> 480	-	G	40	E	NR	-	-
Sulfuric Acid, 47% 硫酸 47%	E	> 480	-	G	> 480	-	E	> 480	-
Tricresyl Phosphate 磷酸三甲苯酯	G	10	F	G	> 360	E	-	-	-
Triethanolamine, 85% 三乙醇胺 85%	P	-	-	E	> 360	E	E	> 480	-
Xylene, Xylol 二甲苯，混合二甲苯	G	< 10	F	NR	-	-	NR	-	-

E	极好
VG	很好
G	好
F	一般
P	较差
NR	不推荐使用

	实验致癌物^
	怀疑致癌物^
	非常适合
	细心控制下适用
	避免使用

一次性手套只能使用一次。

^ 根据《工业材料的危险特性》第九版（萨克斯著）的内容，在本指南中以蓝色标出的化学品经实验显示具致癌特性；而以灰色为背景的化学品列为怀疑致癌物质，在大剂量作用下具致癌特性，及其他致癌危险性相对较低的物料。

图 4.9 安思尔手套渗透/降解防护指南Ⅱ：一次性化学用手套

Lab Glove Selection Guide		Disposable Gloves		
Chemical *with Contact Hazard Color Code*	CAS#	Microflex 93-260	N-Dex Plus 8005	TouchNTuff 92-600/650
Acetic Acid (99%w/w) {anhydrous, glacial}	64-19-7	S-30	ND	NR
Acetone	67-64-1	S-3	S-6	S-.5
Acetonitrile	75-05-8	S-5	C-15	S-<5
Ammonium Hydroxide (28%w/w)	1336-21-6	S-51	I-480	S-29
Benzene	71-43-2	S-5	S-3	ND
Butanol [n-]	71-36-3	I-434	C-24	I-70
Butanol [Tert-]	75-65-0	ND	ND	ND
Carbon disulfide	75-15-0	S-1	ND	S-<5
Carbon tetrachloride	56-23-5	C-39	C-24	
Chlorobenzene	108-90-7	ND	S-6	ND
Chloroform	67-66-3	S-2	ND	S-.3
Cresols	1319-77-3	ND	ND	ND
Cyclohexane	110-82-7	ND	I-240	I-480
Cyclohexanol	108-93-0	I-480	I-275	ND
Cyclohexanone	108-94-1	S-9	ND	S-<5
Decahydronapthalene {Decalin}	91-17-8	ND	ND	ND
Dichlorobenzene [o-]	95-50-1	ND	ND	ND
Dichloroethane [1,1-]	75-34-3	ND	ND	ND
Dichloromethane	75-09-2	S-1	S-4	S-<5
Diethylamine	109-89-7	NR	S-10	NR
Dimethoxyethane [1,2-] {Glyme}	110-71-4	ND	ND	ND
Dimethyl sulfoxide	67-68-5	I-93	I-480	S-5
Dimethylformamide [N,N-] {DMF}	68-12-2	S-9	ND	S-<5
Dioxane [1,4-]	123-91-1	ND	C-14	ND
EG monomethyl ether {methyl cellosolve}	109-86-4	ND	S-9	ND
Ethanol	64-17-5	I-66	I-240	S-8
Ethanol (70%w/w)	64-17-5	ND	ND	C-27
Ethyl acetate	141-78-6	S-5	C-14	S-1
Ethyl ether	60-29-7	ND	S-3	S-.4

Lab Glove Selection Guide		Disposable Gloves		
Chemical *with Contact Hazard Color Code*	CAS#	Microflex 93-260	N-Dex Plus 8005	TouchNTuff 92-600/650
Ethylene glycol ether	110-80-5	ND	S-9	ND
Formalin (37 % w/w)	50-00-0	I-480	I-480	I-480
Formic Acid	64-18-6	S-20	ND	ND
Formic Acid (90% w/w)	64-18-6	ND	S-30	ND
Hexamethyphosphoramide {HMPA}	680-31-9	ND	ND	ND
Hexane [n-]	110-54-3	I-280	I-85	I-480
Hydrobromic Acid (49%w/w)	10035-10-6	ND	ND	I-480
Hydrochloric acid (36%w/w)	7647-01-0	I-480	I-480	S-51
Hydrofluoric Acid (10% w/w)	7664-39-3	ND	ND	S-13
Hydrofluoric Acid (48% w/w)	7664-39-3	ND	S-50	NR
Hydrogen Peroxide(30%w/w)	7722-84-1	I-480	I-480	C-41
Isoamyl acetate	123-92-2	ND	S-7	ND
Isobutanol	78-83-1	ND	I-70	ND
Isobutyl acetate	110-19-0	ND	ND	ND
Isopropanol	67-63-0	I-204	I-240	I-117
Methanol	67-56-1	C-21	C-13	S-1
Methoxymethyl ether [bis(2-)]{Diglyme}	111-96-6	ND	ND	ND
Methyl acetate	79-20-9	ND	S-3	ND
Nitric Acid (23%w/w)	7697-37-2	ND	I-480	ND
Nitric Acid (50%w/w)	7697-37-2	ND	ND	S-9
Nitric Acid (65%w/w)	7697-37-2	S-30	ND	ND
Nitric Acid (70%w/w)	7697-37-2	ND	ND	NR
Nitrobenzene	98-95-3	ND	S-9	ND
Nitromethane	75-52-5	ND	S-5	ND
Pentane [n-]	109-66-0	ND	C-59	ND
Perchloric Acid (70%w/w)	7601-90-3	ND	ND	ND
Petroleum Ether	8032-32-4	ND	I-240	ND

Lab Glove Selection Guide		Disposable Gloves		
Chemical *with Contact Hazard Color Code*	CAS#	Microflex 93-260	N-Dex Plus 8005	TouchNTuff 92-600/650
Phenol	108-95-2	ND	S-10	ND
PhenolChloroform (25;24:1)	NA	ND	ND	ND
Phosphoric Acid (85% w/w)	7664-38-2	I-480	I-480	ND
Potassium Hydroxide (45% w/w)	1310-58-3	ND	I-480	ND
Pyridine	110-86-1	ND	ND	ND
Sodium Hydroxide (40-50%w/w)	1310-73-2	I-480	I-480	I-480
Styrene	100-42-5	ND	S-6	ND
Sulfuric Acid (96%w/w)	7664-93-6	S-49	ND	NR
Tetrahydrofuran	109-99-9	S-2	ND	S- <5
Thionyl chloride	7719-07-9	ND	ND	ND
Toluene	108-88-3	S-6	ND	S-1
Triethylamine	121-44-8	I-342	ND	C-155
Trimethylbenzene [1,3,5-] {Mesitylene}	108-67-8	ND	ND	ND
Trimethylpentane [2,2,4-] {Isooctane}	540-84-1	ND	ND	ND
Xylene Mixture	1330-20-7	C-11	C-11	S-<5

Contact Hazard Color Ranking			
Low	Moderate	High	
S	Splash Protection	30	Breakthrough Time (Minutes)
C	Intermittent Contact		Not Recommended
I	Immersion	ND	No Permeation Data Available

图 4.10　美国哈佛大学的手套选用指南

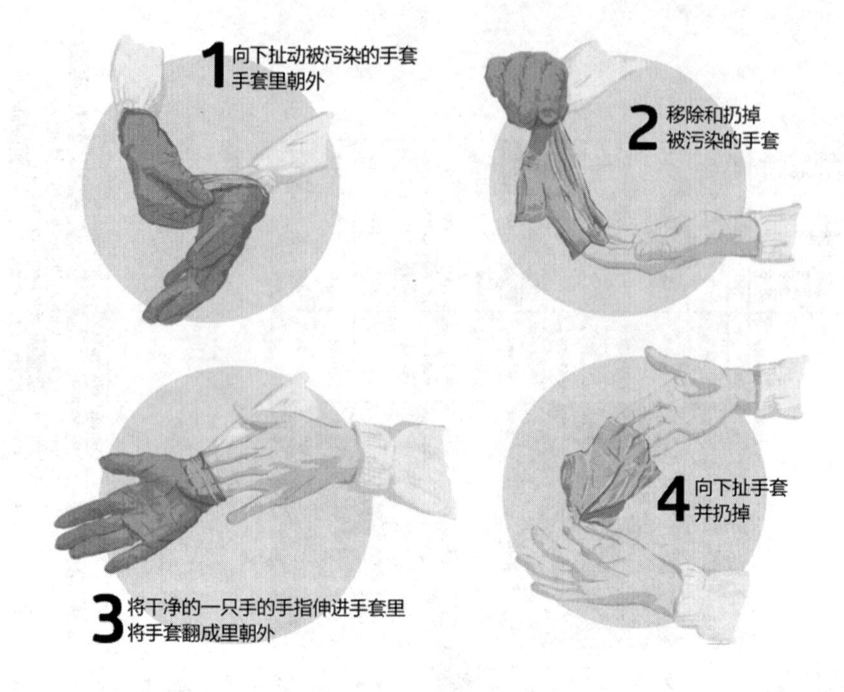

图 4.11　四步法正确摘除手套

我们还应当注意，沾染了有害化学品的手套要当作化学废弃物处理，而含有生物污染物的防护手套要作为生物有害物质处理，皆不可随意丢弃。摘掉手套后应洗净双手，如果手部出现干燥、刺痒、起泡等现象，要及时请医生诊治。

 思考

对于摘除手套的位置，以及摘除手套的实验室人员必须接触的物件，比如洗手池开关、门把手等等，应该注意什么问题?

4.4　防护口罩与防毒面罩

防护口罩（mask）与防毒面罩（respirator）也是化学实验室可供选择的个人防护装备。它们的共同点是都可以为实验人员的呼吸道和面部提供一定保护，但保护程度随具体应用场景而不同（图 4.12）。

如表 4.3 所述，防尘口罩，即自吸过滤式防颗粒物呼吸器，是靠佩戴者呼吸克服部件气流阻力的过滤式呼吸器。它只用于防御颗粒物的伤害，而并不适用于防护有害气体和蒸气，也不适用于缺氧环境、水下作业、逃生和消防。

目前，市面上也有一些特殊类型的防护口罩，除可用于颗粒物防护之外，还“含有减除有机蒸气异味的活性炭层”或可用于“酸性气体异味的防护（如二氧化硫、氟化氢、氯气等）”。但需要注意产品介绍中对这类口罩的标注：“异味水平指浓度低于职业接触限值”。因此，选择和使用这类口罩是否能够有效保护我们，仍取决于我们根据实际情况对实验和操作的风险评估。

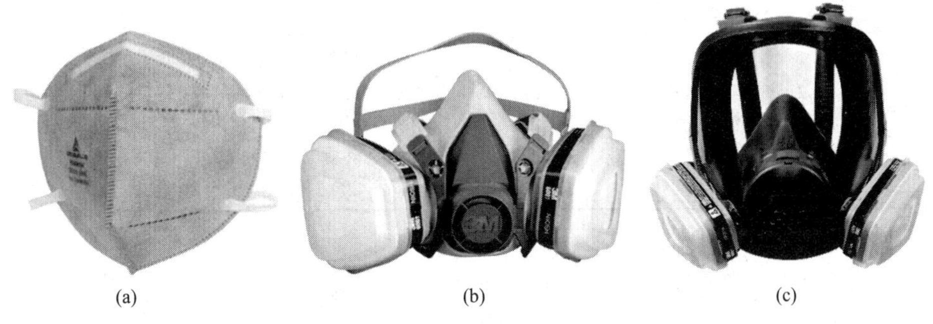

(a) (b) (c)

图 4.12 防护口罩（a）、防毒半面罩（b）和防毒全面罩（c）

表 4.3 常用呼吸防护装备（《个体防护装备配备规范》）

类别	防护装备说明	参考适用范围
长管呼吸器	使佩戴者的呼吸器官与周围空气隔绝，通过长管输送清洁空气供呼吸的防护用品，其进风口必须放置在有害作业环境外	造船、煤矿、冶金、有色、石油、天然气、烟花爆竹、化工、建材、水泥、非煤矿山、轻工、电力、机械等存在各类颗粒物和有毒有害气体环境的作业场所。不适用于消防和救援。适用浓度范围参见 GB/T 18664—2002 呼吸防护用品的选择、使用与维护
动力送风过滤式呼吸器	靠电动风机提供气流克服部件阻力的过滤式呼吸器，用于防御有毒、有害气体或蒸气、颗粒物等对呼吸系统的伤害	造船、煤矿、冶金、有色、石油、天然气、化工、建材、水泥、非煤矿山、电力、机械等存在有毒气体、蒸气和(或)颗粒物的作业场所。不适用于燃烧、爆炸和缺氧环境用及逃生。适用浓度范围参见 GB/T 18664—2002 呼吸防护用品的选择、使用与维护
自给闭路式压缩氧气呼吸器	利用面罩使佩戴人员的呼吸器官与外界有害环境空气隔离，依靠呼吸器本身携带的压缩氧气或压缩氧-氮混合气作为呼吸气源，将人体呼出气体中的二氧化碳吸收，补充氧气后再供人员呼吸，形成完整的呼吸循环	造船、煤矿、冶金、有色、石油、天然气、烟花爆竹、化工、建材、水泥、非煤矿山、轻工、电力、机械等存在各类颗粒物和有毒有害气体环境的作业场所。不适用于潜水和逃生。适用浓度范围参见 GB/T 18664—2002 呼吸防护用品的选择、使用与维护
自给闭路式氧气逃生呼吸器	将人的呼吸器官与大气环境隔绝，采用化学生氧剂或压缩氧气为供气源，并将呼出的二氧化碳吸收，形成一个完整呼吸循环，供佩戴者在缺氧或有毒有害气体环境下逃生使用	造船、冶金、有色、石油、天然气、烟花爆竹、化工、建材、水泥、非煤矿山、轻工、电力、机械等作业场所发生意外事故逃生。不适用于潜水作业逃生用。适用浓度范围参见 GB/T 18664—2002 呼吸防护用品的选择、使用与维护
自给开路式压缩空气呼吸器	利用面罩与佩戴人员面部周边密合，使人员呼吸器官、眼睛和面部与外界染毒空气或缺氧环境完全隔离，自带压缩空气源供给人员呼吸所用的洁净空气，呼出的气体直接排入大气	造船、煤矿、冶金、有色、石油、天然气、烟花爆竹、化工、建材、水泥、非煤矿山、轻工、电力、机械等存在各类颗粒物和有毒有害气体环境的作业场所。不适用于潜水和逃生。适用浓度范围参见 GB/T 18664—2002 呼吸防护用品的选择、使用与维护
自吸过滤式防毒面具	靠佩戴者呼吸克服部件阻力，防御有毒、有害气体或蒸气、颗粒物等对呼吸系统或眼面部的伤害	造船、煤矿、冶金、有色、石油、天然气、烟花爆竹、化工、轻工、电力等存在有毒气体、蒸气和(或)颗粒物的作业场所。不适用于缺氧环境、水下作业、逃生和消防热区。适用浓度范围参见 GB/T 18664—2002 呼吸防护用品的选择、使用与维护
自给开路式压缩空气逃生呼吸器	具有自带的压缩空气源，能供给人员呼吸所用的洁净空气，呼出的气体直接排入大气，用于逃生的一种呼吸器	造船、冶金、有色、石油、天然气、烟花爆竹、化工、建材、水泥、非煤矿山、轻工、电力、机械等作业场所发生意外事故逃生。适用浓度范用参见 GB/T 18664—2002 呼吸防护用品的选择、使用与维护

续表

类别	防护装备说明	参考适用范围
自吸过滤式防颗粒物呼吸器	又称防尘口罩。靠佩戴者呼吸克服部件气流阻力的过滤式呼吸器,用于防御颗粒物的伤害	造船、煤矿、冶金、有色、石油、天然气、烟花爆竹、化工、建材、水泥、非煤矿山等存在各类颗粒污染物的作业场所。不适用于防护有害气体和蒸气,也不适用于缺氧环境、水下作业、逃生和消防。适用浓度范围参见 GB/T 18664—2002 呼吸防护用品的选择、使用与维护

适合性检验

适合性检验，是采用定性或定量的方法，检验某类密合性口罩/面罩对具体使用者的适合程度。所有紧密型面罩（例如防护口罩和面罩）的使用者，都应该接受适合性检验。使用其他呼吸防护用品时，佩戴在脸部的部件属于紧配合型面罩的，也应该做适合性检验，例如配合空气呼吸器使用的全面罩。

适合性检验可以检查我们所佩戴的口罩/面罩是否适合我们的脸型和发挥有效防护作用。污染物质通常是通过口罩/面罩和人脸之间的缝隙进入口罩/面罩内。因此，口罩/面罩的最终防护效果很大程度上取决于它们能否与脸部达到密合。由于人的脸型千差万别，不可能存在一款口罩/面罩能和所有人的脸型都达到良好密合。适合性检验是检验防护口罩/面罩是否适合具体使用者脸型的唯一方法。同时，适合性检验也可以帮助使用者了解怎样正确佩戴口罩/面罩。

在 2002 年发布的《呼吸防护用品的选择、使用和维护》（GB/T 18664—2002）中，提出了适合性检验的作用和相关方法。该国标随后被国家安全生产监督管理总局 2015 年颁布的《用人单位劳动防护用品管理规范》引用。适合性检验是确认呼吸防护用品适合具体使用者脸型进而确保有效防护的唯一方法，在世界范围内被广泛认可和应用。

需要注意的是，进行适合性检验的专门人员，必须接受相关培训，包括适合性检验方法和设备原理、操作流程和注意事项、常见问题解决方法以及实际操作演练等。甜味剂或苦味剂定性适合性检验，是最常使用且最便利的方法。防护口罩或防尘半面罩均可使用该方法。检验分两步进行：先做敏感性检验，确定受试者对甜味或苦味的敏感程度。然后做适合性检验，利用含有甜味剂或者苦味剂的喷雾，形成模拟颗粒物的环境。使用者佩戴好待检验的防护口罩/面罩后，按指定顺序和时间做指定动作，包括正常呼吸、深呼吸、左右摆头、抬头低头、说话、弯腰、正常呼吸七个动作，以此模拟实验操作。然后根据动作过程中能否尝到喷雾颗粒的味道，来确认是否有一定量的颗粒进入到防护口罩/面罩内，从而判断密合性是否达到预期。

防毒面罩通常被认为是化学实验室中万不得已的防护装备（the last resort）。在工业、工厂这一类含有污染物质的作业场所或无法通过工程控制措施限制空气中的污染物质的空间内，不得不使用防毒面罩。但在化学实验室中，需要使用防毒面罩的情况应该是极少数。由于实验室中几乎所有涉及挥发物或者气溶胶的排放都可以通过使用通风柜、手套箱、局部排气设备以及其他工程控制措施来控制，如果仍有使用防毒面罩的必要，意味着实验室环境中存在不可控的有毒有害物质。所以，在确定要使用防毒面罩进行实验操作之前，应当慎重思考：是否还有其他方法能够减少、消除有毒有害物质的排放，控制风险？是否已经告知实验室中可能受到影响的其他人员，或者是否需要要求实验室人员也佩戴防毒面罩甚至暂时撤离？一般而言，只有当通风柜或者其他设备无法使用时，防毒面罩才是最后的防护手段。有一种例外情况是清理倾洒的化学品，即使在这种情况下，这些紧急处理措施也应由有经验的实验人员操作。

无论是防护口罩还是防毒面罩，作为常见个人防护装备（护目镜、实验服和手套）和工程管理措施（通风柜）的补充，在必要时使用的确可以实现对风险的有效控制。但是必须引起重视的是：在使用防护口罩或防毒面罩时，适合性检验和专门培训非常重要！只有在进行适合性检验和专门培训之后，正确选择和佩戴防护口罩或防毒面罩，才能避免陷入一种最糟糕的情况：实际上无法提供有效防护的口罩/面罩带来了错误的安全感（a false sense of security），可能怂恿冒险。

4.5 通风柜

护目镜、实验服、手套、口罩等个人防护装备，是我们主动在化学品和身体之间建立的物理防线。另一道防线，是作为化学实验室主要工程控制措施的通风柜（也称通风橱，fume hood/chemical hood/hood/fume cupboard/fume closet）（图 4.13）。通风柜是一个密闭的同时又能排风的工作空间，其设计目的是有效控制、稀释以及排除这个密闭空间内产生的烟气、气雾和微粒，同时它也是实验室预防泄漏的重要组成部分。

典型的通风柜由一个橱柜配以安全玻璃或钢化玻璃构成的活动柜门/前窗（sash）组成。在大多数实验室中，通风柜能够保护操作人员免受有毒有害化学物质的伤害。同时，正确使用通风柜也能对突发的火灾、爆炸以及化学物质飞溅起到一定的保护作用。

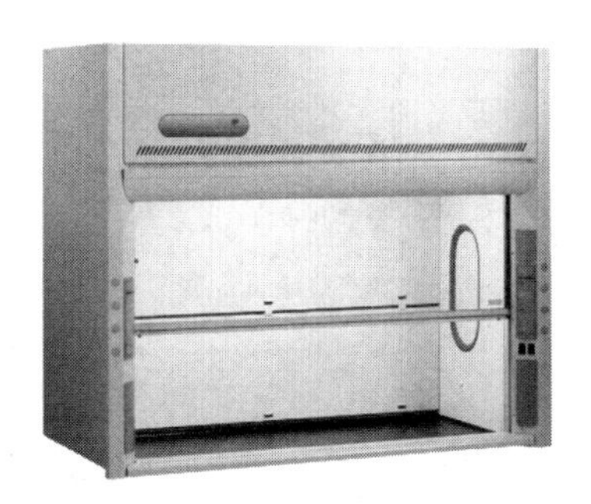

图 4.13　通风柜

实验室通风柜的“前世今生”[5]

现代通风柜的雏形可以追溯到古代炼金术。图 4.14（a）是一幅展示炼金术士利用壁炉烟囱来控制实验产生的热、气味、烟雾以及其他废气的画作。这足以说明，当时的炼金术士已经意识到，实验危险不仅仅来自有气味的化学物质。

在发现电以前，当时的科学家就已经开始使用最古老的通风柜——通风柜的一侧使用了普通窗户作为简易、手动开合和垂直滑动的柜门/前窗。这种通风柜仍依赖于烟囱效应，性能取决于日常环境条件。

1930 年左右，通风柜开始使用风扇和马达帮助通风排气。不久之后，通风柜中又增加了电源插座、天然气、水槽和水的供应。人们还意识到，为了保持相对的负压环境，风扇和电机应当放在建筑物外面。随后，通风柜的设计开始关注更多的细节，增加了阻尼器、槽、增压室、翼型进气口和导流板来帮助空气导流，并重点关注建筑材料、机械设备、管道系统、窗框机制、实验台高度以及各种具体的实验室应用。

图 4.14（b）展示的是一种初代市售普通化学通风柜。这种定风量通风柜（constant air volume，CAV）的排风量基本不变，跟它的柜门打开程度无关。垂直柜门拉得越低，面风速越大（面风速即通风柜前窗的平均风速，是衡量通风柜性能的主要技术参数）。变化的面风速取决于柜门打开或其高度，而风量则保持相对恒定。因为面风速变化很大，通风柜中的空气紊流很常见。这一代通风柜设计简单，可进行最简单的应用，但在其他应用中仍存在问题。

随着研究的深入，专家们逐渐意识到通风柜看似简单实则复杂。细微的变化就有可能严重影响通风效果。面风速、翼型进气口的使用及其形状、柜门的位置和设计、槽的位置和尺寸、增压室、挡板室内设计，以及许多其他因素都会影响通风柜的空气动力学。任何有碍空气平滑均匀流动的因素（如实验台），都会影响通风柜效果。因此，通风柜中设备与材料的数量、位置、大小和性质，以及实验类型，都是重要影响因素。同样重要的，还有通风柜在房间里的位置、门和通道、附近区域人员流量、其他通风柜、柜门附近障碍物以及特定实验室或设施通风系统的动态关系。

旁路气流系统（the bypass hood）可以更好地控制污染物和提供稳定气流[图 4.14(c)]。补充空气既可通过前窗开口也可通过旁路开口进入通风柜。旁路进气会根据前窗高度变化调整，因此可以实现相对恒定的面风速，不受前窗位置影响。但由于旁路、前窗开口和内部涉及不同的空气动力学，实际面风速还是存在差异。

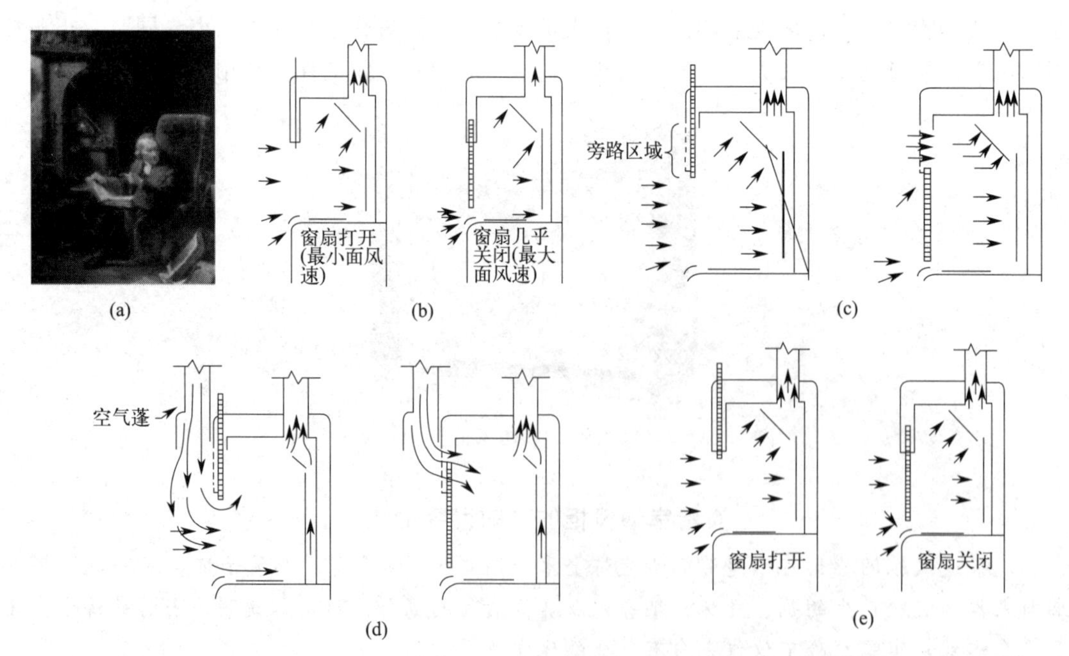

图 4.14　通风柜的发展历程[5]：(a) 古代炼金术士的通风柜，(b) 普通通风柜，(c) 旁流系统通风柜，(d) 补风型通风柜，(e) 变风型通风柜

实验室中通风柜的大量使用极大地增加了能源消耗，如何减少能耗成为当前通风柜设计

考虑的一个重要因素。与全排风式通风柜相比，节能性是补风型通风柜[图 4.14(d)]的最大优点。补风型通风柜可充分将室外的空气补入通风柜的内部并将废气直接排出室外，仅从室内补入少量空气，不影响实验室内部的环境，使室内气流保持均衡，不至于在使用时对实验室内空气和温度造成很大的损耗，从而可大大降低实验室能耗和空气的损耗。但是，这种通风柜的使用也存在争议。它的主要缺点在于补风、前窗进风和排风三者的关系在某一方发生变化时，不容易协调好，进而导致通风柜核心的负压防护功能紊乱，反而泄漏有毒有害气体。比如，打开通风柜前窗，排风需求增加，此时，如果补风增加量大于排风增加量，就容易造成负压紊乱，通风柜内形成正压，反而使操作人员暴露在危险之中。

目前，很多使用多组通风柜的实验室正在改用节能效果明显的变风型通风柜（variable air volume，VAV）。这种通风柜的特点之一是可以在操作人员拉动前窗时根据前窗位置快速控制排风量，以保持稳定和安全的面风速[图 4.14(e)]。

除此以外，其他特殊用途通风柜在实验室中的使用也受到重视，如高氯酸通风柜、放射性实验通风柜、蒸馏通风柜、落地通风柜、防爆通风柜等。

简而言之，通风柜的工作原理是将室内新鲜空气以平稳速度通过柜门/前窗进入其密闭内腔，通过相对的负压环境有效阻止和控制有毒有害物质的扩散。在这一工作过程中，扰动通风柜内气流，可能会对通风柜的效果产生显著影响，造成污染物逸出。影响气流的可能情形包括：

① 柜内放置设备或仪器时，其摆放位置会影响通风柜内气流形态，因此应避免在通风柜内放置过多的设备及仪器。

② 柜内有产生高热负载设备，其热源会造成柜内气流变化，影响通风柜前窗开口下方的表面风速。

③ 当操作人员站在通风柜前方时，会造成一股涡流，而此时如果操作人员前方物品放置位置不恰当时，将会加重这种逆流及扰流的情形。

④ 当通风柜内开始产生污染物时，操作人员必须慢慢地接近或离开通风柜，因为快速地移动将会扰动靠近通风柜前开口处的气流，从而带出柜内的污染物质。

⑤ 当有人走过通风柜前方时会产生大量的横越气流，因此当柜内正在产生具有危险性的物质时，应通知同实验室其他人员，限制人员经过通风柜前方或建议改道。

除了考虑仪器、设备及人对通风柜气流的扰动，英国剑桥大学安全网页上对通风柜正确使用的细节进行了说明。

英国剑桥大学安全网页关于正确使用通风柜的说明

① 当实验使用到有毒、有气味、挥发性的或者经吸入有害的化学品时，都应该在通风柜中进行。

② 通风柜的前窗必须降至一定高度以防止溅洒或爆炸。

③ 在实验前，应确保风机打开以及气流充足、稳定。

④ 注意敞开的门窗、空调、加热或者个人行为都可能导致紊流。

⑤ 当通风柜处于使用状态时，应尽量减少通风柜周围的实验活动。

⑥ 在通风柜未处于使用状态时，应保持通风柜前窗关闭。当在通风柜中进行实验时，前窗应当保持低至指定高度，以确保必要、安全的面风速（注：0.5 m/s）。

⑦ 实验操作应在通风柜的尽可能深处。在不堵塞后挡板的前提下，装置、试剂和玻璃仪器应尽可能地放在通风柜里侧。固体物件放在通风柜外沿会导致空气紊流。

⑧ 通风柜中应该只有当前实验需要的物品。

⑨ 通风柜不是试剂储存柜。

⑩ 禁止在化学通风柜中使用传染性材料。

⑪ 放射性材料可能不允许在一般通风柜中使用，必须预先获得相关部门的批准。

⑫ 需要准备紧急方案以防通风失败或者其他事故，如起火或者爆炸的发生。

⑬ 通风柜必须定期检修。当设备出现问题或者没有及时检修时，应当立即通知技术人员。

通风系统是现代化学实验室设计和建设中规模最大、影响最广泛的系统之一。通风系统的完善与否，直接对实验室环境、实验人员的身体健康、实验设备的运行维护等方面产生重要影响。一个科学、合理的通风系统要求通风效果好、噪声低、操作简便、节约能源，甚至要求室内压差和温湿度都能保持人体的舒适性。《高等学校实验室安全检查项目表》中对通风系统的具体检查项目也做出了规定和解释。

《高等学校实验室安全检查项目表》中通风系统检查项目

① 有需要的实验场所配备符合要求的通风系统，管道风机需防腐，使用可燃气体场所应采用防爆风机。

② 实验室通风系统运行正常，柜口面风速 0.35～0.75 m/s，定期进行维护、检修有记录；屋顶风机固定无松动、无异常噪声。

③ 根据需要在通风柜管路上安装有毒有害气体的吸附或处理装置（如活性炭、光催化分解、水喷淋等）。

④ 任何可能产生高浓度有害气体而导致个人暴露或产生可燃可爆炸气体或蒸气而导致积聚的实验，都应在通风柜内进行。

⑤ 进行实验时，可调玻璃视窗开至距台面 10～15 cm，保持通风效果，并保护操作人员胸部以上部位。

⑥ 实验人员在通风柜进行实验时，避免将头伸入调节门内；不将一次性手套或较轻的塑料袋等留在通风柜内，以免堵塞排风口。

⑦ 通风柜内应避免放置过多物品、器材，以免干扰空气的正常流动；通风柜内放置物品应距离调节门内侧 15 cm 左右，以免掉落。

⑧ 涉及易燃易爆有机试剂的通风柜内不得安装电源插座。

⑨ 配备通风罩等的实验场所，换气扇、风机使用正常。

4.6 手套箱

手套箱（glove box）是通过将内容物与外界环境完全隔离来保护实验者和/或实验的一种密封箱体，被誉为“终极的化学物质密封系统”（ultimate chemical containment system）。

手套箱箱体上有至少一对手套口，实验者可以通过手套操作箱体内的材料，如图 4.15。通常，手套箱由主箱体与过渡舱两部分组成。过渡舱作为主箱体和箱体外的过渡空间，使实验材料在主箱体与大气隔绝的情况下进出箱体，从而避免反复对主箱体抽真空与充气。

手套箱既可在正压也可在负压下使用。在正压下操作的手套箱通常用于处理对外部污染物

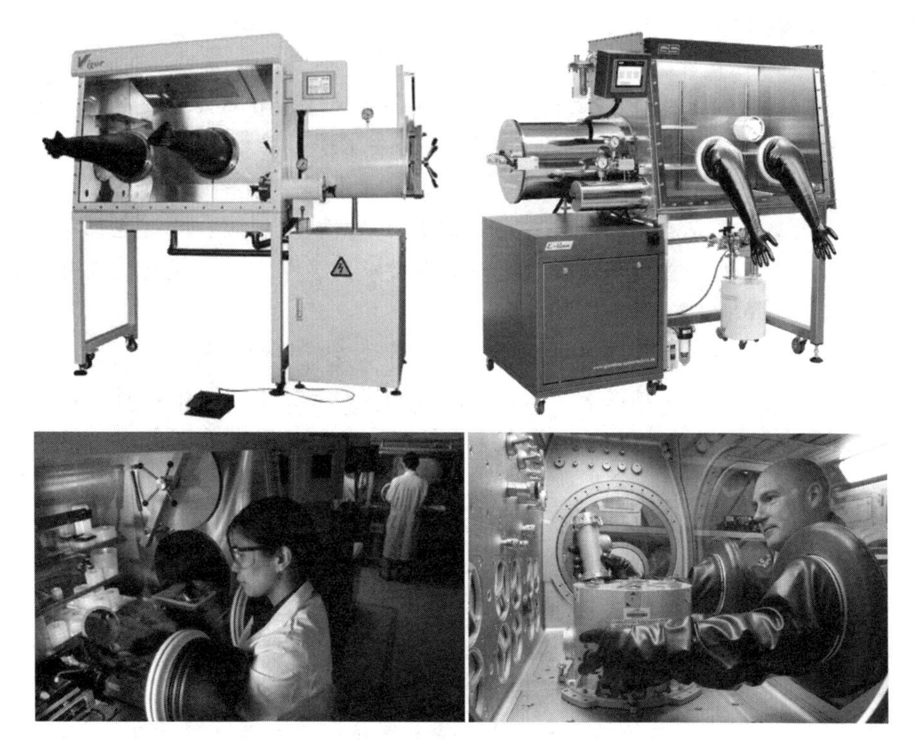

图 4.15 手套箱及其使用

(例如空气或水蒸气)敏感的材料，暴露于外部污染物会导致降解或与这些化合物发生剧烈反应。在负压下操作的手套箱用于保护实验者，主要用于处理有毒气体或病原体等有害物质。

手套箱的主要类型包括：

① 干燥惰性气体手套箱：根据待处理的材料类型，通过使用惰性气体（如氮气、氩气或氦气）替换主箱体内的空气来创造无水无氧条件。除采用旋片式真空泵移除空气，还可以配置其他附件，如气体净化系统，进一步降低氧气和水分含量，适用于对操作环境要求极高的实验。在调试期间、更换手套或手套箱功能出现问题时，应由专业维护人员进行检查。

② 通风手套箱（过滤手套箱）：这类手套箱的箱体入口和出口端都安装有过滤器（HEPA 或 ULPA 过滤器）以及用于促进空气循环的鼓风机。若手套箱排气与实验室排气系统连接，可以与过滤器一起使用，保护实验者安全。

为了确保手套箱能够为实验者、环境、产品以及反应提供充分保护，对手套箱进行定期维护和检查至关重要。日常维护程序和检查（或认证）的频率应遵循制造商和监管部门的建议。

对手套箱可以进行各种测试，测试的参数和方法取决于手套箱的类型和用途。测试可能包括压力衰减（正压）、上升率（负压）、氧气分析、安全壳完整性、通风流量特性和清洁度等。可以通过使用质谱检漏仪、超声波、肥皂泡法或使用氧气分析仪来识别泄漏源。

美国加利福尼亚大学圣塔芭芭拉分校关于手套箱的使用说明

手套箱

缓慢进出箱体。箱体不是完美的，有小孔会让环境空气进入箱体。因此，箱体应始终保持正压，即不要从手套中迅速抽出手臂，这可能导致手套箱压力低于环境大气压。因为动作太快，手套箱无法及时补充气体，环境空气有可能在压力降低的情况下进入箱体（通过箱体的小孔)，从而提高氧气浓度。

过渡舱

过渡舱抽真空。对大多数过渡舱而言，标准操作是使过渡舱始终保持真空状态（除了将物品放入过渡舱或从中取出时)，原因如下：①这会要求手套箱操作者在打开舱门之前重新填充气体，可以作为防范疏忽的手段；②这样可以防止外部空气泄漏进入主箱体。关闭过渡舱门后，应当做的第一件事就是抽真空。这应该成为一种实验习惯！比起忘记将过渡舱抽真空，多抽几次真空和浪费一些氮气重新填充过渡舱要好得多。即便只是暂时离开手套箱五分钟，也要保持过渡舱真空！

准备好要放入手套箱的所有物品，尽量减短打开过渡舱门的时间。

不可以缩短循环时间：小过渡舱需要三轮每轮时长 10 分钟的循环时间，大过渡舱需要三轮每轮时长 15 分钟的循环时间，方可将材料泵入箱中，在两次循环之间，仅在中途（即压力计上标记为－10 psi 时）才会重新填充腔室。大过渡舱应首先填充空气，因为将物品送进手套箱时，将会打开大过渡舱并接触到空气，因此使用氩气会造成浪费。

这条规定的原因包括：

① 它使过渡舱在第二轮和第三轮循环时达到其最小压力（约－30 psi)。最小压力代表可能引入手套箱的最小氧气量。如果过渡舱未达到过最小压力，会将氧气引入手套箱。

② 与单次循环相比，多次循环可以从过渡舱中去除更多水分。

③ 不进行完整循环，只是稍微净化一下手套箱气体，是一种偷懒行为。

关键点是：千万不要在循环时间少于 5 分钟时就进入手套箱!!! 即使只是想从手套箱中取出物品。任何情况下，缩短循环时间都不合理。

如果在箱体中放入了无尘纸或其他多孔材料（软木环等)，必须照常进行 15 分钟的吹扫，然后将其在过渡舱保留至少 12 小时。并确保在放入过渡舱前，无尘纸在烘箱中干燥 2 小时（去掉包装盒上的塑料膜)。

正确使用登记本。无论何时使用过渡舱，都要在登记本上记录。这是防止气体污染的最好方法。信息一定要准确！必须记录日期、时间、放入（或移出）物品，是否使用了溶剂（对于 N_2 箱)，以及使用前后 O_2 和 H_2O 的浓度水平。

在对过渡舱抽真空前检查登记本。如果有人正在使用过渡舱，请在使用前与该使用者进行核对。未核对登记本将导致手套箱气体环境的污染。登记本还提供了具体使用记录，更有助于排除并纠正任何问题。

要求使用登记本是有原因的。一定要仔细记录！

手套箱使用规范和其他规定

及时清理！

这是公用设备，而非个人实验台。请勿影响他人使用。用完手套箱后，应当“完璧归赵”。请给所有物品贴上标签，否则它们会被清除！

移液管尖易碎！它们极易损坏。碎玻璃会损坏手套并污染实验材料。

仍旧连着吸耳球的移液管放置在一旁，意味着你打算重复使用该移液管。这也意味着你正在污染溶剂，而溶剂需要很多时间、精力才能在保证质量的前提下送入手套箱。手套箱中应该准备足够多的洁净移液管，以供使用。

台面和架子上随意摆放的玻璃瓶会挤占其他实验者本就不多的空间，并且影响手套箱的清理。请收拾随意摆放的玻璃瓶并将它们集中放入托盘中。如果托盘已满，取出非必要的玻璃瓶以腾出空间或再加一个新托盘。清理手套箱时，随意摆放的玻璃瓶将被丢弃。

使用最后一个反应瓶或移液管的实验者，应当从烘箱中取出新的反应瓶或移液管进行补充。将空的反应瓶或移液管盒子重新装满并在烘箱中干燥。

所有废弃物应当尽快从手套箱中清除！如果使用化学品或溶剂，并将废弃物放在一旁，它们会污染手套箱的气体环境。

粗心会致命！

天平是灵敏的仪器。当没有水平放置时，天平读数是不准确的。由于手套箱的台面是不平整的，因此当移动天平时，其很可能没有处于水平位置。请勿移动天平！始终保持天平玻璃门关闭！这有助于阻止各种污垢污染天平，影响实验数据。

手套箱是一个封闭系统，在手套箱中打开溶剂瓶（或进行开放反应，包括在胶塞中插入针头进行排气）极其不妥。换言之，箱体内溶剂蒸气达到饱和，会导致催化剂床的溶剂蒸气饱和，从而缩短催化剂床的寿命，而目前重建催化剂床的成本很高！另外，溶剂污染也会成为一个问题（如乙醚很容易进入一切）。因此，在使用溶剂或挥发性药品（不包括使用胺、膦等）之后，需要吹扫清理手套箱。

小心尖锐的针头。针头对于手套和个人安全而言，是最大的危险源。如果使用带针头的胶塞在真空下干燥某些东西，不要推动针头一直插入胶塞。这样的操作会使针头穿透胶塞末端，刺破手套。

在使用真空泵之前，需确认冷阱已结冻。打开任何真空阀之前，需确认泵已启动。当泵开启时，需确认冷阱已结冻。不使用时，请勿使泵持续运转。如果冷阱没有结冻，进入冷阱中的各种物质会全部进入泵油中。如果泵未启动就使用真空系统，会导致手套箱环境被外部空气污染。

为样品贴上标签并盖上盖子。未贴标签的样品有时会被清理。未盖盖子的样品几乎肯定最终会被扫入垃圾桶或在手套箱里散落得到处都是。

胺、膦和钛化合物都会造成问题。它们不仅很容易与催化剂床结合（胺和膦），还会在手套箱内的所有东西上留下一层白色薄膜。当使用这些化合物（或任何其他挥发性化学物质）时，关闭鼓风机和催化剂床。使用这些化合物后，需要清洗手套箱并用黑色胶带重新密封瓶子/小瓶。与这些化合物接触的材料也应立即清除。每个人都要对自己的垃圾负责。

被带入手套箱的烧瓶需要承受高真空，因此需要适当密封以防止它们在过渡舱中爆裂。当将密封的烧瓶放入手套箱时，应确保它已完全排空。当将溶剂（如 THF）放入手套箱时，不能超过烧瓶容量的 1/2，并在放入过渡舱以前需要彻底脱气处理。

挥发性化学品

在使用膦、胺和卤代溶剂之前，需要关闭鼓风机和催化剂阀门，因为这些化学品对催化剂不利。如果对处理的化学物质有疑问，请询问有经验的人员。

使用上述化学品，完成后需对手套箱进行至少 30 分钟的清扫处理。

真空和溶剂去除（略）

孔的修补

一旦将手套箱戳了一个洞，应立即向相关人员反馈或采取一些行动。毫不作为比戳洞本身更糟糕。错误总是难免的，但应当学会进行处理，没人会指责试图解决问题或寻求帮助来减轻问题后果的人。

通知手套箱的负责人，同时将出现的洞覆盖上，以防止手套箱内氧气浓度过高。

如果洞太大而无法修补，务必尽快找到有经验的人员。如果是深夜，请使用手套箱内的舷窗并关闭该端口。把它放在那里，回家，早上再向相关人员报告并进行处理。

清洗手套箱（略）

4.7 安全防护小结

本章介绍了化学实验室的个人防护装备和污染控制设备，包括护目镜、实验服、手套、防护口罩、防毒面罩、通风柜、手套箱等。关于在化学实验室中如何具体选择个人防护装备的问题，可以参照由国家市场监督管理总局、国家标准化管理委员会发布和实施的《个体防护装备配备规范》（GB 39800—2020）中的“个体防护装备的配备流程”（图 4.16）：首先识

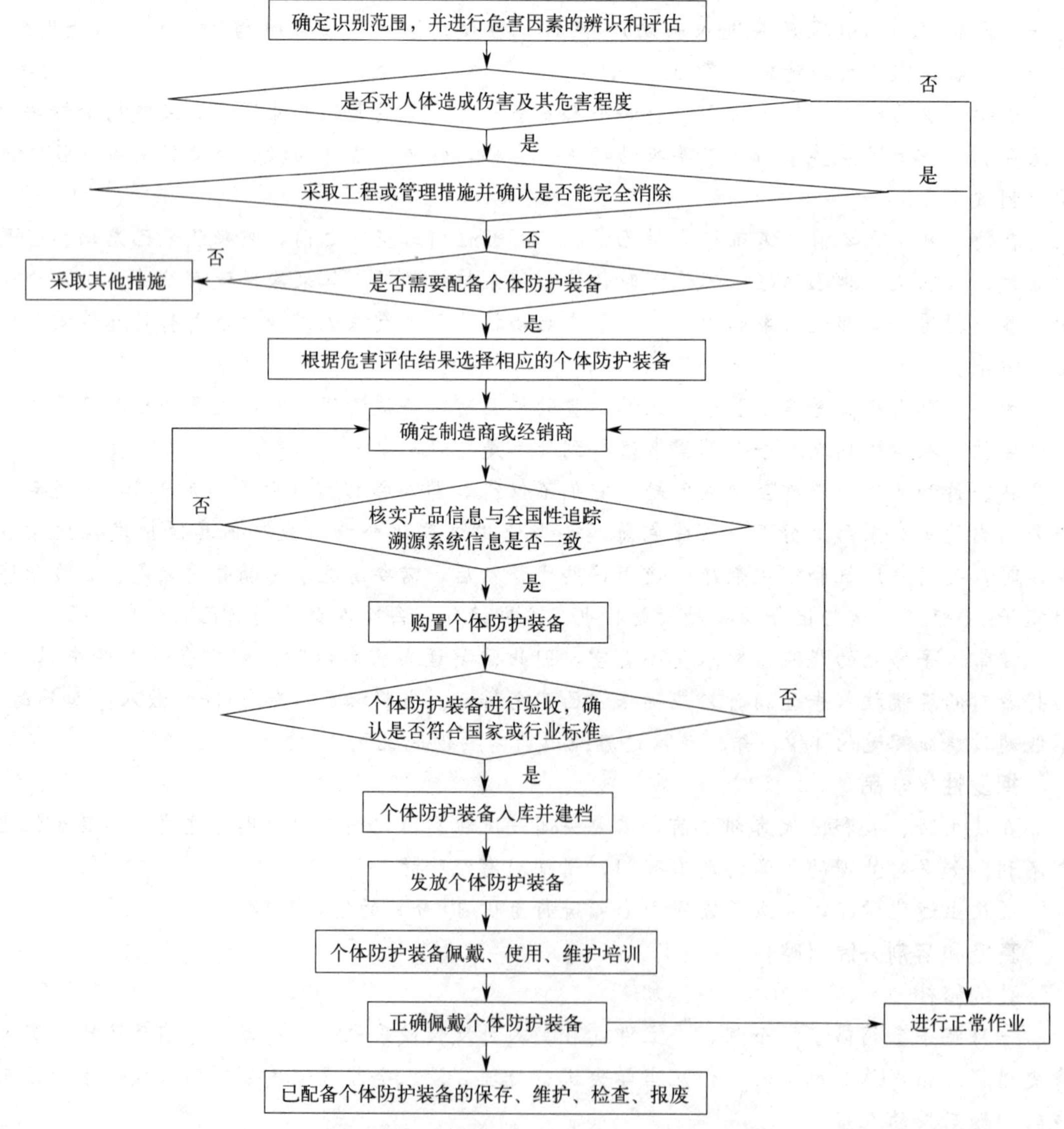

图 4.16　《个体防护装备配备规范》中的“个体防护装备的配备流程”

别实验和操作的具体危害类型，再进行风险评估，选择个人防护装备控制风险，这与选择护目镜、实验服、手套、防护口罩和防毒面罩等其他个人防护装备的原则是一样的。

哈佛大学环境健康与安全部门建议的个人防护装备选择指南也可供使用者参考（表4.4）。在这份指南中，既给出了实验室常见危害种类（化学品、生物材料、辐射、其他危害）及建议使用的个人防护装备，同时，也从个人防护装备（手套、防护镜、实验服、耳塞等）角度归纳了各种装备适用的实验环境。此外还提醒实验人员在实验室时需穿着能够覆盖全脚面的鞋子，以加强对脚部的防护。

表 4.4　美国哈佛大学建议的个人防护装备选用指南

实验室不同风险下个人防护装备选用指南

	实验风险	个人防护装备
化学品	低毒性或中毒性固体	• 一次性手套
	具有急性或慢性毒性的少量液体(< 100 毫升)	• 防护眼镜或防护眼罩 • 适当的耐化学品手套 • 覆盖到膝盖的衣服
	超过少量的具有急性或慢性毒性的液体(纯化学品、混合物或溶液)	• 防护眼镜或防护眼罩 • 适当的耐化学品手套 • 实验服 • 耐酸围裙(若使用的高腐蚀性化学品超过 4 升) • 考虑使用阻燃剂(若使用的易燃液体超过 4 升)
	低温液体	• 防护眼镜或防护眼罩 • 面罩(若处理储存在液相中的冷冻管) • 绝缘低温手套 • 推荐的实验服
	潜在爆炸性化合物	• 防护眼罩 • 面罩 • 重型手套 • Nomex(或同等耐火)实验服 • 考虑使用阻燃剂(若使用的易燃液体超过 4 升)
	自燃(空气反应性)固体或液体	• 防护眼镜或防护眼罩 • 推荐的面罩 • Nomex(或同等耐火)手套 • 适当的耐化学品手套 • Nomex(或同等耐火)实验服
	特别危险的物质,包括致癌物、生殖毒素和高急性毒性试剂	• 防护眼镜或防护眼罩 • 适当的耐化学品手套 • 实验服 • 需要时使用呼吸器
生物材料	BL_1 微生物或病毒	• 一次性手套
	BL_2 微生物、病毒、病毒载体、人类材料或旧大陆灵长类材料	• 一次性手套 • 实验服
	在无飞溅防护装置的生物安全柜外进行操作,预计会发生飞溅或喷溅	• 防护眼镜或防护眼罩 • 一次性手套 • 实验服

续表

	实验风险	个人防护装备
辐射	未密封的放射性材料或废物	·防护眼镜(若可能产生飞溅,或者量达到 10 毫居里或 32P) ·丁腈或其他适当的手套 ·实验服
	3B 或 4 类激光	·适当的眼部防护
	—紫外激光	·手套 ·实验服
	经光学修改的激光	·适当的眼部防护
	开放式紫外线光源	·防紫外线的防护眼镜或防护眼罩
	—面部接触紫外线束	·防紫外线面罩
	—手部接触紫外线束	·手套
	—身体接触紫外线束	·实验服
	红外发射设备	·适当的遮光防护眼罩 ·实验服
其他危害	处理热表面或物体,如高压灭菌材料和加热的玻璃器皿	·耐热手套 ·实验服
	压力或真空下的玻璃器皿	·防护眼镜或防护眼罩 ·推荐的面罩 ·实验服
	切割和连接玻璃管	·防护眼镜或防护眼罩 ·耐切割手套
	超声波仪或其他响亮设备	·需要时使用耳塞或耳罩

不同个人防护装备的适用环境

	个人防护装备	适用环境
手部防护	一次性手套	·低毒性或中毒性固体 ·BL_1 微生物或病毒 ·BL_2 微生物、病毒、病毒载体、人类材料或旧大陆灵长类材料 ·未密封的放射性材料或废物 ·紫外激光 ·手部接触紫外线束
	适当的耐化学品手套(一次性或可重复使用)	·具有急性或慢性毒性的液体(纯化学品、混合物或溶液) ·自燃(空气反应性)固体或液体 ·特别危险的物质,包括致癌物、生殖毒素和高急性毒性试剂
	Nomex(或同等耐火)手套	·自燃(空气反应性)固体或液体
	绝缘低温手套	·低温液体
	耐热手套	·处理热表面或物体,如高压灭菌材料和加热的玻璃器皿
	重型手套	·潜在爆炸性化合物
	耐切割手套	·切割和连接玻璃管

续表

	个人防护装备	适用环境
眼、面部防护	防护眼镜或防护眼罩	• 具有急性或慢性毒性的液体（纯化学品、混合物或溶液） • 低温液体 • 自燃（空气反应性）固体或液体 • 特别危险的物质，包括致癌物、生殖毒素和高急性毒性试剂 • 在无飞溅防护装置的生物安全柜外进行操作，预计会发生飞溅或喷溅 • 压力或真空下的玻璃器皿 • 切割和连接玻璃管
	适当的眼部防护	• 3B 或 4 类激光 • 经光学修改的激光 • 开放式紫外线光源 • 红外发射设备
	防护眼镜	• 未密封的放射性材料或废物（若可能产生飞溅，或者量达到 10 毫居里或 32P）
	防护眼罩	• 潜在爆炸性化合物
	面罩	
	—要求佩戴	• 低温液体（若处理储存在液相中的冷冻管） • 潜在爆炸性化合物 • 面部接触紫外线束
	—建议佩戴	• 自燃（空气反应性）固体或液体 • 压力或真空下的玻璃器皿
身体防护	覆盖到膝盖的衣服	• 具有急性或慢性毒性的少量液体（＜ 100 毫升）
	实验服	
	—要求穿着	• 超过少量的具有急性或慢性毒性的液体（纯化学品、混合物或溶液） • 特别危险的物质，包括致癌物、生殖毒素和高急性毒性试剂 • BL_2 微生物、病毒、病毒载体、人类材料或旧大陆灵长类材料 • 在无飞溅防护装置的生物安全柜外进行操作，预计会发生飞溅或喷溅 • 未密封的放射性材料或废物 • 紫外激光 • 身体接触紫外线束 • 红外发射设备 • 处理热表面或物体，如高压灭菌材料和加热的玻璃器皿 • 压力或真空下的玻璃器皿
	—建议穿着	• 低温液体
	Nomex（或同等耐火）实验服	
	—要求穿着	• 潜在爆炸性化合物 • 自燃（空气反应性）固体或液体
	—建议穿着	• 使用的易燃液体超过 4 升
	耳塞或耳罩	• 超声波仪或其他响亮设备
	呼吸器	• 特别危险的物质，包括致癌物、生殖毒素和高急性毒性试剂（若有挥发性且没在通风橱中操作）

除本章介绍的个人防护装备和污染控制设备外，化学实验室应确保的安全防护设施还包括自动报警系统、通风系统、安全标识、应急喷淋装置、防护工具、应急药品等。自动报警系统包括易燃易爆气体泄漏报警装置、烟雾报警系统等。通风系统包括通风试剂柜和补风系统等。安全标识包括应急喷淋标识、应急药品箱标识、危险化学品标识、废液暂存处标识、激光标识等。应急喷淋装置包括应急喷淋洗眼器和全身喷淋装置。每个实验室内都应有应急药品齐全的药品箱，包括创可贴、纱布、绷带、酒精、消毒液等。实验室内应配置灭火器、消防桶、消防沙、灭火毯等。实验室管理人员须定期检查洗眼器、喷淋器、通风柜等公用设备能否正常使用，各种危险警告标识是否需要更换等。

实际上，在实验室安全防护方面，一个需要引起大家关注的问题就是实验室安全文化建设（详见第 6 章讨论），这也是本书的编写目的与意义所在。加强实验室安全文化建设，规范实验行为习惯，增强个人安全防护意识，建立有效的安全防护设施，健全实验室管理制度等，都是实验室安全的有力保障。

化学实验室在建设成立初期就需要考虑到各种风险，以预防为主，从根源上遏制安全事故的发生。比如在施工时保证水、电、气等基础设施布局合理、安全规范，实验室运行期间确保如实验室自动报警系统、喷淋系统、灭火器、洗眼器、急救医药箱等各种安全防护设施齐全并且完好有效，对于超过使用年限、不能正常使用的仪器设备进行报废及更新，及时申请购买手套、口罩等安全防护用品，建立化学药品和仪器台账等。增强并完善实验室安全保障体系，给实验人员提供安全的工作环境，是化学实验室安全防护和安全管理的坚实屏障。

思考

请同学们观察实验室的个人防护装备和工程控制措施，并找出未在本章节中详细介绍的装备和措施及其使用注意事项（如图 4.17 所示的万向抽气罩、防爆板等）。

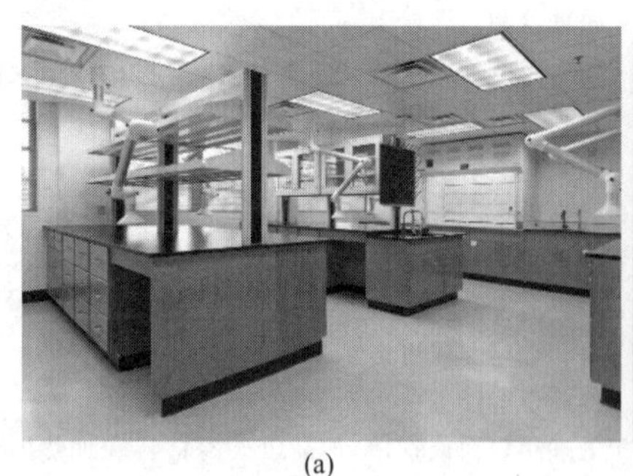

(a)

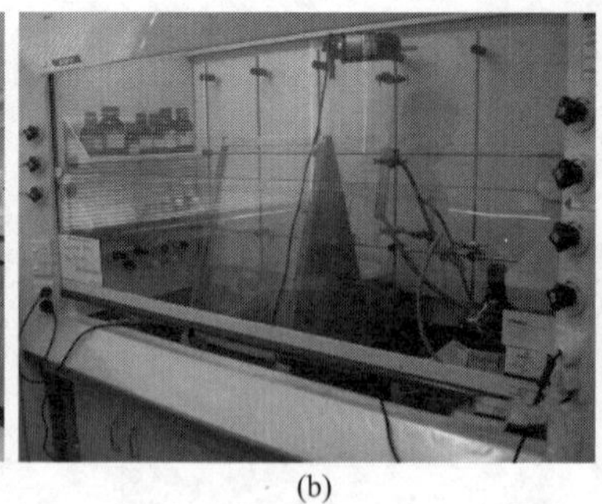

(b)

(c)

图 4.17　万向抽气罩（a）和防爆板（b）、(c)

4.8　化学实验室易制毒、易制爆化学品的安全管理

易制毒化学品是指在《易制毒化学品管理条例》中列示的三类化学品（表 4.5）：第一类是可以用于制毒的主要原料，第二类、第三类是可以用于制毒的化学配剂。易制爆危险化

学品是指列入公安部确定、公布的《易制爆危险化学品名录》，可用于制造爆炸物品的九类化学品（表 4.6）。

表 4.5 易制毒化学品的分类和品种目录（2021 版）

（此目录据国办函［2021］58 号更新）

第一类	第二类	第三类
1-苯基-2-丙酮	苯乙酸	甲苯
3,4-亚甲基二氧苯基-2-丙酮	醋酸酐	丙酮
胡椒醛	三氯甲烷	甲基乙基酮
黄樟素	乙醚	高锰酸钾
黄樟油	哌啶	硫酸
异黄樟素	溴素	盐酸
N-乙酰邻氨基苯酸	1-苯基-1-丙酮	苯乙腈
邻氨基苯甲酸	*α*-苯乙酰乙酸甲酯	*γ*-丁内酯
麦角酸*	*α*-乙酰乙酰苯胺	
麦角胺*	3,4-亚甲基二氧苯基-2-丙酮缩水甘油酸	
麦角新碱*	3,4-亚甲基二氧苯基-2-丙酮缩水甘油酯	
麻黄素、伪麻黄素、消旋麻黄素、去甲麻黄素、甲基麻黄素、麻黄浸膏、麻黄浸膏粉等麻黄素类物质*		
羟亚胺		
邻氯苯基环戊酮		
1-苯基-2-溴-1-丙酮		
3-氧-2-苯基丁腈		
N-苯乙基-4-哌啶酮		
4-苯胺基-*N*-苯乙基哌啶		
N-甲基-1-苯基-1-氯-2-丙胺		

说明：

1. 第一类、第二类所列物质可能存在的盐类，也纳入管制。
2. 带有 * 标记的品种为第一类中的药品类易制毒化学品，第一类中的药品类易制毒化学品包括原料药及其单方制剂。

表 4.6 易制爆危险化学品分类及名录[6]

类别	品名	主要燃爆危险性
酸类	硝酸、发烟硝酸、高氯酸	氧化性
硝酸盐类	硝酸钠、硝酸钾、硝酸铯、硝酸镁、硝酸钙、硝酸锶、硝酸钡、硝酸镍、硝酸银、硝酸锌、硝酸铅	氧化性
氯酸盐类	氯酸钠、氯酸钾、氯酸铵	氧化性、爆炸物
高氯酸盐类	高氯酸锂、高氯酸钠、高氯酸钾、高氯酸铵	氧化性、爆炸物
重铬酸盐类	重铬酸锂、重铬酸钠、重铬酸钾、重铬酸铵	氧化性

续表

类别	品名	主要燃爆危险性
过氧化物和超氧化物类	过氧化氢溶液(>8 %)、过氧化锂、过氧化钠、过氧化钾、过氧化镁、过氧化钙、过氧化锶、过氧化钡、过氧化锌、过氧化脲、过乙酸、过氧化二异丙苯、过氧化氢苯甲酰、超氧化钠、超氧化钾	氧化性、有机过氧化物
易燃物还原剂类	锂、钠、钾、镁、镁铝粉、铝粉、硅铝、硅铝粉、硫黄、锌尘、锌粉、锌灰、金属锆、金属锆粉、六亚甲基四胺、1,2-乙二胺、一甲胺[无水]、一甲胺溶液、硼氢化锂、硼氢化钠、硼氢化钾	遇水放出易燃气体、自热、易燃
硝基化合物类	硝基甲烷、硝基乙烷、2,4-二硝基甲苯、2,6-二硝基甲苯、1,5-二硝基萘、1,8-二硝基萘、二硝基苯酚、2,4-二硝基苯酚、2,6-二硝基苯酚、2,4-二硝基苯酚钠	易燃、爆炸物
其他	硝化纤维素、4,6-二硝基-2-氨基苯酚钠、高锰酸钾、高锰酸钠、硝酸胍、水合肼、2,2-双(羟甲基)1,3-丙二醇	爆炸物、易燃、氧化性

随着政府和学校院系管理部门对易制毒、易制爆化学品安全管理的重视不断加强，越来越多的高校实验室已经制定了相关安全管理制度，并且安排了专职技术人员对这些管制类化学品的采购登记、审批、存储、领用和监督各环节进行安全管理。但是，由于实验室科研活动具有自主设计、探索的特点和性质，实验人员在购买、领取、使用和存储易制毒、易制爆等管制类化学品时仍存在一定的自主性。因此，实验人员自身也需要提高对这些管制类化学品管理控制的安全意识和认知（例如打印最新版本的易制毒、易制爆化学品目录，并将其张贴在化学药品柜醒目位置），学习和运用所掌握的安全知识和技术，这样才能预防实验室事故的发生。

《高校实验室安全检查项目表》对实验室管制类化学品管理的相关规定管制类化学品管理

1. 剧毒化学品执行“五双”管理（即双人验收、双人保管、双人发货、双把锁、双本账），技防措施符合管制要求

（1）单独存放，不得与易燃、易爆、腐蚀性物品等一起存放；

（2）有专人管理并做好贮存、领取、发放情况登记，登记资料至少保存 1 年；

（3）防盗安全门应符合 GB 17565 的要求，防盗安全级别为乙级（含）以上，防盗锁应符合 GA/T 73 的要求，防盗保险柜应符合《防盗保险柜（箱）》（GB 10409—2019）的要求，监控管控执行公安要求。

2. 麻醉药品和第一类精神药品管理符合“双人双锁”，有专用账册

（1）设立专库或者专柜储存，专库应当设有防盗设施并安装报警装置，专柜应当使用保险柜，专库和专柜应当实行双人双锁管理；

（2）配备专人管理并建立专用账册，专用账册的保存期限应当自药品有效期期满之日起不少于 5 年。

3. 易制爆化学品存量合规、双人双锁保管

存放场所出入口应设置防盗安全门，或存放在专用储存柜内，储存场所防盗安全级别应

为乙级（含）以上，专用储存柜应具有防盗功能，符合双人双锁管理要求，台账账册保存期限不少于 1 年。

4. 易制毒化学品储存规范，台账清晰

（1）设置专库或者专柜储存，专库应当设有防盗设施；

（2）第一类易制毒化学品、药品类易制毒化学品实行双人双锁管理，账册保存期限不少于 2 年。第二、三类易制毒品实行上锁管理，并记录台账。

5. 爆炸品单独隔离、限量存储，使用、销毁按照公安部门要求执行

收存和发放民用爆炸物品必须进行登记，做到账目清楚，账物相符。

参考文献

[1] Karl B S. A cautionary tale from the past [N]. MIT News. 1992, https://news.mit.edu/1992/safety-0311.

[2] Michael B B. The need for empirically derived permeation data for personal protective equipment: the death of Dr. Karen E. Wetterhahn [J]. Appl Occup Environ Hyg. 2001, 16 (2): 233-236.

[3] 徐孝健，吴星星，王红松. 实验室化学品防护手套的选择与使用 [J]. 劳动保护，2020，8：84-85.

[4] 郑媛，兰泉，冯红艳，等. 实验室个人安全防护——化学防护手套的选用及解析 [J]. 大学化学，2021，36（02）：177-184.

[5] Douglas B W. Laboratory hoods: Quo vadis? past, present, and future [J]. Chem. Health Saf. 2001, 8 (2), 17-22.

[6] 黄晓鸣. 高校实验室易制爆危险化学品安全管理探讨 [J]. 广东化工，2022，49（05）：200-201+192.

习题

1. 被称为"the ultimate chemical system（终极的化学物质密封系统）"的实验室安全防护装置是__________。

2. 丁腈手套的阻燃性______。（"差"、"一般"、"良好"或"优秀"）

3. FR lab coats 中 FR 的意思是__________。

4. 化学品破坏实验室手套防护的主要方式有______和________。

5. 通风柜的作用是（　　）。

A. 排出有害气体　B. 防火　C. 防爆　D. 以上均有

6. 对冲击及溅洒的防护最安全的眼镜是（　　）。

A. 带有侧护罩的防护眼镜　B. 不带侧护罩的防护眼镜

C. 防冲击眼罩　D. 防化学溅洒眼罩

7. 可能引起穿戴者产生过敏反应的手套是（　　）。

A. 乳胶手套　B. 丁腈手套　C. 聚氯乙烯手套　D. 氯乙烯手套

8. 下列（　　）被认为是化学实验室中万不得已的防护装备（the last resort）。

A. 防爆板　B. 口罩、面具　C. 万向抽气罩　D. 手套箱

9. 关于通风柜的使用，说法错误的是（　　）。

A. 通风柜不使用时应打开通风柜前窗

B. 在通风柜使用过程中应减小其周围的实验活动

C. 实验操作应尽可能在通风柜的深部

D. 禁止在化学通风柜中使用传染性的材料

10. 一般实验服为白色的原因是（　　）。

A. 显脏　　B. 显眼　　C. 随机　　D. 约定

11. 普通眼镜与安全护目镜的主要区别是安全护目镜（　　）。

A. 镜片耐腐蚀　　B. 密封性好　　C. 有侧罩　　D. 易于固定

12. 蒸气泄漏时，（　　）面罩/口罩。

A. 必须使用　　B. 慎用　　C. 禁止使用　　D. 最好使用

13. 当使用（　　）时不推荐使用丁腈手套。

A. 含碳氧双键的有机酮类　　B. 强氧化性酸

C. 醇类物质　　D. 含氮有机物

第 5 章

RAMP 原则Ⅳ 应急预案/环境保护

2011 年 3 月 11 日，太平洋 9.0 级大地震及其引发的海啸导致日本福岛第一核电站发生放射性物质泄漏及机组氢气爆炸事故，对周边居民和环境造成重大影响。对这一起灾害的调查发现，在福岛核设施的建设和运营过程中，未能对地震或海啸引发核事故的可能性（概率）抱有足够的认识和预判。核风险应急防范体系建设的不完善和政府的监管不力直接导致核泄漏之后引发的供电中断，因此，人为过失才是福岛核设施致损的根本原因[1]。

2006 年 3 月 22 日，“北方皇后”号渡轮在格伦维尔海峡沉没。事后，专家分析认为，造成此次沉船事件的原因除了天气恶劣和船体状况差等客观因素外，还有一个重要原因就是人为因素。调查人员发现，“北方皇后”号沉没时已经严重偏离正常航线，说明船上工作人员疏忽大意。领航员沉浸在谈话中，忘记了转出航道使得船只触礁搁浅，轮船断裂为两截，并在随后的 1 小时内沉没。值得庆幸的是，在这场惊险如“泰坦尼克”号的翻版事件中，船上 101 人全部获救。布鲁斯·巴科特总结道：“不管船有多安全，最普通的人为错误也会使船沉没。”[1]

如果我们对大大小小的事故原因进行调查反思，会发现在做好识别危害、风险评估和风险最小化之后，仍然无法完全避免人为过失的发生。因此，做好紧急事故的应急预案，减少事故造成的人员、财产损失，值得引起我们的重视。同时，我们也需要意识到，那些因不能避免或无法控制而发生的事故，往往会造成环境污染和破坏。

本章将对 RAMP 原则中最后一个字母 P 所代表的“应急预案/环境保护（prepare for emergencies/protect environment）”展开讨论。考虑到我们已了解了包括火灾、爆炸、外伤等紧急事故发生时的急救方法，本章将重点介绍对化学品泄漏事故的处理方法、化学废弃物的收集与处理处置，并对“绿色化学”理念进行介绍，探讨“绿色化学”对提高化学实验室安全的借鉴意义。

5.1 应急预案

5.1.1 应急预案概述

应急预案是针对可能发生的事故或灾害，为保证迅速、有序、有效地开展应急与救援行动、降低事故损失而预先制定的计划或方案。从社会层面来说，在风险评估和应急能力评估的基础上，针对可能发生的事故或环境事件的类型和影响范围，制定相应的应急预案，对应急机构职责、人员、技术、设施、物资、救援行动及其指挥与协调方面做出具体安排，在应急救援中具有十分重要的作用和地位。

事故案例

2018 年 4 月 26 日，位于美国威斯康星州苏必利尔的哈斯基能源公司一炼油厂发生爆炸，造成 36 人受伤，数千人被迫疏散。据悉，发生爆炸时，该炼油厂正停工检修，当时有 37 名工人在炼油厂进行维护工作。根据美国化学安全与危险调查局公布的调查结果，爆炸事故的主要原因是用于隔断反应系统和再生系统的滑阀由于腐蚀发生泄漏，导致停工检修时再生系统内的空气逆流至反应系统，与烃形成爆炸性混合物，遇点火源后发生爆炸，之后引发炼油厂内的沥青火灾。

事故发生之前，通过过程危害分析，炼油厂假设了一种场景，即由于废催化剂滑阀故障，导致碳氢化合物流入催化裂化装置。针对这个场景可引发的后果，炼油厂设置了一个隔断反应系统作为保障。然而在实际操作过程中，这个防护措施却失效了。在事故发生时，虽然滑阀是关闭的，但在节流孔口处却有一个腐蚀孔，隔断反应系统无法阻止空气进入催化裂化的烃类环境，结果导致爆炸。

事故发生后几小时内，炼油厂的应急响应小组和苏必利尔市消防部门合力控制了这场火灾。他们首先将一辆消防车驶到原油装置边，朝装置内部喷洒干粉，扑灭装置内的火，同时利用两台消防炮向原油装置喷射水，扑灭外部火焰。装置上的火被扑灭后，救援人员转而控制大面积燃烧的沥青。他们把沥青火冲刷至储油罐附近的一块空地上，然后从多个方向开展攻击性灭火，把沥青火完全聚集在控制区域内后，在 2 个小时内就将沥青火扑灭。在整个应急响应过程中，他们仅用 4 个小时就控制住了火势，与起初担心的需要数天相差甚远。

在此次应急响应过程中，应急准备、预案制定、实战训练以及联合互助发挥了关键作用。这种将市消防队和诸如企业应急响应队伍的工业消防队联合起来的公（市政）-私（企业）伙伴关系，称为苏必利尔市石油行业伙伴关系。在伙伴关系中，两类队伍定期开展联合训练，针对各类事故制定联合预案。这个案例充分体现出了制定应急预案的重要性，通过多部门联合应急预案，还可以保证预案的灵活性，对那些无法预料到的突发事件或事故，可以起到应急指导作用。

2004 年国务院办公厅发布的《国务院有关部门和单位制定和修订突发公共事件应急预案框架指南》中，对应急预案的主要内容做了规定。完整的应急预案应包括：

① 总则：说明编制预案的目的、工作原则、编制依据、适用范围等。

② 组织指挥体系及职责：明确各组织机构的职责、权利和义务。以突发公共事件应急响应全过程为主线，明确突发公共事件发生、报警、响应、结束、善后处置等环节的主管部门与协作部门；以应急准备及保障机构为支线，明确各参与部门的职责。

③ 预警和预防机制：包括信息监测与报告、预警预防行动、预警支持系统、预警级别及发布。

④ 应急响应：包括分级响应程序，信息共享和处理，通信，指挥和协调，紧急处置，

应急人员的安全防护，群众的安全防护，社会力量动员与参与，突发公共事件的调查分析、检测与后果评估，新闻报道，应急结束。

⑤ 后期处置：包括善后处置、社会救助、保险、突发公共事件调查报告和经验教训总结及改进建议。

⑥ 保障措施：包括通信与信息保障，应急支援与装备保障，技术储备与保障，宣传、培训和演习，监督检查。

⑦ 附则：包括名词术语、缩写语和编码的定义与说明，预案管理与更新，国际沟通与协作，奖励与责任，制定与解释部门，预案实施或生效时间。

⑧ 附录：包括与本部门突发公共事件相关的应急预案，预案总体目录、分预案目录、各种规范化格式文本，相关机构和人员通信录。

应急预案是在危害识别和风险评估的基础上制定的，它不仅有利于对紧急事故及时做出响应和处置，避免紧急事故扩大或升级，最大限度地减少事故造成的损失，还有利于提高公众的风险防范意识。在我国的煤矿、化工厂等高危行业，一般会有相应的《事故应急救援预案》和《灾害预防及处理计划》。

为了预防实验室重大安全事故发生，保护师生人身安全和实验室财产安全，维护校园稳定，高校会针对化学类、生物类、辐射类和特种设备类等安全事故编制应急预案。其中，化学类安全事故包括危险化学品燃烧、爆炸、泄漏、腐蚀、中毒、丢失等情况。化学类安全事故应急处置可参考的措施包括安全防护、隔离疏散、检测侦察、医疗救护、现场控制、防止次生灾害、洗消处置、危害信息告知等（图 5.1）。

思考

请查阅各高校发布的实验室安全事故应急预案，并结合所在院校的实验室情况，总结实验室紧急事故的应急处理方法，并试着编制一份适用于自己实验室的应急预案。

5.1.2 报警流程与注意事项

在识别危害一章中，我们已经对包括火灾、爆炸、外伤等的紧急事故发生时的急救处理方法做了介绍，在此我们对事故发生后的报警流程和注意事项进行补充。

面对事故发生时，需要注意以下几个要点。

第一，要保持镇定，避免慌乱。

第二，及时寻求帮助。在事故发生时，能了解和准确判断向谁求助，有利于获得最及时有效的处理和帮助。110（公安报警电话）、120（医疗救护电话）、119（火警电话）及 122（交通事故报警电话）是我国最重要的四个报警电话，但是在遇到实验室安全事故时，直接拨打这四个电话并不一定是最优途径，这是因为这些报警电话具有严谨的处理流程。以拨打 110 为例，在接通电话后，接警人员首先会询问报警人的姓名、所处位置、发生了什么事，然后在系统网向所属片区派出所发布报警信息。派出所工作人员收到报警信息并确认已读后，再与报警人取得联系。这种情况下，不仅需要报警人能清楚表达所在位置，而且需要 110 接警人员熟悉报警人所处位置的片区，才能保证顺利出警。因此，在很多场所的安全信息牌上，大家都可以观察到，除了常见的 110、120、119 报警电话以外，还提供了负责该场

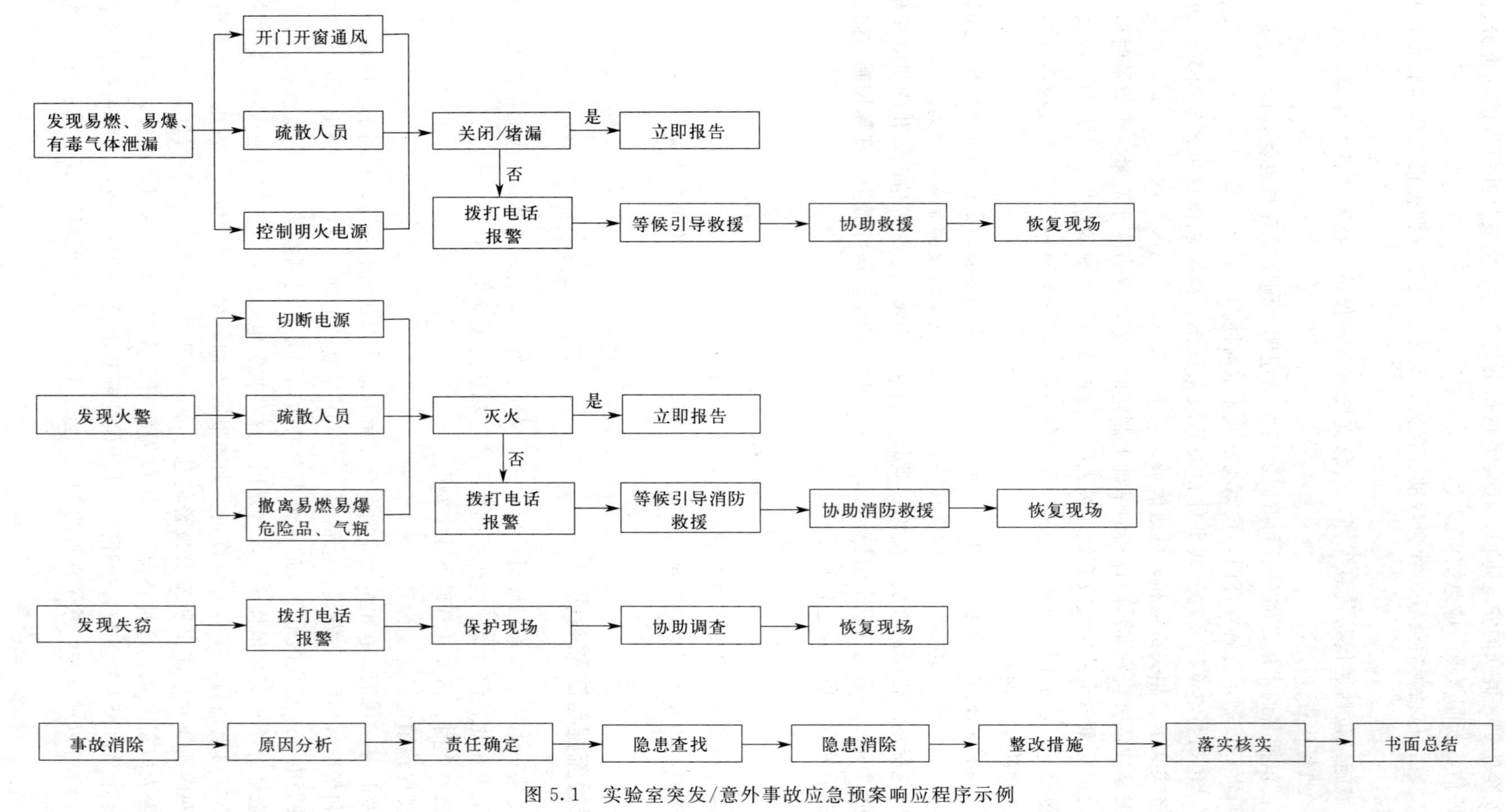

图 5.1　实验室突发/意外事故应急预案响应程序示例

所具体安全事务的部门的联系方式。比如高校实验室安全信息牌上往往会标明学校保卫处、学校医务室/医院、学校/学院实验室管理部门等的联系方式，当发生实验室安全事故时，这些部门往往能提供最及时有效的帮助。

第三，应准确传达信息。无论拨打哪一个求助电话，清楚准确地表达相关信息对于获得帮助至关重要。这些信息通常包括：报告人的姓名、所在单位和电话号码，发生事件的详细地址、事件的起因、此事件可能引起的后果等。比如在报告实验室火灾时，准确描述引发火灾的原因，具体是金属钠块、用电不当还是有机物燃烧，以及火势情况，对于消防部门选用何种有效灭火设备至关重要。在拨打火警电话以后，还需注意：①如果着火地区发生了新的变化，要及时报告消防队；②应确保有人在路口或者较明显的地方指引消防车进入火场。

5.2 化学品泄漏（倾洒）

5.2.1 泄漏处理程序

有言道，“智者千虑，必有一失”。无论是新人还是经验丰富的研究人员，都很难完全避免在实验中遇到化学品泄漏（倾洒）的问题，如打翻烧杯、使用自己或他人没有盖紧瓶盖的试剂等。一般情况下，在教学实验室中接触的化学品毒性较小，发生泄漏事故的危害和风险也较低。但是，在科研实验室中，由于反应难度和规模的增大，可能需要用到危险性更高或者用量更多的化学品，化学品泄漏事故的危害和风险也随之增大。因此，在进行实验之前，除了完成识别危害、风险评估和风险最小化外，有必要做好处理化学品泄漏的应急预案。

事故案例

2022 年 6 月 27 日，约旦亚喀巴港（Port of Aqaba）港口发生有毒气体泄漏事故，一个储存氯气的罐箱在吊装过程中掉落，数十吨氯气瞬间泄漏，事故导致 14 人死亡，265 人受伤。

2021 年 7 月 27 日，美国得克萨斯州的利安德巴塞尔化学公司发生化学品泄漏事故，大约 10 万磅乙酸泄漏，导致 2 人死亡，30 人受伤。

2020 年 7 月 8 日，印度南部安得拉邦维萨卡帕特南的一座化工厂发生苯乙烯气体泄漏，事故造成 15 人死亡，数百人受伤。

2020 年 1 月 7 日，四川某公司钛冶炼厂的 2 号氧气站液氧汽化器前的法兰发生液氧泄漏现象，职工肖某某向上级汇报后，站在泄漏点附近用手机对泄漏点进行拍照，随即发生爆炸，爆炸冲击波造成肖某某当场死亡。

1984 年 2 月 25 日，巴西发生一场重大石油泄漏事故，70 万升石油涌入巴西维拉帕里西周围的沼泽地后被引燃，该镇 500 多名居民顿时丧身火场。

印度博帕尔农药厂发生的“12·3”事故是世界上最大的一次化工毒气泄漏事故。1984 年 12 月 3 日，印度博帕尔地区的美国联合碳化物（印度）有限公司发生毒气泄漏，有近 40 吨剧毒的甲基异氰酸酯及其反应物在 2 小时内扩散至 64.7 平方公里区域，50 多万人暴露在有毒气体中，3500 多人死亡，孕妇流产、胎儿畸形、肺功能受损者更是不计其数。事故造成的经济损失高达近百亿美元，震惊全世界。

在处理化学品泄漏时，关键步骤可以分为：

① 撤离（evacuate）：根据泄漏量以及化学品的毒性，可能需要疏散一片区域甚至整个实验楼的人员。如有必要，可以通过触发火警报警器来启动实验楼的疏散程序。

② 沟通（communicate）：需要向相关人员报告泄漏事故的发生，比如实验室的负责人或者助教等。如果知道泄漏的具体原因和特点，需要马上传达这些信息，以确保处理人员可及时选择合适的处理方案。同时，也需要提醒其他人可能的危害并建议他人回避。

③ 隔离（isolate）：如果有可能的话，需要控制液体泄漏的范围，可以用沙子或者其他合适材料对泄漏液体进行围堤堵截。

④ 消除（mitigate）：通常情况下，发生泄漏事故时，需要由接受过专门培训的专业人员处理、消除造成事故的原因及其后果。但在获得允许的情况下，非专业人员也可以参与到消除行动中来。

另外，如果涉及受伤，应当及时送医治疗。

当在实验中遭遇化学品泄漏时，首要任务应当是根据实际情况判定自己是否能够处理，还是需要立即寻求帮助。如果说只是很少量的溶液泄漏（倾洒），且毒性不大，可以选择自己立即处理。一般情况下，实验前应当确保实验室配置了应对化学品泄漏的专用处理装备（chemical spill kits）。如图 5.2 所示的比较常见的化学品泄漏处理装备，里面配备有吸液索（又称吸油索、吸油拖栏）和吸附棉。吸液索和吸附棉可以吸附大量泄漏（倾洒）的液体，有效阻止化学品泄漏的扩散。

一旦确定化学品泄漏在自己的处理能力范围之内，我们还需要注意几点事情：第一，一定要穿戴好护目镜、实验服和手套等防护装备；第二，在处理时，应当注意阻止泄漏品进一步扩散，所以应在其周围设置一些障碍；第三，在处理泄漏品时，如需加入一些合适的处理剂，要小心缓慢地加入，不能过快过猛；第四，需要将吸收了泄漏化学品的吸收剂以及用来清理这些材料的其他材料如纸巾等都装入特殊的废弃物容器中；最后，贴好标签，交给专业的危化品废弃物处理单位处置。

图 5.2　应对化学品泄漏的专用处理装备（chemical spill kits）

在对泄漏化学品进行处理时，具体操作可以概括为以下四步（图 5.3）：一是围堤堵截，在泄漏的化学品周围设置障碍，阻止其蔓延扩散；二是使用合适的材料进行覆盖；三是对泄漏物和覆盖材料进行清理；最后是收集并做好标记（非常重要!），交给专业单位进行处理。

图 5.3 处理化学品泄漏的具体流程

5.2.2 泄漏处理方法

化学实验室最常见的化学品泄漏事故是液体泄漏，如酸溶液、碱溶液、有机溶剂与可燃性液体等的倾洒。在使用易燃固体如金属钠块、氢化铝锂等物质时，也存在一定的泄漏风险。对于气体来讲，在易燃气体存放室应配置气体泄漏报警装置，监测气体泄漏情况。

事故案例

2009 年 7 月，某高校理学院博士研究生袁某某，发现另一博士研究生于某昏厥倒在二楼休息室的地上，袁某某便呼喊老师寻求帮助，并拨打“120”急救电话，随后也晕倒在地。“120”急救车抵达现场，将于某和袁某某送往医院，于某经抢救无效死亡，袁某某留院观察治疗后出院。

经分析，事故的罪魁祸首是杀人于无形的一氧化碳气体。于某主要做催化方面的研究，具体研究方向为汽车尾气治理，基本不会接触危险化学品，而且当时于某所处位置是休息室而非实验室，那么一氧化碳从何而来呢？事后查明，该休息室是由实验室改造而来，原有的输气管道并没有完全拆除或者封堵。当天，教师莫某某、徐某某做实验时，需将一氧化碳从一楼气瓶室输送到三楼实验室，但却误将气体接至二楼休息室的输气管，而休息室的反应室和通风橱又已经拆除，一氧化碳直接扩散开来，不幸就这样发生了。事件经过非常简单，但后果却十分严重，造成一名博士研究生死亡，教训很惨痛。

对泄漏物进行处理时，可根据泄漏物的性质选择相应的方法。

对于酸溶液，可以使用碳酸钠、碳酸氢钠或者碳酸钙通过反应进行中和。对于碱溶液，可以使用硫酸氢钠、柠檬酸或者稀释的醋酸溶液通过反应进行中和。但需要注意的是，工业上发生大面积强酸或强碱泄漏时，一般不采取中和的方法，因为这些物质在中和时会产生大量的热，有时甚至会引发火灾，容易使人烫伤。工业上发生酸罐或碱罐泄漏时，应迅速隔断火源，避免泄漏酸液与金属粉末、氧化剂接触，避免泄漏碱液与各种酸接触，施救人员穿戴防护用品，洒上砂土覆盖，清除干净后用水冲洗污染处。

对于有机溶剂和可燃性液体的泄漏，可以选择如蛭石、活性炭或者其他商用的吸收剂通过吸附进行处理。但是要注意这些吸收剂不能用于吸收氧化性试剂。为了尽量降低蒸气浓度和发生火灾的风险，应该在泄漏后迅速处理，缩短溶剂挥发时间。另外，在 4.4 节中介绍口罩和面罩的使用时强调过，如果没有经过专业培训，且未经过口罩/面罩的贴合性和适用性测试，不要轻易使用它们，因为它们会带给使用者一种错误的安全感，反而会增加风险。

对于易燃固体，如金属钠块和氢化铝锂，金属钠块一般使用高级醇（如异丙醇）进行处理，氢化铝锂一般使用乙酸乙酯处理。在处理时一定要小心缓慢，因为处理过程中涉及放热和氢气生成。金属钠块处理流程：将金属钠切成小块，分次加入异丙醇中，待其溶解至澄清，不再放出氢气，用稀盐酸中和后倒入相应的废液桶中。氢化铝锂处理流程：将氢化铝锂悬浮在干燥的四氢呋喃中，小心滴加乙酸乙酯，如反应剧烈，应适当冷却，再加水至氢气不再释放为止，废液用稀盐酸中和后倒入相应的废液桶中。

对于易燃气体，如氢气、乙炔，在实验室中一旦发现有易燃气体泄漏，应消除所有点火源，迅速关闭气瓶安全阀，打开所有的门窗，让其自然通风，加速扩散。

需要提醒大家的是，在使用化学品前一定要做好准备，通过查询 MSDS 数据，做好应急预案，以防发生化学品泄漏事故。通常，试剂公司会提供处理化学品泄漏的材料，这些材料往往具有很好的针对性，有的还具有颜色指示剂功能，有助于更加安全地处理泄漏事故。

事故案例[2]

活性炭吸附

2005 年 11 月 13 日，吉林省某公司双苯厂苯胺装置硝化单元发生爆炸事故，造成大量苯类污染物进入松花江水体，引发重大水污染事件。为避免被污染的江水被市民饮用，造成更加重大的公共卫生问题，哈尔滨市政府自 11 月 23 日起在全市停止供应自来水。在此次污染事件中，到达吉林省松原市的污染带中硝基苯的浓度超标约 100 倍（国标限值为 0.017 mg/L），经预测，到达哈尔滨市时的硝基苯浓度最大超标约为 30 倍，哈尔滨市多家制水厂全面停产，此次事件给松花江流域沿岸的居民生活、工业和农业造成严重的影响。

在此次突发性硝基苯污染水源事件中，城市给水厂的常规处理工艺对硝基苯基本无去除作用，混凝沉淀对硝基苯的去除率在 2%～5%，增大混凝剂的投加量对硝基苯的去除无改善作用。硝基苯的化学稳定性强，水处理常用的氧化剂，如高锰酸钾、臭氧等不能将其氧化。硝基苯的生物分解速度较慢，特别是在当时的低温条件下。但是，硝基苯容易被活性炭吸附，用活性炭吸附是城市供水应对硝基苯污染的首选应急处理技术。

11 月 23 日，专家组赶赴哈尔滨市，根据哈尔滨市取水口与净水厂的布局情况，制定了由粉末活性炭和粒状活性炭构成的双重安全屏障应急处理工艺。方案要求对现有水厂的砂滤池进行应急改造，挖出部分砂滤料，新增粒状活性炭滤层。11 月 24 日起在各水厂进行炭砂滤池改造，至 26 日基本完工，共使用粒状活性炭 800 余吨。方案设计在取水口处投加粉末活性炭，11 月 25 日在取水口紧急建立粉末活性炭的投加设施，26 日进行生产性验证运行，27 日按时全面恢复城市供水。粉末活性炭的投加情况为：在水源水中硝基苯浓度严重超标的情况下，粉末活性炭的投加量为 40 mg/L；在少量超标和基本达标的情况下，投加量为 20 mg/L；污染事件过后，为防止后续水中可能存在的少量污染物，确保水质安全，粉末活性炭的投放量保持在 5～7 mg/L。

混凝沉淀

2005 年 12 月 15 日，环境监测人员在广东省内的北江孟洲坝断面进行日常监测时，发现江水镉浓度严重超标，最高时约为 0.06 mg/L，超标 11 倍。北江上中游的韶关、英德及下游多个城市的水源均受到了严重影响。经排查，镉废水由韶关冶炼厂排放，12 月 20 日，广东省政府勒令厂家立即停止排污。此次事件中，广东省环境保护局排查北江韶关段企业 300 多家，关停 43 家，周边各市排查北江沿岸地区企业 312 家，发现排放含镉废水企业 10 家，关停 9 家。

经过专家的研究论证，决定采用混凝沉淀法来降低被污染河段的镉浓度。pH 值是化学沉降法去除重金属离子的关键因素，调整水的 pH 为弱碱性可大大提高重金属离子的去除率。北江水呈弱碱性，镉离子在弱碱性条件下生成碳酸镉和氢氧化镉沉淀，再通过混凝沉淀就可去除。专家研判，在白石窑水电站投加铝盐或铁盐混凝剂，利用水电站大坝水轮机的混合作用，搅拌形成反流，在这个过程中，镉沉淀物可通过凝聚吸附、网捕沉淀等机理被部分去除。监测结果表明，白石窑投药除镉工程的实施，使白石窑下游云山水厂断面的镉浓度明显降低。从 23 日开始投放算起，7 天共投放硫酸铁等药剂约 3000 吨。

5.3 废弃物收集与处理处置

实验室安全不只关乎我们个人，也关乎集体和整个社会。如何对危险废弃物进行收集、处理处置和管理，是实现环境保护、确保生态安全的重要内容。震惊世界的日本水俣病事件，因氮素株式会社将含有甲基汞的废水直接排放到水俣湾中，人食用受污染的鱼和贝类后患上极为痛苦的汞中毒病，患者近千人，受威胁者多达 2 万人，被称为“世界八大公害事件”（表 5.1）之一。

表 5.1 世界八大公害事件

事件	事件原因与危害
比利时马斯河谷烟雾事件	1930 年 12 月，马斯河谷工业区大量企业排放的有害气体与煤烟、粉尘一起引起整个地区的几千名居民生病。病人的症状表现为胸痛、咳嗽、呼吸困难等。一星期内，有 60 多人死亡，其中以原先患有心脏病和肺病的人死亡率最高。与此同时，许多家畜也患了类似病症，死亡的也不少。该事件是 20 世纪大气污染惨案的最早记录
美国多诺拉镇烟雾事件	发生于 1948 年 10 月 26～31 日美国宾夕法尼亚州的多诺拉镇，因炼锌厂、钢铁厂、硫酸厂排放的二氧化硫及氧化物和粉尘造成大气严重污染。据估算，大气中 SO_2 质量浓度为 1.31～5.24 mg/m^3，全镇 43% 人口发病。据统计，死亡 17 人，5190 人患病（有的报道为 6000 人）
英国伦敦烟雾事件	1952 年 12 月，大量工厂生产和居民燃煤取暖排出的废气在近地面积累，造成 4000 多人死亡，事故后又因事故得病死亡 8000 多人
美国洛杉矶光化学烟雾事件	1946 年至 1970 年，同样是污染物在近地面积累，但污染源却是当时洛杉矶的 250 万多辆汽车排放的机动车尾气，尾气中氢化合物、氮氧化物、一氧化碳等在光照作用下形成以臭氧为主的光化学烟雾。烟雾致人五官发病、头疼、胸闷，汽车、飞机安全运行受威胁，交通事故增加，据不完全统计，该事件造成 2000 多人死亡
日本水俣病事件	日本熊本县水俣市含甲基汞的工业废水污染水体，使水中鱼中毒，人食用鱼后发病。1952 年至 1972 年间，共计死亡 50 余人，283 人严重受害而致残
日本富山骨痛病事件	日本富山县锌、铅冶炼厂等排放的含镉废水污染了神通川水体，两岸居民利用河水灌溉农田，使稻米和饮用水含镉。1931 年至 1972 年间，致 34 人死亡，280 余人患病
日本四日市气喘病事件	日本四日市油冶炼和工业燃油产生的废气，严重污染城市空气。1961 年至 1970 年间，受害人 2000 余人，死亡 10 多人
日本米糠油事件	1968 年日本九州大牟田市一家粮食加工公司食用油工厂生产米糠油过程中，由于生产管理不善，作为热载体的多氯联苯混入米糠油，食用后致人中毒。截至 1978 年年底，正式确认多氯联苯中毒患者为 1684 人，其中有 30 多人于 1977 年前后死亡

无论是在教学还是科研实验室，对于化学废弃物的收集和处理处置，常常用“倒入指定(或合适）容器中”一句话简单带过。很明显，这样严重低估或忽视了化学废弃物收集和处理处置问题的复杂性和重要性。如图 5.4 所示，当前高校危险废弃物管理工作的有效开展需要实验人员、学院、学校、政府不同部门以及相关企业的协同推进。

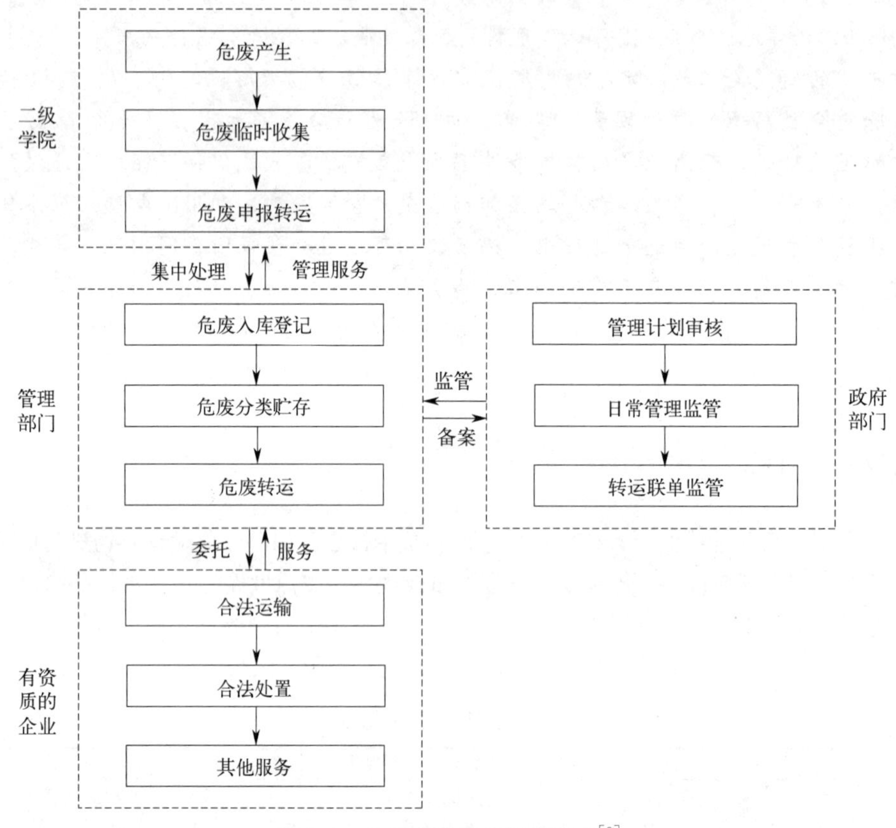

图 5.4　危险废弃物的管理模式[3]

在精细化的危险废弃物管理体系中，作为实验人员，我们的直接任务是对废弃物进行收集。根据“从摇篮到坟墓”原则，将废弃物倒入废液桶（缸）并不是实验活动的最后一步——废弃物并不会“神奇”地消失，其安全隐患也不会就此消除。例如，有学生将未反应完的王水直接倒入废液桶中导致爆炸事故发生。因此，在交由管理部门收集转运至有危险废弃物处置资质的专业厂家处置之前，我们需要对自己产生的废弃物进行相应的处理和分类收集。

事故案例

2006 年 3 月，湖州市某镇一清洁工人在清除垃圾时，不慎发生四氯化硅中毒。中毒原因主要是某制药厂对危险化学品管理不严，随意遗弃；清洁工王某由于自我防范意识不强，打开内容物不明的四氯化硅瓶是造成此次事故的直接原因。四氯化硅为无色、具有窒息性气味的液体，遇水迅速分解，遇潮湿空气时发烟。吸入四氯化硅蒸气可引起上、下呼吸道刺激病变，严重者可发生化学性肺炎和中毒性肺水肿。其液体或蒸气可引起结膜、角膜炎，严重者可引起角膜溃疡及坏死，导致角膜浑浊、疤痕，出现视力障碍。皮肤接触高浓度四氯化硅液体可引起化学灼伤，接触较低浓度可引起接触性皮炎。大量吸入四氯化硅进入血液循环后，可破坏红细胞，产生溶血反应。

值得注意的是，对于交给管理部门的废弃物，我们仍有一项可能被忽视的义务，即我们应当向真正处置废弃物的专业厂家提供废弃物的更多有用信息，尤其是废弃物的组分。这既是法律义务，也是我们的职业道德。只有获知这些有用且必要的信息，专业厂家才能对废弃物进行安全、高效的处理与处置。未提前做好废弃物分类或缺少废弃物组成信息等行为，会增加废弃物处理与处置难度，提高处理与处置成本，增加学校和专业厂家的经济负担，还可能带来误排误放等其他问题。因此，如何尽可能地帮助和确保化学废弃物能够被高效、安全、低成本及以对环境友好的方式处置，值得我们思考。此外，作为实验人员，如果可以在实验中尽量减少甚至避免产生有害废弃物，无疑将从源头上降低废弃物的处理与处置难度。

5.3.1 废弃物分类

高校实验室废弃物的分类应该遵循“安全性、可操作性和经济性”的原则，其目的是有助于废弃物的收集、储存、转运、处理与处置和管理。通常，化学废弃物按物理形态可以分为气态废物（废气）、液态废物（废液）和固态废物（废渣），简称“三废”（图 5.5）。

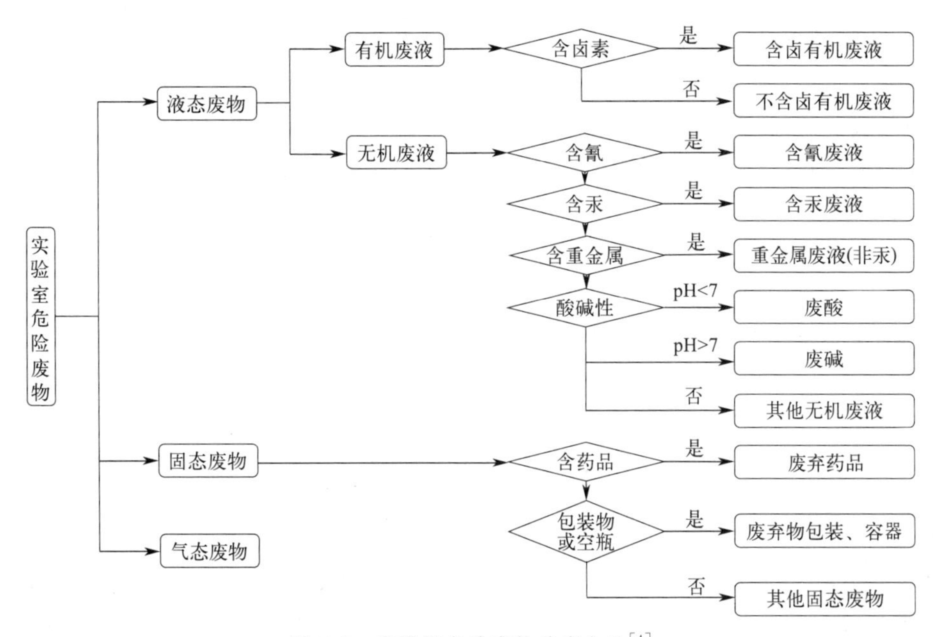

图 5.5 实验室危险废物分类方法[4]

① 废气。是指在常温常压下呈气态的废物，如试剂和样品的挥发物、使用仪器分析样品时产生的废气、实验过程中产生的有毒有害气体、泄漏和排空的标准气和载气等。如表 5.2，根据物质种类又可以分为无机废气和有机废气，无机废气有含硫化氢的废气、含氨废气、含氯废气、酸雾等，有机废气有各种有机溶剂挥发物、甲醛、苯系物、光气等。

表 5.2 化学实验室主要废气

分类	组成成分
无机废气	二氧化碳、二氧化硫、硫化氢、二氧化氮、一氧化氮、卤化氢、氯气、氨气等
有机废气	四氯化碳、甲烷、乙醚、乙硫醇、苯、醛类等

② 废液。主要指多余的样品、实验后的余液、标准曲线及样品分析残液、失效的配制溶液、实验容器洗液等，实验室“三废”中以废液居多。

按照“安全性、可操作性和经济性”原则，将能够采用相同处理方式的废液归为一类，实验室废液可分为剧毒类废液、无机废液和有机废液。剧毒类废液包括含汞废液、含砷废液、含氰废液、含镉废液、含铅废液等。无机废液包括含重金属废液（如含铁、钴、铜、锰、铝、镁、镍、锌、银等），酸废液，碱废液，其他含盐废液，含放射性废液等。有机废液包括一般有机废液（不含脂肪族卤素类化合物或芳香族卤素类化合物，如酚类、醚类、硝基苯类、苯胺类、有机磷化合物、石油类等）和含卤素有机废液（如三氯甲烷、氯甲烷、二氯甲烷、四氯化碳、甲基碘等脂肪族卤素化合物，或氯苯、多氯联苯等芳香族卤素化合物）。

③ 废渣。是指实验过程中产生的丧失原有利用价值，或者虽未丧失利用价值但被抛弃或者放弃的固体，如多余样品，合成与分析产物，过期或失效的固体化学试剂，消耗或破损的实验用品（如玻璃仪器、废弃针头、注射器等），包装过化学品的容器（如包装袋、包装桶、试剂瓶等）等。

根据《中华人民共和国固体废物污染环境防治法》的规定，危险废物是指列入国家危险废物名录或者根据国家规定的危险废物鉴别标准和鉴别方法认定的具有危险特性的固体废物。根据《国家危险废物名录》的定义，危险废物为具有下列情形之一的固体废物（包括液态废物）：①具有腐蚀性、毒性、易燃性、反应性或者感染性等一种或者几种危险特性的；②不排除具有危险特性，可能对环境或者人体健康造成有害影响，需要按照危险废物进行管理的。高校实验室的危险废物主要有教学、科研、分析检测等活动中产生的废弃化学品（包括废弃不用的、过期的、不合格的、丢弃的化学品）以及包装过化学品的容器（如包装袋、包装桶、试剂瓶等）。

根据化学品的种类和危险特性，表 5.3 中序号 1、2、3 中的废弃化学品可按照表 5.4 进一步分类。

不同的实验室废弃物，其性质和特点差异较大，按照实验室废弃物的类别、性质和状态进行分类收集，有助于专业单位对废弃物进行安全有效的处理与处置。表 5.5 是耶鲁大学化学废弃物分类收集方法，其将化学废弃物按照气体、液体、固体、空的化学容器和被污染的实验器皿、管制物质进行分类，并对每类废弃物的收集做了要求。加利福尼亚大学旧金山分校关于废弃物分类的说明则更加细致，给出了废弃物分类时的判断标准和物质种类。

表 5.3　实验室废弃物分类表

序号	类别	说明
1	优先控制的实验室废弃化学品	指以下实验室废弃化学品： 镉、铅、汞、三氯苯、四氯苯、三氯苯酚、溴苯醚、苊、苊烯、蒽、苯并芘、氧芴、二噁英/呋喃、硫丹、氟、七氯、环氧七氯、六氯苯、六氯丁二烯、六氯环己烷、六氯乙烷、甲氧氯、卫生球、多环芳香类化合物、二甲戊乐灵、五氯苯、五氯硝基苯、五氯苯酚、菲、芘、氟乐灵、多氯联苯
2	实验过程中产生的废弃化学品	指在教学、科研、分析检测等实验室活动中产生的实验室废弃化学品
3	过期、失效或剩余的实验室废弃化学品	指未经使用的报废试剂等
4	盛装过化学品的空容器	指盛装过试剂、药剂的空瓶或其他容器，无明显残留物
5	沾染化学品的实验耗材等废弃物	指实验过程中被污染的实验耗材等

表 5.4　实验过程中产生的废弃化学品分类表

序号	类别	序号	类别
1	无机浓酸溶液及其相关化合物	11	还原性水溶液及其相关化合物
2	无机浓碱溶液及其相关化合物	12	有毒重金属及其混合物
3	有机酸	13	毒性物质、除草剂、杀虫剂和致癌物质
4	有机碱	14	氰化物
5	可燃性非卤代有机溶剂及其相关化合物	15	石棉或含石棉的废弃化学品
6	可燃性卤代有机溶剂及其相关化合物	16	自燃物质
7	不燃非卤代有机溶剂及其相关化合物	17	遇水反应的物质
8	不燃卤代有机溶剂及其相关化合物	18	爆炸性物质
9	无机氧化剂及过氧化物	19	不明废弃化学品
10	有机氧化剂及过氧化物		

表 5.5　美国耶鲁大学化学废弃物分类收集方法

<table>
<tr><th colspan="2">废弃物种类</th><th>收集方法</th></tr>
<tr><td colspan="2">气体</td><td>将残余气体留在容器中(不要释放到大气中)。联系供应商取回所有可重装的气体容器。气阀瓶必须作为废弃物扔掉，气阀瓶需要贴好标签并分开放置 †</td></tr>
<tr><td rowspan="3">液体</td><td>必须用单独容器盛放的化学废弃物：
·反应性物质
·浓酸和浓碱
·高气味物质
·能够反应和释放有毒物的物质(氰化物、硫化物)
由于其他原因不能混合的物质</td><td>用带螺帽的原装或相容性容器分别收集。容器倒置时不应泄漏，不要装得过满。给每个容器贴好标签并隔离放置 †</td></tr>
<tr><td>可以在同一相容性容器中共混的化学废弃物，如：
·相容的不含卤素的有机废液
·相容的含卤素的有机废液
·单一工艺产生的废液(如高效液相色谱废液)
·同一物质
·金属水溶液(如定影液)</td><td>将相容的废液收集在带螺帽的原容器或相容性容器中。容器倒置时不应泄漏，不要装得过满。给每个容器贴好标签并隔离放置 †</td></tr>
<tr><td>废油</td><td>将废旧油泵和其他油收集在 1～5 加仑(1 加仑＝3.78 升)的容器中。未被污染的废油可以回收利用。不要将废油和任何危险废弃物混合，在容器上标记为“废油”</td></tr>
<tr><td rowspan="2">固体</td><td>硅胶</td><td>保存在密闭容器中，标记为危险废弃物，并列出所有潜在污染物(典型溶剂和金属)†</td></tr>
<tr><td>其他化学固体</td><td>保存在原容器或密封容器中，给每个容器贴好标签并隔离放置 †</td></tr>
<tr><td rowspan="2">空的化学容器和被污染的实验器皿</td><td>放置过常规危险废弃物</td><td>空容器(容器倒置不会泄漏或容器内仅剩微量固体)和被污染器皿可以放在普通垃圾桶内(冲洗容器并清除所有化学标识)</td></tr>
<tr><td>放置过极度危险废弃物</td><td>将被污染的实验器皿放置在可密封的塑料袋内，并贴好标签。空容器需贴好标签 †</td></tr>
<tr><td colspan="2">管制物质</td><td>存放在原容器中，并上锁。处置时必须由 DCD 或 DEA 代理见证，联系 DCD、DEA 或耶鲁 EHS 管理部门安排处置访问</td></tr>
</table>

†：储存在实验室卫星式储存区

储存要求：

所有化学废弃物必须储存在产生化学废弃物的实验室的卫星式储存区。容器必须处于良好状态并加盖，向容器中添加废弃物时除外。堆积区的化学废弃物必须按照以下相容性分类进行隔离存放：

· 气体：有毒气体，氧化性气体，易燃气体

· 液体：酸，腐蚀性液体，氧化剂，高氯酸，易燃液体

· 固体：氧化剂，与水反应的，易燃物，其他固体

实验室内存放的常规危险废弃物不得超过55加仑,极度危险废弃物不得多于1夸脱(1夸脱=1/4加仑)。多余(超过这些数量)的废弃物必须注明日期,并在3日内从实验室中清除 标签要求: 每个容器必须贴上"危险废弃物"标签。向容器中添加废弃物时,必须标记所有化学成分的完整化学名称(不得单独使用缩写或化学式)。当容器装满时,加上每种化学成分的近似百分比

美国加利福尼亚大学旧金山分校关于废弃物分类的说明

1. 确定化学品是否为"极度危险(extremely hazardous)"废弃物

● 极度危险废弃物的容器体积不能超过1夸脱(0.95 L)。

● 请根据以下步骤判定化学废弃物的危险等级是否为"极度危险":

➤ 若对以下任一问题的回答是"是",则废弃物应被认定为"极度危险"。在创建有害废弃物标签时,请勾选"极度危险"选项。

➤ 若对以下所有问题的回答均为"否",请继续执行第3步,以确定废弃物是否有害。

① 查找SDS(safety data sheet)数据以确定以下是否适用:

a. 该物质急性经口LD_{50}值是否小于或等于50 mg/kg?

b. 该物质急性经皮LD_{50}值是否小于或等于43 mg/kg?

c. 该物质急性吸入LC_{50}值是否小于或等于100 mg/L?

② 是否有经验或测试数据表明,人体接触该废弃物或材料可能会由于其致癌性、高急性或慢性毒性、生物累积性或持续暴露在该废弃物环境中而导致死亡、致残的人身伤害或严重疾病?

③ 是否与水反应?

④ 废弃物中是否含有以下相关法规中规定的致癌物质:

a. 2-乙酰氨基芴 2-acetylaminofluorene (2-AAF)

b. 丙烯腈 acrylonitrile

c. 4-氨基联苯 4-aminodiphenyl

d. 联苯胺及其盐类 benzidine and its salts

e. 双(氯甲基)醚 bis(chloromethyl)ether (BCME)

f. 甲基氯甲醚 methyl chloromethyl ether

g. 1,2-二溴-3-氯丙烷 1,2-dibromo-3-chloropropane (DBCP)

h. 3,3′-二氯联苯胺及其盐类 3,3′-dichlorobenzidine and its salts (DCB)

i. 4-二甲氨基偶氮苯 4-dimethylaminoazobenzene (DAB)

j. 乙烯亚胺 ethyleneimine (EL)

k. α-萘胺 alpha-napthylamine (1-NA)

l. β-萘胺 beta-napthylamine (2-NA)

m. 4-硝基联苯 4-nitrobiphenyl (4-NBP)

n. *N*-亚硝基二甲胺 *N*-nitrosodimethylamine (NDMA)

o. β-丙内酯 beta-propiolactone (BPL)

p. 氯乙烯 vinyl chloride (VCM)

2. 确定化学品是否为"危险(hazardous)"废弃物

查找化学品的SDS数据以回答以下问题。若对以下任一问题的回答是"是",则废弃物应被视为“危险废弃物”进行管理。

① 废弃物是否易燃？

- 其闪点是否低于或等于140℉或60℃？
- 是否会在标准温度和压力下通过摩擦、吸潮或自发化学反应引起火灾？
- 是否为可点燃的压缩气体？
- 是否为氧化剂？
- 与其他化学物质反应时是否会释放氧气？
- 是否会与油脂、溶剂、纸、布、木头等有机材料发生反应而引燃？

② 废弃物是否具有腐蚀性？

- 是否为pH值≤2或≥12.5的液体？
- 该废弃物固体与等量的水混合后，其pH值是否≤2或≥12.5？
- 是否会严重腐蚀不锈钢？
- 是否会破坏活体组织？

③ 废弃物是否具有反应活性？

- 是否通常不稳定或会发生剧烈变化？
- 是否与水发生剧烈反应，形成潜在爆炸性混合物或有毒气体、蒸气或烟雾？
- 是否为暴露在pH=2～12.5环境下会产生有毒气体、蒸气或烟雾的含氰化物或硫化物废弃物？
- 是否在以下情况下会起爆或爆炸：标准温度和压力下分解、受强引发源作用以及在封闭条件下加热时。

④ 废弃物是否有毒？（毒性测量适用于所有物种）

- 其急性口服 LD_{50} 值是否低于2500 mg/kg？
- 其急性经皮 LD_{50} 值是否低于4300 mg/kg？
- 是否为急性吸入 LC_{50} 值低于10000 mg/L的气体或蒸气？
- 其水生生物96小时急性 LC_{50} 值是否低于500 mg/L？
- 通过经验或测试，该材料是否因其致癌性（致癌物、诱变剂、致畸剂），急性毒性，慢性毒性，生物累积性或在环境中的持久性而对人类健康或环境造成危害？

如果仍无法确定废弃物是否有害，请联系咨询相关部门。

5.3.2 废弃物收集

（1）废弃物暂存区/收集点要求

在化学实验室中，应当设置暂存区以收集废弃物，并按照院系、学校等管理部门规定，定期送至实验楼暂存库、危险品仓库或化学废弃物中转站。

对于废弃物暂存区的管理，我们还需要注意：

① 标识：所有废弃物容器应贴上“危险废弃物”标识，并指出危险类型，即易燃、氧化剂、腐蚀性、反应性、有毒。

② 标签：废弃物容器上应当贴有标签，具体注明废弃物成分与大致数量（如体积）；如果可能，标注可能的危害、日期和联系人姓名。

③ 限量：暂存区不能堆积大量废弃物（固体或液体），应当及时清理、转运。

④ 封闭：除了在倒入废弃物时，收集废弃物的容器应当保持封闭，且不能过度填充，应当留出足够空余。

⑤ 禁配：将收集有不相容废弃物的容器相互隔离，以防止反应。确保倒入容器中的废弃物与容器的类型相容，且与容器中的其他废弃物相容。

⑥ 位置：暂存区应当设置在废弃物生成点或者其附近，一方面为废弃物收集提供便利，另一方面确保废弃物受到实验人员的控制和监管。

⑦ 培训：定期对处理或产生危险废弃物的人员进行相关培训。

⑧ 预案：暂存区附近应当配备灭火器（毯）、泄漏处理工具等。应确保暂存区周围空间不被占用，并安排专人定期检查。

⑨ 其他：不得将生活垃圾，生物危害、放射性废弃物与化学危险废弃物混合或存放在同一地点。

在近期发布的《高校实验室安全检查对照表》中，也对实验室化学废弃物暂存区和规范收集化学废弃物的各项要求做出了详细规定。

实验室应设立化学废弃物暂存区

1. 暂存区应远离火源、热源和不相容物质，避免日晒、雨淋，存放两种及以上不相容的实验室危险废物时，应分不同区域。

2. 暂存区应有警示标识并有防遗洒、防渗漏设施或措施。

实验室内须规范收集化学废弃物

1. 危险废物应按化学特性和危险特性，进行分类收集和暂存。

2. 废弃的化学试剂应存放在原试剂瓶中，保留原标签，并瓶口朝上放入专用固废箱中。

3. 针头等利器需放入利器盒中收集。

4. 废液应分类装入专用废液桶中，液面不超过容量的3/4。废液桶须满足耐腐蚀、抗溶剂、耐挤压、抗冲击的要求。

5. 实验室危险废物收集容器上应粘贴危险废物信息标签、警示标志。

6. 严禁将实验室危险废物直接排入下水道，严禁与生活垃圾、感染性废物或放射性废物等混装。

（2）废弃物标签

如图5.6所示，不同高校管理部门都对化学废弃物的标签形式与内容做出了相关规定。

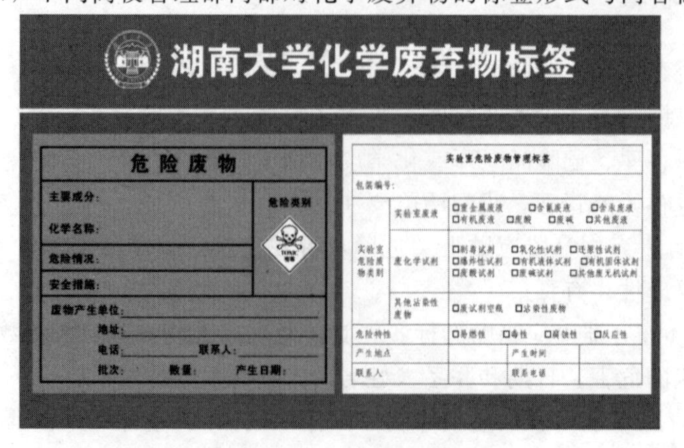

贵州大学实验室废弃物标签

学院(中心)		实验室名称及房号	
联 系 人		联系电话	
废弃物种类	实验室废液	□碱液　□酸液　□混合有机液	
	试（药）剂空瓶	□酸性　□碱性　□有机物	
	废化学试剂（瓶装）	□有机溶剂 □有机固体 □无机盐 □金属单质 □酸 □碱	
	剧毒物质	□ 液态　□ 固态	
主要成分		重量	
危险性质	□易燃　□易爆　□易腐蚀　□其他		

填写时间：__________

中国科学技术大学危化品废弃物标签

学院		一般有机废液
实验室号		
主要成分		
危险性质	□易燃　□易爆　□易中毒 □刺激性　□腐蚀性	

请使用黑色油性水笔填写　保卫与校园管理处 监制

中国科学技术大学危化品废弃物标签

学　院		碱性无机废液
实验室号		
主要成分		
危险性质	□易燃　□易爆　□易中毒 □刺激性　□腐蚀性	

请使用黑色油性水笔填写　保卫与校园管理处 监制

中国科学技术大学危化品废弃物标签

学　院		含杂原子有机废液
实验室号		
主要成分		
危险性质	□易燃　□易爆　□易中毒 □刺激性　□腐蚀性	

请使用黑色油性水笔填写　保卫与校园管理处 监制

中国科学技术大学危化品废弃物标签

学　院		实验室废物
实验室号		
主要成分		
危险性质	□防刺伤　□防感染　□易燃 □易中毒　□刺激性　□腐蚀性	

请使用黑色油性水笔填写　保卫与校园管理处 监制

中国科学技术大学危化品废弃物标签

学　院		废油
实验室号		
主要成分		
危险性质	□易燃　□易爆　□易中毒 □刺激性　□腐蚀性	

请使用黑色油性水笔填写　保卫与校园管理处 监制

中国科学技术大学危化品废弃物标签

学　院		废硅胶
实验室号		
主要成分		
包装要求	内用透明塑料袋包装扎紧，外用编织袋。	

请使用黑色油性水笔填写　保卫与校园管理处 监制

中国科学技术大学危化品废弃物标签

学　院		酸性无机废液
实验室号		
主要成分	注：含氢氟酸、高氯酸分开单独存放。	
危险性质	□易燃　□易爆　□易中毒 □刺激性　□腐蚀性	

请使用黑色油性水笔填写　保卫与校园管理处 监制

中国科学技术大学危化品废弃物标签

学　院		重金属离子无机废液
实验室号		
主要成分		
危险性质	□易燃　□易爆　□易中毒 □刺激性　□腐蚀性	

请使用黑色油性水笔填写　保卫与校园管理处 监制

图 5.6

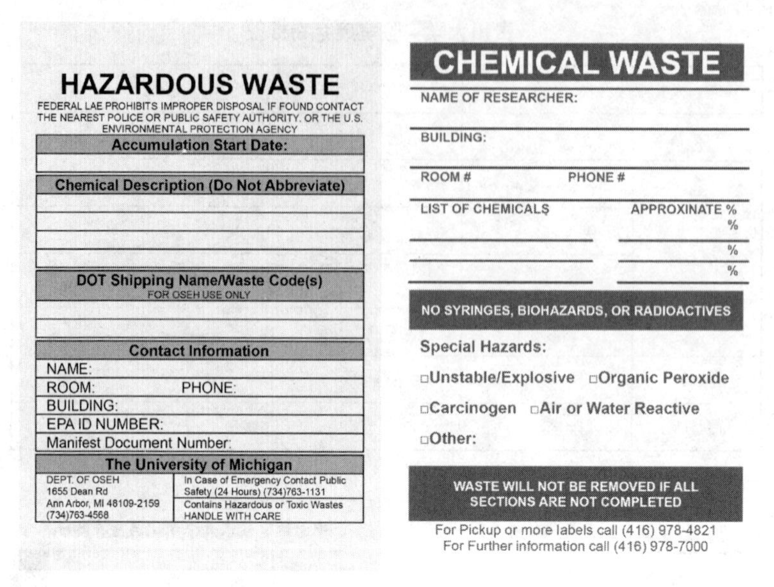

HAZARDOUS WASTE

FEDERAL LAE PROHIBITS IMPROPER DISPOSAL IF FOUND CONTACT THE NEAREST POLICE OR PUBLIC SAFETY AUTHORITY, OR THE U.S. ENVIRONMENTAL PROTECTION AGENCY

Accumulation Start Date:

Chemical Description (Do Not Abbreviate)

DOT Shipping Name/Waste Code(s)
FOR OSEH USE ONLY

Contact Information
NAME:
ROOM: PHONE:
BUILDING:
EPA ID NUMBER:
Manifest Document Number:

The University of Michigan
DEPT. OF OSEH
1655 Dean Rd
Ann Arbor, MI 48109-2159
(734)763-4568
In Case of Emergency Contact Public Safety (24 Hours) (734)763-1131
Contains Hazardous or Toxic Wastes
HANDLE WITH CARE

CHEMICAL WASTE

NAME OF RESEARCHER:
BUILDING:
ROOM # PHONE #
LIST OF CHEMICALS APPROXINATE %
%
%
%

NO SYRINGES, BIOHAZARDS, OR RADIOACTIVES

Special Hazards:
□Unstable/Explosive □Organic Peroxide
□Carcinogen □Air or Water Reactive
□Other:

WASTE WILL NOT BE REMOVED IF ALL SECTIONS ARE NOT COMPLETED

For Pickup or more labels call (416) 978-4821
For Further information call (416) 978-7000

图 5.6　湖南大学、贵州大学、中国科学技术大学、美国密歇根大学和加拿大多伦多大学化学废弃物标签示例

思考

请阅读并比较图 5.6 中的各种化学废弃物标签的异同，并设计一张实验室化学废弃物标签。

（3）废弃物容器

盛放废弃物的容器需注意以下几点：

① 废液桶须满足耐腐蚀、抗溶剂、耐挤压、抗冲击的要求；必须完好无损，封口严紧，防止在搬动和运输过程中泄漏、遗洒。

② 建议将固体废物存放在透明塑料袋中。

③ 及时清理废弃物容器外部或存储区域的任何溢出物。

④ 一旦发现，应当立即处理损坏或泄漏的废弃物容器。

⑤ 如果发生泄漏或溢出，应使用能够容纳至少 110％储存废弃物的二级容器。

⑥ 不要将锋利的废弃物（如滴管、针头、碎玻璃等）装入塑料袋里，应专门使用利器盒收集，并定期清理。

⑦ 确保倒入容器中的废弃物与容器的类型相容。如金属容器不能用于盛装腐蚀性液体，氢氟酸不能使用玻璃容器而需要使用聚乙烯容器盛装。

⑧ 确保倒入容器中的废弃物与容器中的其他废弃物相容。热玻璃或反应性化学品，绝不可与可燃性废弃物混在一起。

⑨ 若使用试剂瓶储存废弃物，应检查试剂瓶是否已清空，并且确保倒入试剂瓶的废弃物与之前的试剂是相容的，如切勿使用空甲醇瓶来储存硝酸废液。

（4）废弃物贮存

为了防止意外混合和危险反应发生，化学废弃物必须按危害类别进行分类隔离。具体而言，可以通过将禁配的化学废弃物存放在实验室的不同区域以及使用二级容器来进行隔离。同时，确保废弃物容器标签内容与分类隔离相匹配也非常重要。填写和更新废弃物容器标签的危险信息和指示，不仅有助于实现上述隔离，还可以向使用者强调不相容性。

实验室对危险废物分类收集过程中的风险控制，最关键的就是要考虑不同物质之间的相容性，尤其是废液的混合收集。相容性的考虑包括两个方面，化学品废弃物之间的相容性和化学品废弃物与容器的相容性。

常见的不相容化学物类别有：酸与碱、氧化剂与易燃物/有机物质/还原剂（考虑到部分有机酸，如冰醋酸，具有还原性或可燃性，应当与具有氧化性的无机酸隔离贮存）、氰化物/硫化物与酸、与水反应物质（如钠）与水等。此外，生物危害、放射性废弃物不得与化学废弃物混存。在《实验室废弃化学品收集技术规范》（GB/T 31190—2014）的附录B中将化学品细分为41类，并将各种组合的相容性列于图表，方便查阅。另外，在《危险废物贮存污染控制标准》（GB 18597—2001）的附录B中（表5.6）（注：该附录在最新标准GB 18597—2023中已略去），曾指明了部分不相容危险废弃物混合后会产生的危险。

表 5.6　部分不相容的危险废物

不相容危险废物		混合时会产生的危险
甲	乙	
氰化物	酸类、非氧化	产生氰化氢、吸入少量可能会致命
次氯酸盐	酸类、非氧化	产生氯气、吸入可能会致命
铜、铬及多种重金属	酸类、氧化，如硝酸	产生二氧化氮、亚硝酸盐，引致刺激眼目及烧伤皮肤
强酸	强碱	可能引起爆炸性的反应及产生热能
铵盐	强碱	产生氨气，吸入会刺激眼目及呼吸道
氧化剂	还原剂	可能引起强烈及爆炸性的反应及产生热能

危险废物与容器之间的相容性如表5.7所示，一般建议实验室采用高密度聚乙烯或聚四氟乙烯材质的废液桶或废液瓶来盛放废液，若与高密度聚乙烯桶不相容的则使用不锈钢桶或其他相容性容器。对于未用完或过期化学品可以直接保留原包装，集中在纸箱中贮存，但要注意内包装的密封性，防止发生泄漏。

表 5.7　不同危险废物种类与一般容器的化学相容性

危险废物	容器或衬垫的材料							
	高密度聚乙烯	聚丙烯	聚氯乙烯	聚四氟乙烯	软碳钢	不锈钢		
						$OCr_{18}Ni_9$(GB)	$M_{o3}Ti$(GB)	$9Cr_{18}M_oV$(GB)
酸（非氧化）如硼酸、盐酸	R	R	A	R	N	*	*	*
酸（氧化）如硝酸	R	N	N	R	N	R	R	*
碱	R	R	A	R	N	R	*	R
铬或非铬氧化剂	R	A*	A*	R	N	A	A	*
废氰化物	R	R	R	A*-N	N	N	N	N
卤化或非卤化溶剂	*	N	N	*	A*	A	A	A
金属盐酸液	R	A*	A*	R	A*	A*	A*	A*
金属淤泥	R	R	R	R	R	*	R	*
混合有机化合物	R	N	N	A	R	R	R	R
油腻废物	R	N	N	R	A*	R	R	R
有机淤泥	R	N	N	R	R	*	R	*

续表

危险废物	容器或衬垫的材料							
	高密度聚乙烯	聚丙烯	聚氯乙烯	聚四氟乙烯	软碳钢	不锈钢		
						$OCr_{18}Ni_9$(GB)	$M_{o3}Ti$(GB)	$9Cr_{18}M_oV$(GB)
废漆油(原溶剂)	R	N	N	R	R	R	R	R
酚及其衍生物	R	A*	A*	R	N	A*	A*	A*
聚合前驱物及产生的废物	R	N	N	*	R	*	*	*
皮革废物(铬鞣溶剂)	R	R	R	R	N	*	R	*
废催化剂	R	*	*	A*	A*	A*	A*	A

A:可接受;N:不建议使用;R:建议使用

*:因变异性质,请参阅个别化学品的安全资料

5.3.3 废弃物的处理处置

废弃物能通过回收、提纯的方法再利用的，首先应采取有效方法进行回收提纯，尽可能减少废弃物的产生。没有回收利用价值的，应采取必要的措施进行无害化处理，处理后的废弃物达到国家有关方面制定的排放标准后可以直接进行排放。不能进行提纯利用和无害化处理的废弃物，应经分类收集后交由有资质的专业单位进行处置。

“处理”与“处置”[5]

“处置”的概念是相对“处理”来说的，我国许多出版著作普遍认为“处理”是指通过物理、化学或生物方法，将废物转变为便于运输、储存、利用和处置的形式的过程，相当于再生利用或处置的预处理过程。而“处置”则可以理解为不能进一步回收利用的废物的最终的处置。危险化学品废物处置的目的是使其尽可能地与生物圈隔离，阻断处置场内废物与生态环境、社会环境的联系，从而确保现在或者将来有害物质不会对人类和环境造成不可接受的危害。

对实验室废气以及处理难度较低或需预处理的实验室废液（种类较少、成分明确），我们应当掌握常见的处理方法。此外，对那些需经收集、转运由专业单位进行焚烧处置和安全填埋处置的废弃物，了解它们的处理处置流程及相关要求，将促使我们在实验室中更加安全、科学地对废弃物进行分类和收集。

（1）实验室废气处理

实验室废气的特点是量少、种类多变。目前，化学实验室废气绝大多数采用直接排放的方式进行处理。一般实验室采用管道集中到楼顶，由风机直接排放。直接排放虽然在某种程度上局部改善了实验人员的工作环境，但对大气造成了直接污染，对废气进行无害化处理后再排放有利于保护实验室周边环境。

① 溶液吸收法：用适当的液体吸收剂处理气体混合物，除去其中的有害气体。常用的液体吸收剂有水、碱性溶液、酸性溶液、氧化剂溶液和有机溶液，它们可用于净化含有二氧化硫、一氧化氮、氟化氢、氯化氢、氯气、氨、汞蒸气、酸雾和各种组分有机物蒸气的废气。

② 固体吸收法：使废气与固体吸附剂接触，废气中的污染物吸附在固体表面从而被分离出来，主要用于净化废气中低浓度的污染物。表 5.8 为常用固体吸附剂及处理的吸附质。

表 5.8　常用固体吸附剂及处理的吸附质

固体吸附剂	处理的吸附质
活性炭	苯、甲苯、二甲苯、丙酮、乙醇、乙醚、甲醛、汽油、乙酸乙酯、苯乙烯、氯乙烯、恶臭物、硫化氢、氯气、一氧化碳、二氧化碳、二硫化碳、四氯化碳等
浸渍活性炭	烯烃、胺、酸雾、硫醇、二氧化硫、氯气、硫化氢、卤化氢、氨、汞蒸气等
活性氧化铝	硫化氢、二氧化硫、氟化氢
分子筛	二氧化碳、二硫化碳、二氧化硫、硫化氢、氨、四氯化碳等
焦炭粉粒	沥青烟

（2）实验室废液处理

实验室废液的处理应该根据废液性质有针对性地进行分类处理，尽可能降低处理难度。

① 中和法：指使废液发生酸碱中和反应，调节废液 pH 至中性。酸含量小于 3%的酸性废液和碱含量小于 1%的碱性废液，常采用中和法。如无机废酸用氢氧化钙溶液或废碱中和，废碱用盐酸或废酸中和。

② 沉淀法：根据废液的性质，加入合适的沉淀剂，并控制温度和 pH 等条件，使废弃物生成溶解度很小的沉淀物或聚合物，然后进行分离。沉淀法适用于除去废液中的重金属离子（如汞、镉、铜、铅、锌、镍、铬等），碱土金属离子（如钙、镁等）及某些非金属离子（如砷、氟、硫、硼等）（表 5.9）。

③ 氧化还原法：根据废液性质加入氧化剂或还原剂，使有毒有害的物质转化成无害的新物质或易于从水中分离出去的形态。常用的氧化剂主要有臭氧和含氯化合物（如漂白粉），可用于含氮、含硫、含酚及含氨氮废液的处理。常用的还原剂有铁屑、铜屑、硫酸亚铁、亚硫酸氢钠等，可用于还原+6 价铬离子、除去废液中的汞等。

此外还有蒸馏法、熔融法、萃取法、膜分离法、离子交换法等，可根据废弃物的特点进行相应处理。

表 5.9　部分重金属离子废液处理方法

种类	处理方法
含砷废液	向废液中加入氢氧化钙，控制废液 pH≈8，使其转化为砷酸钙或亚砷酸钙沉淀，加入三氯化铁作为共沉淀剂，分离沉淀
含铬(Ⅵ)废液	在酸性条件下加入硫酸亚铁，使铬(Ⅵ)转变成毒性较低的铬(Ⅲ)。再向废液中加入废碱液或石灰，调节 pH 至 10，使其生成低毒的氢氧化铬沉淀，分离沉淀后集中处理
含汞废液	加入硫化钠，使其生成硫化汞沉淀，调节 pH 至 8，然后加入硫酸亚铁作为共沉淀剂，使过量的硫化钠与硫酸亚铁反应生成硫化铁沉淀，硫化铁可吸附悬浮于水中的硫化汞微粒进行共沉淀，分离沉淀
含银废液	在废液中加入盐酸，调节 pH 为 1～2，得到氯化银白色沉淀，分离沉淀
含铅废液	加入氢氧化钙，调节 pH 至 10，使铅离子生成氢氧化铅沉淀，加入硫酸亚铁作为共沉淀剂，调节 pH 至 7～8，分离沉淀
含镉废液	加入氢氧化钙，调节 pH 至 10～11，加入硫酸亚铁作为共沉淀剂，分离沉淀

由于实验室废液的成分复杂，不能预期只用一种方法就能去除所有的污染物，此时可考虑几种方法组合来处理（图 5.7）。

（3）废弃物的焚烧处置和安全填埋处置

① 焚烧处置

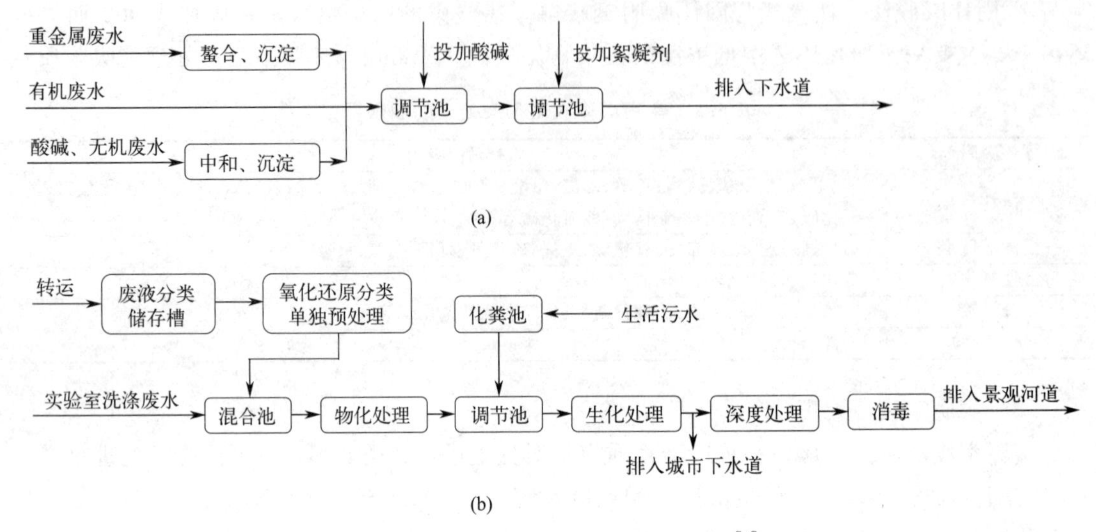

图 5.7　常用实验室废液处理工艺流程[4]

焚烧法处置废弃物能同时实现无害化、减量化及资源化，是当前危险废物处置最成熟且最有效的方法。焚烧法在欧美发达国家已经得到广泛的应用，也是我国危险废物集中处置主要采用的方法。焚烧设备的主要炉型有回转窑、炉排炉、流化床及废液焚烧炉等，其选择需考虑废弃物的种类、形态、性质和燃烧过程等因素。回转窑炉具有密封性好、可高温安全燃烧等优点，当废弃物中含有多种难燃烧的物质，或含有毒、有害的物质时，回转窑炉是唯一理想的炉型。如表 5.10 所示，回转窑炉可同时处置固、液、气态危险化学品废物[5]。

表 5.10　危险废物焚烧炉处置废物[5]

废物种类		回转窑焚烧炉	液体喷射焚烧炉	流化床焚烧炉	多层床焚烧炉	固定床焚烧炉
固体	粒状物质	√			√	
	低熔点物质	√		√	√	√
	含熔融灰分的有机物	√	√	√	√	
	大型、不规则物品	√				√
气体	有机蒸气	√	√	√	√	√
液体	含有毒成分高的有机废液	√	√	√		
	一般有机液体	√	√	√		
其他	含氯化有机物的废物	√	√			
	高水分的有机污泥	√		√	√	

当废弃物中含有较高含量的有害成分（如重金属、Cl、F、S 等），其进入焚烧炉可能造成烟气短时间超标，腐蚀热锅炉或者炉子本体。有些废弃物中还含有易燃易爆成分和特殊的 pH 值，均不适合直接进入焚烧炉。因此，在焚烧处置前应对废弃物进行预处理，其主要作用包括：a. 使废弃物的形态尺寸满足焚烧炉的要求；b. 控制废弃物的有害成分满足焚烧要求；c. 使废弃物的热值满足焚烧要求；d. 使废弃物的焦渣特性满足焚烧炉的要求；e. 满足其他运行要求。

废弃物的预处理过程包括接收后的入库、配伍、入坑、破碎、混合、上料入窑等。其中，危险废弃物的配伍是关键环节。由于实验室废弃物种类繁多、来源广泛，两种或多种不相容危险废弃物混合时会产生不可预料或不受控制的反应从而引发不良后果，如产生大量的热、产生火焰、发生爆炸、产生大量气体增加设备压力或产生有毒、可燃气体以及形成激烈的聚合反应等。因此，在进料调配时，应首先考虑废弃物的相容性，即按相容性配伍。

通过合理配伍实现焚烧系统的稳定性、经济性和安全性，还需要考虑废弃物的组分：氯、氟化合物燃烧会产生腐蚀性较强的氯化氢及氟化氢等气体，会加重烟气处理的负荷；含苯环物质及多环（两个苯环以上）物质较难分解，需提高焚烧温度、延长停留时间；碱性金属（钠、钾）盐类容易和其他金属盐类形成低熔点物质，导致结渣和腐蚀，需与其他种类的废弃物混合，降低其入炉浓度；含重金属（如汞、镉、铬、铅、砷、锌等）的废液直接入炉，有可能超过烟气净化系统的设计容量。表5.11总结了部分特殊危险化学品的焚烧处置要求。由此可见，废液桶标签的成分信息具有重要参考价值。

表5.11 特殊危险化学品的焚烧处置要求[5,6]

序号	分类	危险化学品名称	焚烧处置要求
1	直接焚烧易引起爆炸的危险化学品	四氢呋喃	将废液浓缩，再在一定的安全距离之外敞口燃烧
		1,2-环氧丙烷、1,2-环氧丁烷、环氧乙烷、乙二醇甲醚	不含过氧化物的废液经浓缩后，控制一定的速度燃烧；含过氧化物的废液经浓缩后，在安全距离外敞口燃烧
		过氧化二苯甲酰、过氧化苯甲酸叔丁酯、过氧化二碳酸二异丙酯、过氧化氢二异丙苯、过氧化氢异丙苯、过氧化双(3,5,5-三甲基己酰)	与不燃性物料混合后，再焚烧
		硫酸甲酯	稀释中和后，再焚烧；焚烧炉排出的硫氧化物通过洗涤器除去
2	不宜直接焚烧的危险化学品	丙酸、2-丙烯-1-醇、樟脑、1-甲基异喹啉	溶于易燃溶剂后，再焚烧
		六氯环戊二烯、羰基镍	与燃料混合后，再焚烧
		间苯二酚	与碳酸氢钠、固体易燃物充分接触后，再焚烧
		五氯硝基苯	与聚乙烯混合后，再焚烧；焚烧炉排出的气体要通过洗涤器除去
		2,4-二硝基甲苯、2,6-二硝基甲苯	与碳酸氢钠、固体易燃物充分接触后，再焚烧；焚烧炉排出的氮氧化物通过洗涤器除去
		苯基硫醇	与碳酸氢钠、固体易燃物充分接触后，再焚烧；焚烧炉排出的硫氧化物通过洗涤器除去
		邻氯酚	与碳酸氢钠、固体易燃物充分接触后，再焚烧；焚烧炉排出的卤化氢通过酸洗涤器除去
		氯乙酸、三氯乙酸、2,4,5-三氯苯酚、2,4,6-三氯苯酚	与燃料混合后，再焚烧；焚烧炉排出的卤化氢要通过酸洗涤器除去
		硫	与燃料混合后，再焚烧；焚烧炉排出的硫氧化物通过洗涤器除去
		N,*N*-二甲基甲酰胺、二苯胺、无水肼	与燃料混合后，再焚烧；焚烧炉排出的氮氧化物要通过洗涤器除去
		氯化氰	与燃料混合后，再焚烧；焚烧炉排出的气体要通过洗涤器除去，也可以将气体通入硫酸铁溶液或氢氧化钠和过量次氯酸钙的稀溶液中，使其转化成相对低毒的物质
3	需高温焚烧的危险化学品	多氯联苯	焚烧温度≥1200℃，停留时间≥2 s
4	焚烧生成氟化氢的危险化学品	氟	将废气通过活性炭床，生成的四氟化碳进入氟-烃空气燃烧器燃烧，再通过碱溶液洗涤后经烟囱排空
		氟乙酸钠	同大量的蛭石、碳酸钠、碳酸氢钠、消石灰混合后，再焚烧；焚烧系统要装置后燃烧室，焚烧炉排出的气体要通过碱洗涤器除去

续表

序号	分类	危险化学品名称	焚烧处置要求
5	直接焚烧生成氯气的危险化学品	1,1-二氯-1-硝基乙烷、1-氯-1-硝基丙烷、氯化苄、2-氯甲苯、3-氯甲苯	燃烧过程中要喷入蒸气或甲烷,以免生成氯气;焚烧炉排出的气体要通过洗涤器除去
		3,3′-二氯联苯胺	燃烧过程要喷入蒸气或甲烷,以免生成氯气;焚烧炉排出的氮氧化物通过催化氧化装置或高温装置除去

② 安全填埋

根据《危险废物处置工程技术导则》，安全填埋处置技术适用于《国家危险废物名录》中除填埋场衬层不相容废物之外的危险废物的安全处置。无机盐类废弃物一般先进行解毒、稳定化预处理再进行填埋处置。性质不稳定的危险废物需要经过固化/稳定化后方可进行安全填埋处置。有机废物不适宜采用安全填埋进行处置，多采用焚烧来对其进行处置。

填埋场的选址及填埋的预处理是填埋的关键。常用的填埋预处理技术包括：a. 对危险废物进行分类、分拣，禁止可燃性废物进入填埋场，以确保填埋场安全运行；b. 对危险废物进行压缩减容，降低填埋处置成本；c. 中和酸性或碱性固体废物，达到以废治废并减少库容的目的；d. 利用氧化还原技术降低或解除危险废物的毒性，使之成为环境的中性物质，减少渗出液的毒性，增加填埋安全性；e. 固化/稳定化技术是填充预处理技术中最常用、最重要的技术，是指通过化学或物理方法，使有害物质转化成物理或化学特性更加稳定的惰性物质，降低其有害成分的浸出率，或使之具有足够的机械强度，从而满足再生利用或处置要求的过程。水泥固化法、石灰固化法、塑料固化法、自胶结固化法、玻璃固化法和药剂稳定化是常见的几种固化/稳定化技术，它们的适用对象和优缺点各有不同。

5.4 环境保护

5.4.1 环境危害类化学品

(1) 具有水生危害和消耗臭氧层的化学品

化学实验室中使用和产生的环境危害类危险化学品包括具有水生危害（急性或长期）的化学品和消耗臭氧层的化学品（如甲烷的氯取代物、溴取代物、氟氯取代物、氟溴取代物、氯溴取代物、氟氯溴取代物，乙烷的氯取代物、氟氯取代物、氟溴取代物，丙烷的氟氯取代物、氟溴取代物）。

(2) 持久性有机污染物（persistent organic pollutants，POPs）

持久性有机污染物同样是化学实验室可能排放的环境危害类物质。POPs是环境污染物的主要组成，也是环境监测中最重要的监测目标。POPs具有持久性、长期残留性、生物蓄积性、半挥发性以及高毒性等特点，符合这些特征的POPs高达数千种，多为有机氯农药和多环芳烃。这一类有机污染物大多具有致癌、致畸、致突变效应和遗传毒性，因此已经成为社会各界广泛关注的问题。例如，有机氯农药污染（以六六六和各种环戊二烯类为主），属于环境内分泌干扰物，干扰体内正常分泌物的生理过程，可激活或抑制内分泌系统功能，从而破坏生物体内维持机体稳定性和调控作用的物质。研究发现，有机氯农药与胆囊癌、血液肿瘤有一定关系。2001年5月，127个国家和地区签订了《关于持久性有机污染物的斯德哥尔摩公约》，规定对DDT、多氯联苯等12种POPs停止或者限制使用。自从该公约签订之后，几乎每年都有新的POPs被发现，并被禁止生产或使用。

有机的环境内分泌干扰物（environmental endocrine disruptors，EEDs）是一类典型的POPs，以二噁英为代表。二噁英实际上是对200多种具有相似结构和理化特性的多氯取代的平面芳烃类化合物的简称，主要有两大类：多氯二苯并二噁英（polychlorinated dibenzo-p-dioxin，PCDDs）和多氯二苯并呋喃（polychlorinated dibenzofuran，PCDFs）（图5.8）。二噁英能干扰机体的内分泌功能，对健康产生影响，且具有致癌作用，被列为人类一级致癌物。二噁英在自然界几乎不存在，只有通过化学合成才能产生，被视为“世界上最危险的化学物质之一”，有着“世纪之毒”之称，因此，二噁英污染被认为是“关系到人类存亡的重大问题”。

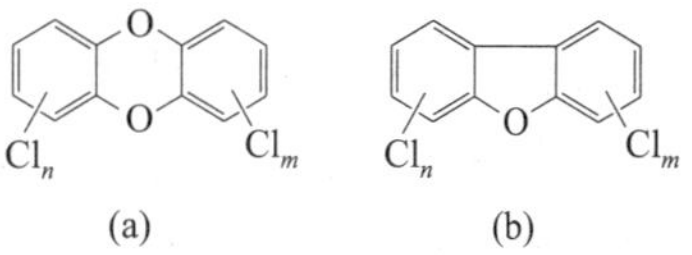

(a) (b)

图5.8 二噁英结构式：(a) PCDDs和(b) PCDFs

思考

请查阅属于环境内分泌干扰物的有机分子结构、二噁英的异构体及其毒性大小，并调查环境内分泌干扰物引发健康危害的典型历史案例（如日本米糠油事件、意大利塞维索化学污染事故、尤先科二噁英中毒事件等）。

(3) 纳米材料

另一类可能造成环境危害的化学物质是纳米材料。纳米材料是指在三维空间中至少有一维处于纳米尺寸（1～100 nm）的材料。科学家发现，随着尺寸的减小，纳米材料表现出非同寻常的性能，因而成为最热门的研究领域之一。但是，随着对纳米材料认识的不断加深，纳米材料具有的潜在毒性以及对环境可能造成的负面影响也正引起关注。研究由纳米材料的特殊性质造成的与生物体的组织、器官、细胞及生物分子之间作用的分支学科，被称为纳米毒理学。

纳米材料被认为能够突破一些生物屏障，经呼吸道、消化道、皮肤等多种途径侵入人体，可以直接或通过淋巴道进入血液循环，再随血液分布全身。纳米粒子的密度较大，尤其是金属纳米粒子，在随血液进行循环的过程中，可以获得比体内天然的生物粒子（如蛋白质、脂肪微滴等）更大的动能，可通过碰撞、挤压、穿透等方式造成血细胞、血管内皮细胞或血管壁组织损伤，引起心血管系统病变。纳米粒子还有可能引起血液凝固功能障碍，或者因为发生团聚引起血管堵塞，导致血液循环障碍或对血管壁产生牵张作用。此外，纳米粒子可能在身体器官组织中作为异物长期存在，对机体产生持久性刺激，可能导致肿瘤的发生[7]。

纳米材料对机体造成损伤的原因不只是物理性作用，它们的理化性质也会对其毒理性产生重要影响。目前，多数纳米材料的毒性作用被认为与材料表面的电子活性位点（给电子或受电子基团）与氧分子发生反应形成超氧阴离子（$\cdot O_2^-$）并进一步通过歧化反应产生活性氧自由基（reactive oxygen species，ROS）有关[8]。过量的ROS以及氧化应激反应是导致细胞损伤的重要原因之一。例如，富勒烯、单壁碳纳米管（single-wall carbon nanotubes，SWCNTs）、量子点等在复合光、紫外线、过渡金属暴露的条件下，都可以产生ROS。相关研究还表明，纳米材料的尺寸、形状、表面电荷、化学组成、表面修饰、金属杂质、团聚与分散性、降解性能以及蛋白冠的形成都是影响纳米材料毒性的关键因素（图5.9）[9]。纳米毒理学的研究发现：大鼠暴露在空气中直径为130 nm的二氧化硅纳米颗粒中4小时会死亡，当纳米颗粒的直径为30 nm时则对大鼠没有影响；球状纳米材料更容易被肺泡巨噬细胞吞噬，具有较大长径比的纤维状结构对肺巨噬细胞表现出更大的细胞毒性；进入血液中的纳米材料与血清蛋白质通过静电吸附、疏水作用、氢键作用结合形成“蛋白冠”，蛋白冠的形成会改变纳米颗粒的尺寸和表面组成，加速纳米材料被细胞摄取的速率；单壁碳纳米管通过蛋白分子的疏水性氨基酸残基与碳管表面发生多重弱相互作用的协同效应吸附血浆蛋白质之后，能够大大降低其细胞毒性；表面电荷可以显著地影响纳米颗粒的胶体行为，通常情况下，阳离子表面的纳米材料比阴离子表面有更大的毒性，而表面官能团化、改变分散程度是改变表面电荷、减少纳米材料毒性的有效方式。

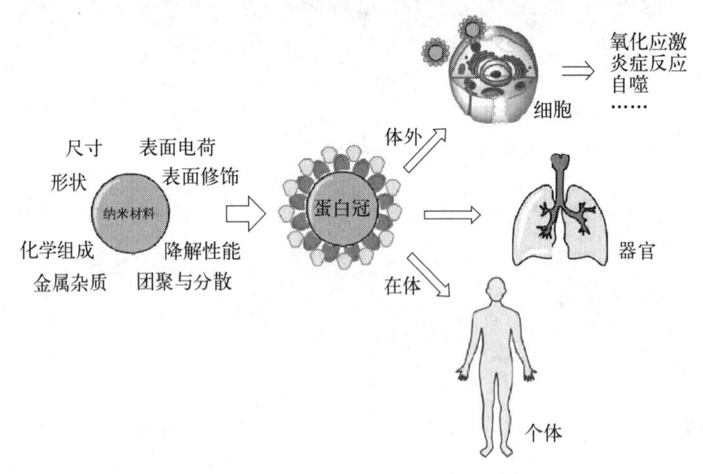

图5.9　纳米材料与生物体系的相互作用及其影响因素示意图[9]

5.4.2　绿色化学

近年来，出现了一门新的分支学科——“绿色化学（green chemistry）”，又称“环境友好化学（environmentally friendly chemistry）”。简单来讲，“绿色化学”的定义可表述为：利用化学技能和知识，在化学品的设计、制造和应用过程中减少或消除对人类健康或环境有害的物质的生产和应用，从源头上对污染进行控制，从根本上保护环境。

20世纪90年代，美国化学家保罗·阿纳斯塔斯（Paul Anastas）和约翰·华纳（John Warner）提出了绿色化学的12条原则[10,11]（图5.10）：

① 废物产生最小化：防止或避免废物的产生，而不是在废物产生后对其进行处理和净化。绿色化学不同于环境治理。环境治理强调对已污染的环境进行治理，使其恢复到被污染之前的状态；绿色化学则重视预防污染，即避免污染物的产生、使用和排放，这样可以从源头控制环境污染的问题。

② 原子经济最大化：一个有效的合成反应不仅要有高的选择性，同时应有较好的原子经济性。绿色化学的“原子经济性”是指在化学品合成过程中，合成方法和工艺应被设计成能把反应过程中所用的所有原材料尽可能多地转化为最终产物。在合成反应中，提高目标产物的选择性和原子利用率的关键是减少副产物的产生，即化学反应中，到底有多少反应物的原子转变到了目标产物中。原子利用率的定义式如下：

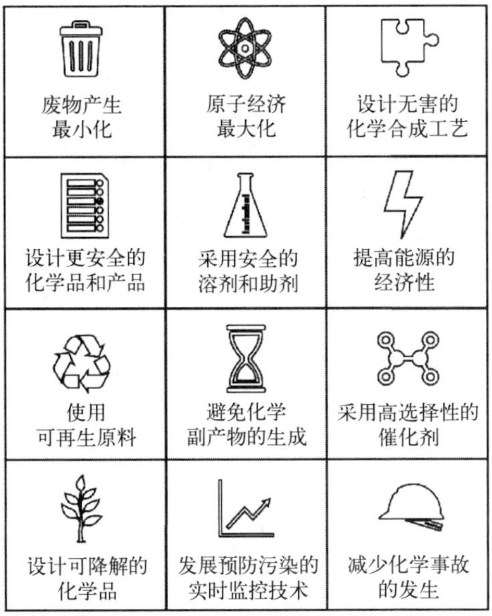

废物产生最小化	原子经济最大化	设计无害的化学合成工艺
设计更安全的化学品和产品	采用安全的溶剂和助剂	提高能源的经济性
使用可再生原料	避免化学副产物的生成	采用高选择性的催化剂
设计可降解的化学品	发展预防污染的实时监控技术	减少化学事故的发生

图 5.10　绿色化学的 12 条原则：①废物产生最小化，②原子经济最大化，③设计无害的化学合成工艺，④设计更安全的化学品和产品，⑤采用安全的溶剂和助剂，⑥提高能源的经济性，⑦使用可再生原料，⑧避免化学副产物的生成，⑨采用高选择性的催化剂，⑩设计可降解的化学品，⑪发展预防污染的实时监控技术，⑫尽量使用安全的化学试剂，减少化学事故的发生

$$原子利用率=\frac{目标产物的量}{按化学计量式所得所有产物的量之和}\times 100\%$$

用原子利用率可以衡量在一个化学反应中，生产一定量目标产物到底会产生多少副产物。

③ 设计无害的化学合成工艺：在设计合成方法时，应使用和合成对人类和环境低毒或无毒的物质。在有机合成反应中，许多原料有毒或剧毒，如氰化物、光气、硫酸二甲酯等，在使用过程中不可避免地会出现环境污染和危害人体健康的问题。因此绿色化学倡导，在合成化学品时，尽可能减少有毒和危险化学品的使用，用低毒或无毒溶剂替代有毒溶剂，将毒害降至最低或尽可能消除。

④ 设计更安全的化学品和产品：在产品设计中，要确保化学品能够实现其功能的同时，只有很低的毒性或者根本无毒。传统化学通常只注重化学品是否具有符合设计期望的性质，而忽略了其毒性。所以要运用分子改造的手段来获得最佳功能的分子，并且使其毒性最低，警惕化学品对生物直接和间接的影响。

⑤ 采用安全的溶剂和助剂：在化学品的生产、加工、使用过程中，多数都会用到辅助性物质。这些辅助性物质一般作为溶剂、萃取剂、分散剂、反应促进剂、清洗剂等使用。目前，使用量最大、最常见的溶剂主要有石油醚、芳香烃、醛、酮、卤代烃等。这些挥发性有机溶剂在阳光照射下会发生化学反应，形成的光化学烟雾会影响人类的健康。此外，这些溶剂还会污染水体、毒害水生生物。因此，研究开发低危害性、对人体健康无害、环境友好的溶剂，是减少环境污染的一个有效途径。

为了帮助化学家选择更持续的溶剂，很多制药公司和研究机构制定了广泛的、数据丰富的溶剂选择指南[12]。表 5.12 对化学实验室中常用溶剂的安全性进行了总结，将五十一种常用溶剂分为了六类：推荐的（recommened）、推荐的或有疑问的（recommended or problematic)、有疑问的（problematic)、有疑问的或有害的（problemtic or hazardous)、有害的（hazardous）和严重危害的（highly hazardous)。

表 5.12　五十一种化学实验室中常用溶剂的安全分类[12]

推荐的	水、乙醇、异丙醇、正丁醇、乙酸乙酯、醋酸异丙酯、醋酸正丁酯、苯甲醚、环丁砜
推荐的或有疑问的	甲醇、叔丁醇、苄醇、乙二醇、丙酮、丁酮(MEK)、甲基异丁基酮(MIBK)、环己酮、乙酸甲酯、乙酸、乙酸酐
有疑问的	2-甲基四氢呋喃、庚烷、甲基环己烷、甲苯、二甲苯、氯苯、乙腈、*N*,*N*-二甲基丙烯基脲(DMPU)、二甲基亚砜(DMSO)
有疑问的或有害的	甲基叔丁基醚(MTBE)、四氢呋喃(THF)、环己烷、二氯甲烷(DCM)、甲酸、吡啶
有害的	二异丙醚、1,4-二噁烷、二甲基醚(DME)、戊烷、己烷、*N*,*N*-二甲基甲酰胺(DMF)、*N*,*N*-二甲基乙酰胺(DMAC)、*N*-甲基吡咯烷酮(NMP)、甲氧基乙醇、三乙胺
严重危害的	乙醚、苯、氯仿、四氯甲烷、二氯乙烷(DCE)、硝基甲烷

⑥ 提高能源的经济性：能量是人类赖以生存的重要物质基础，能量的存储和使用与经济发展、社会状况及生态环境直接相关。化学工业是各工业部门中的第一耗能大户，约占世界总能耗的 25%。化学反应或化学过程的每一步都涉及能量的转变和传递。化学原料的获取、化学反应的发生、反应速率的控制、反应产物的分离和纯化等各个环节均伴随着能量的产生和消耗。通过优化设计尽可能减少这些过程，从而降低能耗。此外，化学工业所使用的能量主要是以化石燃料为主，而化石燃料是一次性燃料，这显然不符合社会经济可持续发展的需要，因此，必须找到一种可持续使用能量的方法。

⑦ 使用可再生原料：使用可再生的，而不是消耗性的原料和原材料。化工生产的原料大多来自化石燃料（石油、天然气或煤），这些原料不可再生，不符合可持续发展战略。绿色化学建议采用可再生原料，如生物质原料。这些原料通常来自农产品或者其他过程的废物，易获取，生产过程对环境友好。因此，将生物质原料用于化工生产原材料是绿色化学合成研究的重点。

⑧ 避免化学副产物的生成：反应过程尽量不要包含太多步骤，因为额外的步骤需要使用更多的试剂并且产生更多的副产物。控制和选择系统中的衍生作用，简化反应历程，这是绿色化学设计的基本要求。

⑨ 采用高选择性的催化剂：利用催化反应，尽量减少废物的产生。催化剂能够改变反应的速率，还能够有选择性地减少热力学上可能进行的副反应，使反应更加高效并具有高选择性。因此在实现化工生产技术的“绿色化”中，催化剂起着举足轻重的作用。

⑩ 设计可降解的化学品：设计可降解的化学品是指化学品在使用完之后能够降解成为无毒、无害的物质，并且能进入自然生态循环过程中。与环境中的化学品相关的一个重要问题即所谓“持久性化学品”问题。当化学品被丢弃或排放到环境中后，会在环境中以原来的形式存在或被动植物种群吸收，并在他们的生物系统中累积。这一累积过程对生物物种是有害的，所以在设计开发新的化学品时，能否降解需要作为其性能的评价指标之一。同时也要考虑母体化合物生物降解后的存在形式，因此，在设计时，可引入一些易于水解、光解或能由其他因素引起化学键断裂的物质。同时还要考虑降解前后的化合物毒性的危害等级，如果降解后化合物的危害等级增加，这种降解也就失去了绿色化学的意义。

⑪ 发展预防污染的实时监控技术：发展预防污染的实时监控技术是指开发实时分析技术，以便监控有毒、有害物质的生成。化学反应过程是动态的，反应条件的任何扰动都可能造成反应系统各物质量的变化，同时存在环境或安全隐患。要实现绿色化学过程的目标，就

必须对整个生产过程进行实时控制。化学家在设计化学反应过程时就要提前考虑如何科学利用检测和监控技术，实时、在线地了解生产的反应进程和生产状况。实时在线分析技术是绿色化学工艺的重要组成部分，是绿色化学技术顺利实施的基本保障。

⑫ 尽量使用安全的化学试剂，减少化学事故的发生：应选择合适的物质进行化学反应，尽量减少发生意外事故的风险。在化学和化学工业中预防事故的发生非常重要。绿色化学应考虑广泛的危险性，而不仅仅是污染和生态毒性。因此，在进行化学品和化学过程的设计时，应同时考虑其毒性、爆炸性、可燃性等。

总而言之，绿色化学的这些原则主要体现在要充分关注原料的可再生性及有效利用、环境的友好和安全、能源的节约、生产的安全性等问题上，是在始端实现预防或减少污染的科学手段。

少即是好（Less is better）

- 按需订购化学品，这样不会产生太多的有害废弃物。化学品也会变质，处理也需要成本。
- 选择危害更小或者没有危害的化学品替代危害性较大的化学品。
- 进行小量或者微量实验以减少化学品使用量。
- 与同事、同学共用化学品。
- 尽可能回收或者循环使用。
- 尽可能地将废弃物分开存放，更利于处置单位对其进行处理回收。
- 宣传减少废弃物和避免实验室污染的好处。
- 在设计实验时，考虑将减少废弃物的方法融入实验方案中，比如回收溶剂或者中和溶液。

以合成1-氨基苯并三唑为例[13]。合成1-氨基苯并三唑的传统工艺包含四个步骤（图5.11）。其中，步骤2需要在大气压下在甲醇溶剂中进行钯/碳的加氢步骤，十分危险。通过

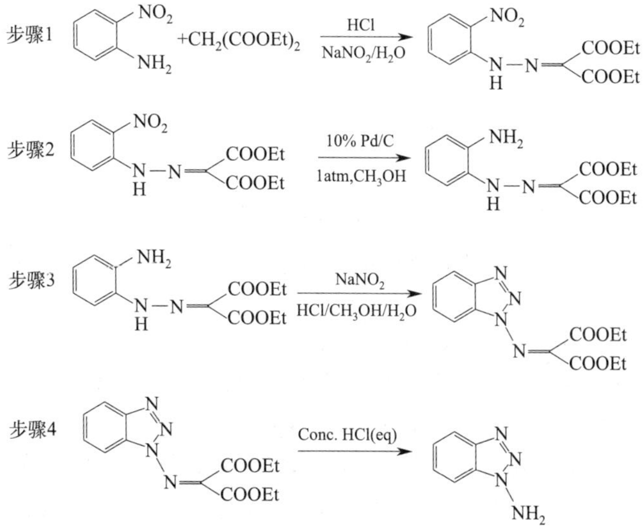

图5.11 合成1-氨基苯并三唑的传统工艺[13]

重新设计合成工艺（图 5.12），可以将这个危险程序从工艺中去除，有机溶剂的使用量由此减少 40%，同时可以减少约 6 升浓盐酸和 150 克 10%钯/碳催化剂废物的产生，以及 6 千克的助剂（如步骤 1～3 中的醋酸钠、碳酸钠、硫酸钠等）使用量，缩短 22 天（73%）工艺时间，同时使产品收率提高约 60%。而且，新工艺还避免了使用色谱柱的纯化过程，由此消除了由使用硅胶柱（需要使用几千克硅胶和数十升的有机溶剂）而造成的浪费与污染。从上述的简单例子可以看出，把绿色化学引入化学实验室，对实验室和环境来说更为环保，对负责操作的人员而言，则更安全，更省时省力。

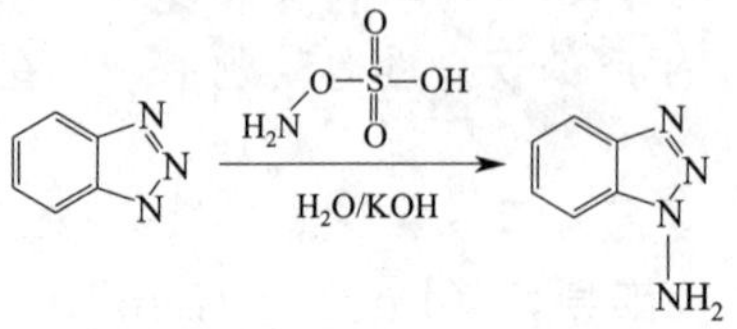

图 5.12　重新设计的 1-氨基苯并三唑合成工艺[13]

参考文献

[1]　史蒂夫·马修曼．灾难、风险与启示［M］．李玉良，王丽，译．北京：北京联合出版公司，2022.

[2]　陈志莉，等，突发性环境污染事故应急技术与管理［M］．北京：化学工业出版社，2017.

[3]　姚程飞，仲红艳，苏文，等．高校实验室危险废弃物管理现状与发展趋势［J］，山东化工，2021，50（21）：67-70.

[4]　马丽萍，曾向东，黄小凤，等．实验室废物处理处置与管理［M］．北京：化学工业出版社，2020.

[5]　王罗春，唐圣钧，李强，等．危险化学品污染防治［M］．北京：化学工业出版社，2020.

[6]　孙万付，郭秀云，翟良云．危险化学品安全技术全书：通用卷［M］．3 版．北京：化学工业出版社，2017.

[7]　张英鸽．纳米毒理学［M］．北京：中国协和医科大学出版社，2009.

[8]　孙志伟．纳米毒理学［M］．北京：人民卫生出版社，2022.

[9]　徐莺莺，林晓影，陈春英．影响纳米材料毒性的关键因素［J］．科学通报，2013，58（24）：2466-2478.

[10]　李清寒，赵志刚．绿色化学［M］．北京：化学工业出版社，2017.

[11]　http：//www. xn--grne-chemie-uhb. ch/en/12-principles-of-green-chemistry

[12]　Denis P，Joh H，Andy W. A survey of solvent selection guides［J］. Green Chem.，2014，16：4546.

[13]　Ashley D K，Tamara H K，Jeffrey W，et al. A method for assessing greener alternatives between chemical products following the 12 principles of green chemistry［J］. ACS Sustainable Chem. Eng. 2017，5：2927-2935.

习题

1. 下列关于化学废弃物的说法中，不正确的是（　　）。

A. 化学实验废弃物标签，应该包括废弃物类别、危险类别、主要成分、产生单位、送储人、日期等信息

B. 实验废弃物可以与生活垃圾混放，及时处理

C. 锐器废物应该盛放在专用的纸板箱等不易被刺穿的容器中

D. 应当定时清运化学实验废弃物，实验室内无大量存放、室外无堆放实验废弃物现象

2. 发生泄漏之后的处理方式为 ①覆盖 ②设置障碍 ③标记、上报 ④清理（　　）。

A. ②①④③　　B. ①②③④　　C. ①③④②　　D. ④①③②

3. 废液桶标签最重要的信息是（　　）。

A. 废弃物组分的数量　　B. 废弃物组分的名称

C. 废弃物组分的毒性　　　　　　　　　D. 废弃物组分的类别

4. $LiAlH_4$ 应该使用________进行处理。

5. 实验多余的金属钠块应该使用__________进行处理。

6. 以下做法符合实验室“少即是好（less is better）”原则的是________________。

① 不要订购超过你需要的化学品

② 用危险较小或不太危险的化学品代替危险化学品

③ 进行小量或微量实验来最小化所需的化学物质

④ 与同事分享化学品

⑤ 尽可能地回收或再利用

⑥ 尽可能多地分离各种废弃物，以便废弃物处理者能最大限度地处理和回收化学品

⑦ 宣传减少废物及其他防止实验室污染工作的好处

⑧ 考虑将减少浪费的方法，如回收溶剂或中和溶液，作为计划实验的一部分

第6章 实验室安全文化和实验习惯

实验室安全事故可发生于各类高校，美国耶鲁大学、日本京都大学、韩国国防科学研究所，以及国内一些高校都发生过严重的实验室安全事故。事故的发生地域既包括发达国家，也包括发展中国家，每一桩事故的发生均给家庭带来了极大的痛苦与沉重的打击，也给社会造成了不良影响。

事故案例

2022 年 8 月，印度旁遮普邦（Punjab）阿姆利则（Amritsar）的纳那克开发大学（Guru Nanak Dev University）的一个化学实验室发生爆炸，事故导致多名学生受伤。据校方称，当时学生正在制备一种由可燃成分产生的燃料——垃圾衍生燃料，结果实验过程中出现问题，导致了突然爆炸。

2019 年 11 月，韩国大田市国防科学研究所实验室突发爆炸。该科研所方面表示，事故发生时，相关人员在“为火箭推进剂处理燃料”。科研所一名负责人说，工作人员将固体推进剂转化为液态后，进行测量时发生爆炸。事发时使用的是硝基甲烷。“因为不是点火试验，所以没有做好足够的避险工作”。该事故造成 1 人死亡、6 人受伤。

2016 年 3 月，美国夏威夷大学马诺阿分校实验室发生爆炸，一名博士后受伤致残。加州大学实验室安全中心（UCCLS）的调查发现，爆炸原因是静电荷点燃了一个装有高度易燃、加压的氢气、氧气和二氧化碳混合物的容器。这一结论与檀香山消防局先前的调查结果形成了鲜明的对比，后者将容器的起火归咎于不合适的压力表引起的火花。UCCLS 技术报告中的主要结论是容器没有接地，数字压力表则充当了静电荷的接地路径，点燃了 13 加仑（50 升）压力罐内的氢/氧混合气体。引燃很可能发生在“当带静电的研究人员接触到仪表的金属外壳，发生电荷转移”时。

2013 年 1 月，日本京都大学尖端科学研究栋 4 楼研究科实验室发生爆炸。一名 24 岁的研究生被爆炸产生的热浪吹飞，造成腰部骨折重伤。日本京都府警方和京都大学称，当时，两名研究生正在实验室里进行柴油发动机的新燃料燃烧试验。这两名研究生将氢气、氧气、可燃性气体乙烯等混合气体，放入铁制圆柱形容器燃烧时，该铁制容器突然破裂。

2011 年 4 月，美国耶鲁大学天文学和物理学系的大四学生在做实验时，头发卷入实验室的机器中，由于脖子受压迫而窒息身亡。事故发生时距离她毕业只有几个星期的时间。

2010 年是国内高校实验室事故的“重灾之年”，一年内发生了 14 起事故，约 31 人伤亡。从 2010 年开始，国家开始重视实验室安全问题，颁布了一系列关于实验室安全的标准要求，教育部也建立了定期安全检查制度，高校实验室事故虽然有下降的趋势，但根据统计数据，每年因为事故受伤中毒的人仍有很多。据不完全统计，2011 年至 2020 年间，媒体公开报道的全国高校实验室安全事故有 46 起，超 43 人伤亡。由于可能存在事故发生但未公开报道的情况，实际的统计数字可能更多。如何有效地预防和应对实验室安全事故，是实验室安全管理的长期主题，也是实验室安全文化建设的重要目的。

实验室安全文化是实验室管理者和实验人员要共同接受的安全意识、安全理念和安全价值标准，是人的思想、情感和意志的综合体现。安全文化的内涵在于从人文的角度思考安全管理的新模式，通过对实验室安全文化理念的建设，培养安全文化素养，提高安全意识，营造健康、环保、安全的实验室环境。

6.1 实验室安全文化

6.1.1 什么是安全文化

国际核安全咨询组（International Nuclear Safety Advisory Group，INSAG）在 1991 年发布的切尔诺贝利核电站事故评审报告（《安全文化：国际核安全咨询组报告》）中首次提出并定义了“安全文化”（safety culture）的概念：“安全文化是存在于单位和个人中的种种素质和态度的总和，它建立一种超出一切之上的观念。”随后，在不同场景中，安全文化被赋予了不同的定义。这些定义大多认为安全文化是一些个人特质或观念的集合[1]。目前，安全文化学已经成为安全社会科学的一门新兴的分支学科，相关理论研究和应用实践都十分活跃。

“安全文化”的不同定义

“一个单位的安全文化是个人和集体的价值观、态度、能力和行为方式的综合产物。”（英国健康安全委员会核设施安全咨询委员会）

“被企业组织的员工群体所共享的安全价值观、态度、道德和行为规范组成的统一体。”［国家安全生产监督管理总局，《企业安全文化建设导则》（AQ/T 9004—2008）］

良好的安全文化是“一个组织上上下下所有层级共享的价值观，即重视安全以及人人有责的信念。”（美国核监管委员会，2002）

安全文化是“一个组织的领导者和个人做出的集体承诺：将保护人类和环境安全摆在优先于竞争目标和其他考虑的首要位置。”（美国核监管委员会，2011）

“‘安全文化就是安全理念。’‘安全理念’为组织成员个人所表现、为组织成员所共同拥有、是组织整体的安全业务（工作）的指导思想。”（《再论安全文化的定义及建设水平评估指标》[2]，2013）

“安全文化是人类在存在过程中为维护人类安全（包括）健康的生存和发展所创造出来的关于人与自然、人与社会、人与人之间的各种关系的有形和无形的安全成果。”（《安全文

化学》[3]，2020）

傅贵教授在综合分析国内外安全文化定义之后，给出了安全文化的简单定义，即“安全文化就是安全理念”[2,4]。进一步而言，安全理念“为组织成员个人所表现、为组织成员所共同拥有、是组织整体的安全业务（工作）的指导思想”[2]。值得注意的是，在研究事故原因及预防时使用的“安全文化”是一个专业术语，具有整体性和确定性。作为一个整体性的概念，不应将其拆分为“安全”和“文化”分别诠释之后再合起来理解，就像不应将“热力学”一词拆分为“热”和“力”一样。因此，“安全文化”中的“文化”，需要与日常用语中使用的“安全文化教育”，描述某人“有文化”“没文化”时使用的“文化”一词区分开来。同时，作为一个可以被明确定义（虽然有多种）的、专业性的概念，“安全文化”一词的含义也与“渊源在于数千年人类文明”中难以说清楚的文化含义有所不同。

6.1.2 为什么需要良好的实验室安全文化

高校实验室危险源种类多、涉及面广、数量庞大，实验室要开展许多基础实验和研究性科学实验，稍有不慎或疏忽，轻者可能毁坏仪器，重者会造成人员伤亡。有学者对近年来发生的多起高校实验室安全事故进行统计后发现，实验人员在实验过程中违反操作规则或操作不当是导致实验室安全事故的主要原因，而安全理念的缺失是实验室安全事故频发的根本原因[5]。

如果将安全文化理解为安全理念，实验室安全文化的作用就是对实验室安全管理工作的指导或者支配作用。良好的实验室安全文化，意味着实验室所有成员对安全理念（包括安全方针、组织结构、安全操作程序及其执行过程等）认识的透彻、对实验室安全的重视、安全知识和技能的提高以及安全事故的减少。同理，实验室中存在的不安全管理体系、行为方式、物态等，也都是安全文化的影响结果。因此，实验室安全文化可以被归结为实验室事故的根源原因，良好的实验室文化是预防事故发生的最佳方法。

日本、欧美等一些发达国家十分注重实验室安全文化建设，已经形成了比较成熟的经验模式。日本早在20世纪50年代就提倡整理现场、整顿环境，后来发展了轰动一时的5S安全管理法（整理seiri、整顿seiton、清扫seiso、清洁seiketsu、素养shitsuke），俗称“五常法则”。日本政府和高校不仅不惜重金建设安全软硬件设施，而且下大功夫建设校园文化，积极培养全体师生的安全意识，非常重视安全环保理念，形成了一种安全环保的良性循环。美国高校，如麻省理工学院，以EHS（environment，health and safety）管理体系为依托，形成了完善的EHS管理部门，为实验室安全提供了有力的保障。

近年来，随着政府及社会对安全工作关注度的提升，我国高校也越来越重视实验室安全文化体系建设。教育部先后出台了一系列制度文件，从安全意识、责任体系、宣传教育、运行机制等方面对高校实验室安全工作做了全方位的规定，明确提出高校实验室日常安全管理的指标要求，建立了定期安全检查制度，督促高校重视各种安全检查与培训工作，从安全制度方面保障实验室安全。

安全管理专家祁有红曾说过“安全意识强于安全知识，安全意愿优于安全意识”。安全意识往往停留在思想上，而安全意愿则体现在主动履行职责的行为上。建设良好的实验室安全文化，培养实验人员强烈的安全意愿，并将其转变为安全态度，使安全文化理念深入人心，形成良好的安全文化氛围，使共同认可的安全价值观和安全行为准则融入校园文化，应该成为实验室安全管理工作的长期目标[6]。

6.1.3 如何建设良好的实验室安全文化

要建设良好的实验室安全文化，首先需要对实验室安全文化的内容进行具体化。国内外学者不仅对安全文化的具体内容（元素）进行了定性研究，还试图建立这些元素与组织事故率之间的明确数量关系。

杜邦十大安全理念

① 所有事故都是可以防止的。
② 各级管理层对各自的安全直接负责。
③ 所有操作隐患都是可以控制的。
④ 安全是被雇用的必要条件。
⑤ 员工必须接受严格的安全培训。
⑥ 各级主管必须进行安全检查。
⑦ 发现事故隐患必须及时消除。
⑧ 工作外的安全同工作内的安全同等重要。
⑨ 良好的安全创造良好的业绩。
⑩ 员工的直接参与是关键。

结合“安全文化就是安全理念”的定义，建设良好的实验室安全文化，可以通过围绕提高实验室所有成员对安全文化元素的理解程度来开展。一些企业在长期的安全生产实践中对最重要的安全理念进行了反思和总结，如“杜邦十大安全理念”。根据学者们提出的细分的企业安全文化 32 元素，结合实验室的实际情况，我们可以得到化学实验室安全文化的元素列表。正所谓“态度决定行为”，实验室安全文化元素列表中的每一条理念都对实验室师生和各级管理部门起到一定程度的指导或者支配作用。

实验室安全文化元素列表

1	安全重视程度	17	安全会议质量
2	一切事故均可预防	18	安全制度形成方式
3	安全保障高效科研学习	19	安全制度执行方式
4	安全融入院系管理	20	事故调查的类型
5	安全决定于安全意识	21	安全检查的类型
6	安全的主体责任	22	关爱受伤师生
7	安全投入认识	23	业余安全管理
8	安全法规作用	24	安全业绩对待
9	安全价值观形成	25	设施满意度
10	领导负责程度	26	安全业绩掌握程度
11	安全部门作用	27	安全业绩与人力资源的关系
12	师生参与程度	28	实验室与合同单位安全管理
13	安全教育需求	29	安全组织的作用
14	直线部门负责安全	30	安全部门的工作
15	社区安全影响	31	总体安全期望值
16	管理体系的作用	32	应急能力

在这32项元素列表中，至少有以下几项与化学实验室的实验人员息息相关：

① 安全重视程度：进行实验时，一定要将安全摆在首要位置，不能有省能、侥幸等不安全心理。

② 一切事故均可预防：通过熟练运用RAMP原则，做好实验准备（如识别危害、评估和管控风险，以及做好安全防护和应急预案等），可以极大降低实验室重大安全事故发生的概率。

③ 安全保障高效科研学习：安全可以为企业创造经济效益，也可以为实验室人员降低时间成本，从而保障高效科研学习，因此每个人都应当主动确保实验室安全。

④ 安全决定于安全意识：实验室安全不能仅靠硬件设施、技术水平，更取决于实验人员发现和及时处理危险源的能力和行为方式。

⑤ 安全的主体责任：安全首先是自己的事而不是别人的事。

⑥ 安全投入认识：发现和认识到实验室安全设备仪器、安全培训、安全活动甚至安全奖励等投入不足，可以也应当主动向实验室负责人反映。

⑦ 安全法规作用：实验室安全法规是有原因的，甚至是教训换来的。在不理解的情况下，应主动思考和询问，而不是视若无睹或者违反安全法规。

⑧ 安全价值观形成：安全价值观是关于安全问题的重要性的看法。实验室作为一个集体，应当对实验室安全相关问题的重要性达成一致，有利于实验室安全管理。

⑨ 师生参与程度：实验室师生参与安全决策，既可以使安全规定更加合理全面，也可以帮助他们充分理解安全规章的好处、作用和缘由，从而提高积极性。

⑩ 安全教育需求：安全培训和安全课程的重要性不言而喻。通过安全教育培养实验人员的安全意识和行为习惯，使实验室安全文化成为一种内化的态度和道德，而非依靠外部制度规则驱动。

⑪ 社区安全影响：实验人员需要考虑实验对社区和环境造成污染破坏的可能性和影响。

⑫ 安全会议质量：安全会议不是形式主义，召开安全会议的次数和具体安全事务的讨论决定了它的质量以及对提高实验室安全的作用。

⑬ 安全制度形成方式：安全制度不应停留在口头讨论层面，最好能够形成系统性的文件（如标准操作章程等），有利于人员流动性大的实验室有效沟通，并保留和传承相关安全信息。

⑭ 安全制度执行方式：安全制度的执行应当具有一致性，以免实验人员将处罚归结于“倒霉”或者“不公平”。

⑮ 事故调查的类型：对已经发生的严重化学实验室安全事故进行调查和讨论固然重要，对一些未遂事件和较轻微的事故也应当展开讨论、反思和学习。

⑯ 安全检查的类型：应当定期、系统性地开展实验室安全检查，确保实验室安全不放松。

⑰ 业余安全管理：实验人员在生活中保持良好的安全意识和习惯（如用水用电等），对于保证实验室安全也有帮助。

⑱ 应急能力：在实验前接受应急培训并做好紧急事故的应急预案十分重要。

为了提高对安全文化元素的理解程度，可以采取的措施包括：

① 开设化学实验室安全课程：化学实验室安全是化学专业的一个分支，它跟四大化学一样，是化学学科整体中的一部分。化学实验室安全的课程涉及化学原理的知识、应用和理

解，如物质自身的毒性、爆炸性，物质与物质之间的反应性（相容与禁配）等。只有在系统地学习化学实验室安全课程的基础上，对于实验室方方面面的各种规定才能不再停留在简单服从和死记硬背的层面，而是真正理解规定背后的安全原理和违反规定可能带来的安全风险，进而真正提高每个人的安全责任感和“质疑”精神，并保障实验室人员之间对安全问题的有效沟通交流。

② 建立实验室事故报告和讨论制度：应当避免实验室的“谴责文化”，鼓励实验室人员分享、上报和汇集实验室中已经发生的事故和未遂事件，并组织实验室师生参与对这些事故发生的多重因素和如何避免此类事故发生的举措进行详细讨论和分析，引导所有人加入实验室安全管理事务中来。最好能实现实验室事故讨论会的常态化，并将讨论结果形成书面材料存档和发送给实验室所有人员。

③ 以多种形式开展安全教育活动：实验室安全文化的建设和加强，需要培养实验室所有人员的主动意识和提高他们对实验室文化的认可度，倡导实验室人员积极参与安全文化的共建，采取多种多样形式的安全教育活动，包括：安全生产周（月、日），安全文化月（日），安全知识和技能竞赛活动，安全演讲比赛，安全宣传海报设计和分享，趣味实验，安全操作演示和事故演练以及“安全时刻”活动等。需要注意的是，在这些教育宣传活动中，需要避免空洞和形式化，应当关注实验室的实际问题和实验室人员的实际感受。

“安全时刻”[7]

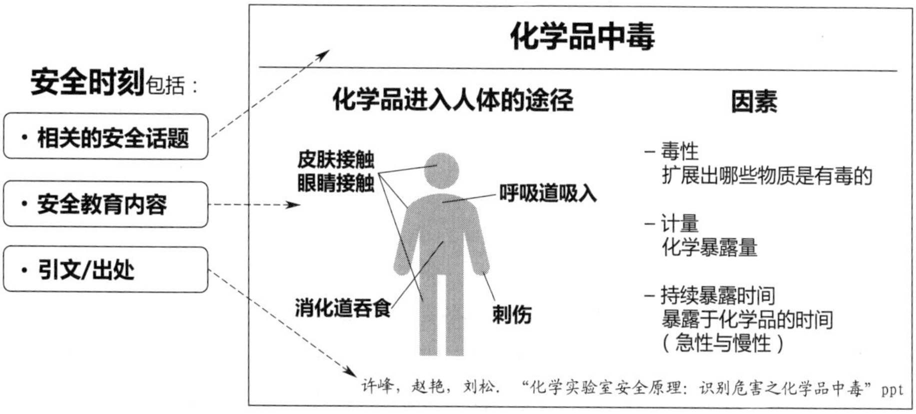

安全时刻包括：
· 相关的安全话题
· 安全教育内容
· 引文/出处

化学品中毒

化学品进入人体的途径
皮肤接触
眼睛接触
呼吸道吸入
消化道吞食
刺伤

因素
– 毒性
扩展出哪些物质是有毒的
– 计量
化学暴露量
– 持续暴露时间
暴露于化学品的时间
（急性与慢性）

许峰，赵艳，刘松.“化学实验室安全原理：识别危害之化学品中毒”ppt

安全时刻（safety moments）是一种非正式的化学安全教育，已被多家企业采纳。例如，陶氏化学公司每次开会都以一个安全时刻开始，无论听众是技术科学家/工程师、业务主管还是其他员工。一般来说，安全时刻有两个目标：一是以书面沟通形式（最常见的是1～2张幻灯片，也可以是海报）简要强调一个具体的安全主题，二是在研究小组会议或部门报告之前，激发有关安全态度和行为的讨论。除了这些场景之外，安全时刻还可以广泛应用于教学实验室、课堂、讲座、会议演示、教师会议以及班会。这一非正式的化学安全教育并不意味着要取代学生从正式课堂环境中学习实验室安全知识，而是对认识实验室环境中经常遇到的危险的重要性的一种补充。主动参与安全教育活动，有利于将听众由被动的简单服从和死记硬背相关安全规定转化为主动积极地参与安全文化的建设和加强。同时，安全时刻的形式和内容（海报、幻灯片、短视频等）有利于进行科学传播，起到对大众进行化学实验室安全科普的作用。

6.2 良好的实验习惯

当化学品保存、使用得当，实验操作规范性等都按流程做时，能最大程度地避免事故发生，但往往不按流程操作只需几分钟就可以完成实验，而按规范流程操作却要花费几十分钟才能完成。据统计，高校实验室事故中有62%是由试剂储存不规范、违规操作、废弃物处置不当等原因直接导致的。可见，在实验室安全文化建设中，学校、学院等管理部门的努力固然重要，但减少实验室安全事故的发生，还需要实验人员能够消除省能心理、侥幸心理、群体心理等，提高安全防范意识与应急能力，培养良好的实验习惯，形成严谨的科学态度。

6.2.1 有备无患

在化学实验室中熟练掌握和运用RAMP原则，养成做好危害识别、风险评估、风险最小化和应急预案/环境保护每一个环节的良好实验习惯，有备无患，对于确保实验室安全至关重要。

中国传统文化中预防事故的智慧

“居安思危，思则有备，有备无患。”（《左传》）

“凡事豫（预）则立，不豫（预）则废。言前定则不跲，事前定则不困，行前定则不疚，道前定则不穷。”（孔子）

“一曰防；二曰救；三曰戒。先其未然谓之防，发而止之谓之救，行而责之谓之戒。防为上，救次之，戒为下。”（荀子）

“曲突徙薪”典故：“客有过主人者，见其灶直突，傍有积薪。客谓主人：‘更为曲突，远徙其薪；不者，且有火患。’主人嘿然不应。俄而，家果失火，邻里共救之，幸而得息。于是杀牛置酒，谢其邻人，灼烂者在于上行，余各以功次坐，而不录言曲突者。人谓主人曰：‘乡使听客之言，不费牛酒，终亡火患。今论功而请宾，曲突徙薪亡恩泽，焦头烂额为上客耶？’主人乃寤而请之。”（东汉·班固《汉书·霍光传》）

“魏文王问扁鹊”典故：“魏文王问扁鹊：‘子昆弟三人其孰最善为医？’扁鹊曰：‘长兄最善，中兄次之，扁鹊最为下。’魏文王曰：‘可得闻邪？’扁鹊曰：‘长兄于病视神，未有形而除之，故名不出于家。中兄治病，其在毫毛，故名不出于闾。若扁鹊者，镵血脉，投毒药，副肌肤，闲而名出闻于诸侯。’”（《鹖冠子》）

6.2.2 清单工具

阿图·葛文德在《清单革命》一书提到了人类的错误的两种类型，即“无知之错”和“无能之错”[8]。“无知之错”是由我们尚未掌握正确的相关知识所造成，“无能之错”则是由我们没有正确使用已掌握的相关知识所造成。比如那些我们尚不知道该如何预防和救治的疾病发作属于前者，而由于疏忽和遗漏而造成的医疗事故就属于后者。由于人类科学知识的积累和发展及其带来的复杂性，以及我们在运用复杂知识时所面临的紧张和压力，原来倾向于“无知之错”的天平正在向“无能之错”倾斜。在回顾化学实验室安全事故原因时，我们也可以发现这一现象，如化学实验室有明确的安全规定却因为各种原因而未被严格执行（最常见的例子就是要求实验人员穿戴实验服、护目镜、手套等个人防护装备的规定），从而造成“无能之错”。因此，如何持续、正确地运用我们所掌握的知识，对于减少和避免犯错越来越重要。对于这一问题，阿图·葛文德总结出来的解决方案就是简洁易行的清单工具。清单为我们提供了一种认知防护网，能够改善每个人生来就有的认知缺陷，如记忆不完整或注意力不集中。

根据复杂性科学的理论，世界上（包括化学实验室）的问题可以分为简单、复杂和极端复杂三种，清单工具对于解决这三种问题都有帮助。在处理那些具有明确解决方法的简单问题时，如烹饪一道佳肴或者配制一瓶溶液，使用执行清单能够提供一种相对简单而直接的迫使必要行为发生的方法，这一方法被称作简单的“强制函数”。当需要处理复杂和极端复杂问题时，如一幢高楼的建造或者一个包括多达几十人团队的化学实验室的管理，除了使用为具体问题提供明确解决方法的执行清单之外，还应当使用检查清单和沟通清单，以保证不遗漏任何简单的问题，不跳过任何简单的步骤，在集体沟通中所有人都参与有关问题的充分讨论和解决方案的共同商讨。

如果我们细心观察就会发现，清单的观念其实已经被广泛运用到很多工作当中，尤其是专业分工、复杂性高的行业。在航空业和医疗业中，飞行员和医生分别需要在飞行前和手术前核对相关清单，在飞行和手术过程中出现问题时也需要根据实际情况判断、决定是否再次核对相关清单。在化学实验室中，实验人员也需要完成和核对不同的清单，如针对某一具体实验或仪器操作的风险评估表格和标准操作章程，以及针对整个实验室安全的自查清单（如《高等学校实验室安全检查项目表》、表 6.1 和表 6.2 等）。古语有云：“花繁柳密处能拨开方见手段，风狂雨骤时可立定才是脚跟。”学会善用清单这一工具，无疑将为我们获得身处实验室中的从容和安全提供保障。

表 6.1　普林斯顿大学实验室自查清单

	是	否	无法提供	备注
A. 一般工作环境				
1. 工作区照明正常				
2. 可燃物的储存最小化				
3. 垃圾及时清理				
4. 过道和通道保持畅通				
5. 潮湿表面使用防滑材料覆盖				
6. 重物存放在较低的货架上				
7. 安全拿取置于高于肩部位置的物品				
8. 存储物距离自动喷淋头至少 18 英寸				
9. 存储物距离天花板至少 24 英寸				
10. 出口				
a. 发光标志正常工作				
b. 通道无障碍				
c. 可用的替代出口				
d. 防火门未被堵塞或楔开				
e. 门未上锁				
11. 特殊材料的安全/管控				
12. 坑和楼板洞孔被覆盖或保护				

续表

	是	否	无法提供	备注
B. 应急预案				
设施				
1. 灭火器放置在门口附近				
2. 灭火器区域畅通				
3. 灭火器充满				
4. 灭火器防拆标识完整				
5. 可用洗眼器和安全淋浴器在附近且畅通无阻				
6. 火警压力开关区域畅通				
7. 应急灯正常				
检查				
8. 灭火器检查				
9. 自给式呼吸器检查				
10. 洗眼器和安全淋浴器检查				
程序				
11. 泄漏控制方案				
12. 泄漏控制材料可用且足够				
C. 所需信息/张贴				
信息				
1. 书面的应急预案				
2. 易于获取的材料安全数据表(MSDS)				
3. 实验室有书面的化学品卫生计划(chemical hygiene plan)				
4. 书面的呼吸保护计划				
5. 个人防护装备危害评估和培训文件				
张贴				
6. 准确和最新的紧急信息海报				
7. 安全管理部门海报				
8. 报警电话				
9. 建筑疏散路线				
10. 指明制冰机“仅供实验使用”				
11. 张贴消防规范许可证(需要时)				
D. 个人防护装备				
1. 必要时提供眼部和面部保护				
a. 用于抗腐蚀物的护目镜和面罩				
b. 用于抗飞溅颗粒的工业安全眼镜				
2. 张贴需要使用眼睛防护装置区域				
3. 使用腐蚀性物品的区域禁止穿露趾鞋				
4. 防毒面具使用				
a. 使用合适的防毒面具/合适的滤芯				
b. 使用者已经接受培训、适合性检验和医学检查				
E. 用电安全				
1. 线缆状况良好				
2. 插座和开关盖板正常				
3. 断路器面板畅通				
4. 机器/仪器检修面板正常				
5. 没有暴露的电导体(大于等于 50 伏)				
6. 多插头适配器有过载保护				
7. 未使用延长线				
8. 有用于潮湿/室外使用的接地故障断路器				
9. 有用于电泳装置的防护罩/盖板				

续表

	是	否	无法提供	备注
F. 化学品储存				
设施				
1. 货架足以承受施加的负载				
2. 用于化学品储存的冰箱标有“禁止食用”标签				
3. 食物冰箱标有“仅限食物”标签				
4. 化学品储存柜正确标记				
5. 剧毒气体使用通风柜				
6. 在不通风的环境室中不能储存挥发性化学物质				
容器				
7. 容器贴有清楚标明化学品名称的标签				
8. 容器保持封闭(除非在转运期间)				
9. 严格限制在经常使用的通风柜中存储化学品				
10. 容器与化学品相容				
程序				
11. 隔离禁配化学品				
12. 大/重容器存放在下层货架				
13. 腐蚀性物质不高于视线水平				
14. 最小化存储量				
15. 运输一品脱以上化学品时应使用二级容器				
16. 标明材料置于货架的日期,并根据供应商建议进行处置				
17. 有实验室工作人员离开实验室前检查程序				
18. 取得消防规范许可证				
G. 易燃液体				
1. 在通风柜或通风良好处使用				
2. 每间实验室超过 10 加仑以上应存放在易燃液体储藏柜中				
3. 已认定冰箱可储存易燃物				
4. 易燃物与强氧化剂分开				
5. 配备 ABC 或 BC 类灭火器				
6. 易燃液体未储存在加热板或其他点火源附近				
H. 压缩气体				
1. 在通风良好处使用				
2. 在通风柜中使用有毒、易燃和腐蚀性气体				
3. 最小化存储量				
4. 使用中防止倾倒				
5. 使用与气瓶相容的调节器				
6. 使用推车运输气瓶				
7. 有保护阀盖				
8. 空瓶或未使用气瓶及时退回供应商				
I. 低温				
1. 使用避免皮肤接触的个人防护设备				
2. 在通风良好处使用/分配				
3. 具有容器排气或泄压装置				
4. 考虑低温脆化				
5. 玻璃杜瓦瓶屏蔽(防止内爆)				

续表

	是	否	无法提供	备注
J. 废弃物处理				
1. 容器保持密封(运输期间除外)				
2. 容器标有危险废弃物字样				
3. 容器贴有描述废弃物组分的标签				
4. 急性危险废弃物存储量限制在1夸脱以下				
5. 玻璃化学容器按照规定程序回收				
6. 配备碎玻璃专用垃圾箱				
7. 使用与废弃物相容的容器				
K. 通风				
1. 所有化学通风柜都已检查				
2. 通风柜通风口(挡板)通畅				
3. 使用通风柜时,柜门/前窗拉至合适位置				
4. 严格限制在经常使用的通风柜中储存化学品				
5. 其他局部排气装置已检查(气体柜等)				
6. 层流柜(laminar flow cabinets)贴有使用注意事项				
L. 压力/真空系统				
1. 系统组件设计合理				
2. 配置并检查泄压装置				
3. 考虑防腐				
4. 书面的操作程序				
5. 有检查/维护程序				
6. 故障分析和危害控制记录在案				
7. 玻璃容器屏蔽/封闭				
8. 操作人员接受过培训/授权				
M. 安全				
1. 实验室门正常使用、关闭和上锁				
2. 窗户正常使用、关闭和上锁				
3. 警报系统运行正常				
4. 钥匙和门禁卡存放在看不见的安全位置(防止被偷)				
N. 培训/意识				
培训				
1. 实验室人员参加了实验室安全(safety)培训				
2. 实验室人员参加了应急行动计划培训				
3. 实验室人员参加了实验室安全(security)培训				
4. 实验室人员参加了实验室介绍情况会				
5. 实验室人员参加了其他培训				
6. 培训(学校和院系)记录在案				
意识:实验室人员是否知道				
1. 遇到火灾、受伤等紧急情况如何处理,包括疏散路线				
2. 如何清理化学品泄漏				
3. 化学卫生计划书的位置和内容				
4. 院系安全负责人				
5. MSDS是什么以及如何找到MSDS与其他安全信息				
6. 使用何种类型个人防护装备以及何时使用				
7. 如何处理化学废弃物				
8. 使用的最危险材料是什么,以及采取了哪些防范措施				
9. 是否使用致癌物、剧毒物或生殖毒素,是否填写批准表				
10. 在哪里以及如何使用紧急设备,如安全淋浴和洗眼器				

续表

	是	否	无法提供	备注
11. 应当询问实验室出现的陌生人				
12. 实验室安全政策内容				
13. 是否有人进行未经授权的研究活动				
14. 应当向安全部门报告异常或可疑情况和安全事件				

表 6.2　斯坦福大学实验室自查清单

是	否	无法提供	记录核对
			1. 先前自查中发现的问题是否已纠正并已记录纠正措施？
			2. 实验室成员名册是最新的；成员是否已完成必要的实验室安全培训？
			3. 实验室个人防护设备评估已完成，已反映实验室当前的危害级别。
是	否	无法提供	一般安全
			4. 灭火器、警报压力开关区和紧急洗眼器/淋浴器周围的区域是否通畅且易于使用？
			5. 所有物品是否存放在距离自动喷淋头至少 18 英寸的地方？
			6. 高于 4 英尺的储物柜、家具和设备是否有支撑或锚固？
			7. 实验室地板、过道和相邻的走廊是否畅通无阻？
			8. 地板是否干燥且没有滑倒危险？
			9. 延长线是否只是临时使用，是否没有插线板串联情况？
			10. 是否有裸露的电线或损坏的电线？
			11. 是否有急救和化学品泄漏工具包？
是	否	无法提供	有害材料与废弃物
			12. 工作空间(例如，工作台、通风柜、生物安全柜)是否井井有条且干净整洁？
			13. 容器，包括非危险化学品和水，是否清楚标有完整的化学品或商品名称？(注：缩写/化学式是不够的)
			14. 易燃液体(包括易燃废弃物和冰醋酸)是否存放在易燃储存柜中？[注意：每个控制区域(不是单个实验室)最多可以在储存柜外存储 10 加仑]
			15. 需要冷藏的易燃物品是否全部存放在防爆冰箱或易燃物冰箱里？
			16. 食物和饮料的储存和食用是否远离有毒物质？
			17. 危险化学品和油泵是否储存在足够的二级容器中？
			18. 储存在二级容器中的危险化学品是否靠近水槽或排水管？
			19. 二级容器是否清洁且无溢出材料？
			20. 实验是否最大限度地减少挥发(如使用冷阱、减少开瓶操作)？
			21. 危险废弃物暂存点是否张贴“化学废弃物规定”海报？
			22. 化学品容器和危险废弃物容器是否干净、结构完好？不使用时是否封闭？
			23. 化学品容器和危险废弃物容器是否按危险等级适当隔离？
			24. 危险废弃物容器是否带有完整废弃物标签？
			25. 实验室中所有危险废弃物存放时间是否不超过 9 个月？
			26. 锐器是否放置在指定的锐器容器中且未填满容器 3/4 体积？
			27. 生物危险废物是否盛装在硬边容器中的红色袋子中，且容器顶部和侧面都贴有通用生物危害标签(必须在所有侧面和顶部都贴上标签)？
			28. 生命安全箱(life safety box)是否有当前紧急联系人、化学品储存地图和化学品清单？
是	否	无法提供	压缩气体
			29. 压缩气体钢瓶是否被列入化学品清单，摆放在标签可见位置，并存放在干燥、通风良好、避免热源的地方？
			30. 超过 26 英寸高的气瓶是否在瓶身 1/3 和 2/3 处使用金属链固定，并且每对链条最多用于固定两个气瓶(对于≤26 英寸的气瓶和杜瓦瓶使用一个约束装置)？
			31. 气瓶未使用时，气瓶阀门是否关闭且使用阀盖？

思考

请同学们阅读表6.1和表6.2，找出它们的相似与不同之处。并结合《高等学校实验室安全检查项目表》《风险评估表格》和手套箱使用规定，思考和总结在设计清单时应注意哪些事项，以及在生活和学习中是否也可以通过使用清单提高效率。

6.2.3 标签、标识和标志

标签、标识和标志是实验室人员之间对实验室危害信息进行沟通和避免事故与伤害的最有用、最高效的方式之一。

在前面的章节中，我们已经介绍过化学实验室中标签、标识和标志的使用，如“全球化学品统一分类和标签制度（GHS）”、废弃物标签、手套箱使用等。在《高等学校实验室安全检查项目表》中，对标签、标识和标志的使用做出了更加详细的规定和要求。

《高等学校实验室安全检查项目表》中对标签、标识和标志的规定和要求

4.1.2 涉及危险源的实验场所，应有明确的警示标识

(31) 涉及重要危险源的场所，有显著的警示标识

4.2.5 安全检查人员应配备专业的防护和计量用具

(37) 安全检查人员要佩戴标识、配备照相器具

5.1.1 实验场所应张贴安全信息牌

(44) 每个房间门口挂有安全信息牌，信息包括：安全风险点的警示标识、安全责任人、涉及危险类别、防护措施和有效的应急联系电话等，并及时更新

5.1.7 实验室水、电、气管线布局合理，安装施工规范

(59) 采用管道供气的实验室，输气管道及阀门无漏气现象，并有明确标识。供气管道有名称和气体流向标识，无破损

5.3.3 停用的实验室有安全防范措施和明显标识

6.1.2 紧急逃生疏散路线通畅

(71) 主要逃生路径（室内、楼梯、通道和出口处）有足够的紧急照明灯，功能正常，并设置有效标识指示逃生方向

6.2.1 存在燃烧和腐蚀风险的实验区域，需配置应急喷淋和洗眼装置

(73) 应急喷淋和洗眼装置的区域有显著标识

7.1.2 给水、排水系统布置合理，运行正常

(104) 各楼层及实验室的各级水管总阀需有明显的标识

7.2.2 个人防护用品分散存放，存放地点有明显标识

8.2.4 化学品标签应显著完整清晰

(129) 化学品包装物上应有符合规定的化学品标签

(130) 当化学品由原包装物转移或分装到其他包装物内时，转移或分装后的包装物应及时重新粘贴标识。化学品标签脱落、模糊、腐蚀后应及时补上，如不能确认，则以不明废弃化学品处置

8.5.2 气体的存放和使用符合相关要求

（149）涉及有毒、可燃气体的场所，配有通风设施和相应的气体监测和报警装置等，张贴必要的安全警示标识

（152）有供应商提供的钢瓶定期检验合格标识，无超过检验有效期的气瓶、无超过设计年限的气瓶

8.5.4 气体管路和钢瓶连接正确、有清晰标识

（157）管路材质选择合适，无破损或老化现象，定期进行气密性检查；存在多条气体管路的房间须张贴详细的管路图，管路标识正确

8.6.1 实验室应设立化学废弃物暂存区

（159）暂存区应有警示标识并有防遗洒、防渗漏设施或措施

8.6.2 实验室内须规范收集化学废弃物

（161）废弃的化学试剂应存放在原试剂瓶中，保留原标签，并瓶口朝上放入专用固废箱中

（164）实验室危险废物收集容器上应粘贴危险废物信息标签、警示标志

8.6.4 学校应建设化学废弃物贮存站并规范管理

（173）贮存设施、场所应当按照规定设置危险废物识别标志

8.7.1 学校建有危险品仓库、化学实验废弃物贮存站，对废弃物集中定点存放

（175）危险品仓库、化学实验废弃物贮存站须有通风、隔热、避光、防盗、防爆、防静电、泄漏报警、应急喷淋、安全警示标识等技防措施，符合相关规定，专人管理

8.8.1 配制试剂需要张贴标签

（179）装有配制试剂、合成品、样品等的容器上标签信息明确，标签信息包括名称或编号、使用人、日期等

（180）无使用饮料瓶存放试剂、样品的现象，如确需使用，必须撕去原包装纸，贴上试剂标签

9.2.3 场所消毒要保证人员安全

（189）使用紫外灯的生物安全实验室应设安全警示标志，尤其应对紫外灯开关张贴警示标识

9.7.2 生物废弃物与其他类别废物分开，且做好防护和消杀

（209）实验室内配备生物废物垃圾桶（内置生物废物专用塑料袋），并粘贴专用标签标识

（210）刀片、移液枪头等尖锐物应使用利器盒或耐扎纸板箱盛放，送储时再装入生物废物专用塑料袋，贴好标签

10.2.1 辐射设施和场所应设有警示、连锁和报警装置

（220）辐照设施设备和2类以上射线装置具有能正常工作的安全连锁装置和报警装置，有明显的安全警示标识、警戒线和剂量报警仪

11.1.1 建立设备台账，设备上有资产标签，有明确的管理人员

11.1.4 特殊设备应配备相应安全防护措施

（237）关注高温、高压、高速运动、电磁辐射等特殊设备，对使用者有培训要求，有安全警示标识和安全警示线（黄色），设备安全防护措施完好

11.4.3 警告标识

（261）所有激光区域内张贴警告标识

12.1.3 起重机械需定期保养，设置警示标识，安装防护设施

(270) 制定安全操作规程，并在周边醒目位置张贴警示标识，有必要的防护措施

12.2.3 压力容器的存放区域合理，有安全警示标识

(278) 大型实验气体（窒息、可燃类）罐必须放置在室外，周围设置隔离装置、安全警示标识

12.4.2 冰箱内存放的物品须标识明确，试剂必须可靠密封

(288) 标识至少包括：名称、使用人、日期等，并经常清理

(289) 实验室冰箱中试剂瓶螺口拧紧，无开口容器，不得放置非实验用食品、药品。超低温冰箱门上有储物分区标识，置于走廊等区域的超低温冰箱须上锁

12.4.4 烘箱、电阻炉等加热设备须制定安全操作规程

(294) 加热设备周边醒目位置张贴有高温警示标识，并有必要的防护措施，张贴有安全操作规程、警示标识

应当注意，除了上述情形以外，化学实验室还有其他需要使用标签、标识和标志的时候（表 6.3、表 6.4）。比如，进行中的反应，尤其是涉及易燃易爆、毒性较大、高温高压、实验人员需暂时或长时间离开的反应（包括过夜反应）。

填写标签时，还需要注意一些细节，如：①应当选择合适种类的笔并考虑实验条件：在加热过程或者沾染某些化学物质（如有机溶剂）后，墨水可能被溶解导致信息不可读，或者标签可能脱落导致信息丢失。②考虑使用打印标签替代手写标签：打印标签信息除了更加清晰易读、辨识度（使用彩色或者图形等）和耐化学品腐蚀性更强外，当需要在小试管和小标签上填写信息时更加方便。③应当尽量避免走捷径，如使用数字、字母、符号等形式的缩写和代号。虽然使用缩写和代号可能可以节省一些时间，但是它们可能导致数据丢失或者错误，也不利于其他人员调用和理解相关信息，尤其是在紧急情况下。④提前选择和设计符合实验需要的标签，这也应当成为实验设计的一部分。

表 6.3 美国亚利桑那大学无人值守实验（Unattended Reaction）标签

无人值守实验信息

Unattended Reaction Information

开始日期/时间 Start Date/Time：　　　　反应时长 Reaction Duration：

反应信息 Reaction Information：

(试剂、溶剂、产物、条件)

(reagents, solvents, products, conditions)

联系信息 Contact Information：

姓名 Name：

手机号码 Phone Number：

负责人 PI Name：

危害(选择所有适用项)Hazards(check all that apply)：

☐ 易燃 Flammable ☐ 有毒气体 Toxic gas ☐ 强腐蚀性 Strong Corrosives

☐ 其他(注明)Other, specify：________

表 6.4 贝尔法斯特女王大学过夜反应（Overnight Reaction）标签

过夜反应表格

日期：　　年　　月　　日

所有在正常工作时间(周一至周五早上7点至晚上7点)以外及周末或学校节假日期间的实验都需要填写此表	
详情	需要个人防护装备
● 实验室位置 (具体实验室、通风柜、实验台……) ● 设备 (描述……) ● 负责人： 家庭电话：　　　　手机： ● 第二联系人： (姓名与电话)	□ 无　　□ 安全护目镜 □ 安全鞋　　□ 手套 □ Tyvek 防护服　　□ 实验服 □ 自给式呼吸器 □ 防毒面具(类别) □ 其他(列出)
使用项目(包括简要描述)	故障后果
□ 电 ________ □ 水 ________ □ 压缩气体(名称) ________ □ 通气 ________ □ 真空 ________ □ 其他(列出) ________	________ ________ ________ ________ ________ ________
危害(选择所有必要选项)	
□ □ □ □ □ □ □ □ □ □ □　□其他危害(列出)：	
倾洒	灭火
□ 倾洒处理工具(列出)： □ 切勿进入 □ 其他(列出)：	□ 水　　□ 粉末　　□ 二氧化碳 □ 泡沫　　□ 灭火毯　　□ 沙 □ 其他(列出)

6.2.4 实验室礼仪

中国自古以来就以礼仪之邦著称于世。古人云："人无礼则不立，事无礼则不成，国无礼则不宁。"孔子曰："礼者，敬人也。"他们都强调礼仪是为人处世的基本素养。对个人而言，礼仪是一个人外在美与内在美的有机结合，可以反映一个人的精神面貌和道德修养。知礼、守礼、行礼，是现代大学生应该具备的基本道德素养。除了常见的相见礼仪、校园交往礼仪、服饰礼仪、仪表仪态礼仪、社交礼仪等，在实验室文化中同样也有实验室礼仪。

(1) 尊重实验室规矩

在实验室中，有些令人烦心的事情是不可避免的，比如用作抗氧化剂的巯基乙醇散发出的恶臭，或者仪器设备发出的嗡鸣声等。但最让人介意的是实验室同事的坏习惯：用后不清理工作台；用了最后一盒移液管却不作补给；偷偷拿走同事工作使用的计时表、记号笔等。这些虽然都是小事，但它们会日积月累，令人恼火，甚至在同事间滋生积怨。对于这些恼人的事情通常都有可行的应对措施。比如将爱整洁的实验人员的工作台和不爱整洁的实验人员的工作台划清界限；排一张实验室大扫除时间表；做一张共享设备使用预约单，如果要使用设备的话，大家可以在上面提前标注。另外还有一些问题也十分常见，比如使用公共设备时粗心大意，忘记清扫实验室高精度台秤上的残留物，这种情况尤其让人苦恼，没人想面对或者试图处理一撮来源不明、毒性未知的粉末。解决这些问题的关键是做到彼此尊重，尊重实验室礼仪，尊重实验室同事，尊重科学研究，同事之间保持良好沟通。

同在一个实验室内工作，可以确立一些基本准则或规矩，减少实验室冲突，保持实验顺利，维持实验室的正常运行，比如：

工作完记得把工作台收拾干净；用完东西一定要记得放回原处；
适当参与一些实验室建设工作；提前检查并及时订购实验耗材；
做好垃圾分类和废液处理工作；合理规划样品存放区域和时间；
不要在实验室里大声聊天打闹；不要在同事工作时和他们说话；
不要一直占据实验仪器为己用；不要随便触碰别人或仪器设备；
不要动别人的实验用品和仪器；先思考，不要事事都求助他人；
离开时记得关仪器关灯关门窗；遇到问题要及时说，不要隐瞒；
真诚友好，不自私，拒绝双标；长点心，多点耐心，少点急躁。

（2）警惕物品短缺

在实验室中常常听到的抱怨就是有人一声不响地用掉了最后一点某种关键的公共物资，但却没有及时补给。这会使得别人不得不为了准备更多物料或者等新试剂到货而暂停正在进行的实验，以致耽误实验进度。因此，实验室工作需要警惕物品短缺，如果用了最后一批物料，切记一定要及时预定，不要成为实验室的“讨厌鬼”。或者在订购试剂时，尽量每种试剂都存储两瓶的量。任何人用完第一瓶都要制备或预定新试剂。对于样品瓶、移液枪吸头和塑料微量离心管等实验耗材同样如此，需要保证实验室内存量充足。一旦有人用到倒数第二盒耗材，就要负责预定新的一批耗材，重新补给库存。

（3）应对小偷小摸

实验室另一个普遍存在的麻烦是习惯“小偷小摸”的同事。当个人用品（如记号笔等重要的供给或仪器等）遗失又不能方便迅速找回时，实验进度会被延误。比如，有一位研究生就曾因为自己专门定制的非标六角扳手被人拿走而好几个小时不能工作。她需要用扳手操作仪器来破坏岩石样本以测定它们的强度，没有了专用扳手，旧样品取不下来、新样品安不上去。她花了一整天时间才找到那把扳手——在一位没上班的同事的实验服口袋里。

应对这类“小偷小摸”事件，可以采用清单工具来找回别人“借用”的物品：即时整理并公布整个实验室的“丢失工具”清单，如果有人“借用”了清单里的物品，此人有机会匿名归还。此外，实验室人员还可以在个人用品上贴上自己的名字，这也能减少“小偷小摸”行为，还可以帮助其他人辨识他人工作台上的工具。

（4）及时沟通

打造一个融洽、共议的实验室氛围是实验室平稳运转的坚固基石。与其他实验人员之间出现问题时，最简单的解决方案就是及时沟通，直接向同事提出顾虑，不要隐瞒。可以和同事表达“这是我比较介意的地方，目前的情况并不能解决问题，我们能一起讨论下解决方案吗”。或者实验室成员也可以在团队会议上进行讨论，并达成全员都能接受的约定。如果这些方法都不奏效，实验室负责人就可以采取更为严格的措施，比如暂时禁止麻烦制造者进入实验室，或者惩罚实验室“讨厌鬼”为实验室做公共服务（负责打扫一个月实验室卫生，请实验室全体人员享用美食等）。当然，在实验室工作的每一个人都是团队的一员，需要意识到自己的行为会影响到他人。做错事情时要有道歉的勇气，不自私，不双标，对待同事要真诚友好。

实验室守则[9]

- 如果你是新人，请详细了解实验室规范和流程
- 工作结束后收拾整洁，并将物品归位
- 借用物品后及时归还
- 如果用了最后一批耗材，请制备或预订新批次
- 如果倒出太多溶液，请勿将多余液体倒回贮存瓶——否则有可能造成污染
- 不要隐瞒过错。如果倾洒了危险品或者损坏了仪器，请及时上报以便问题得到处理
- 戴手套时请勿触碰其他人或者他们的仪器和物品
- 请勿独占共享设备
- 别人在专注做事的时候（比如计数）请勿打扰他
- 手机来电时到实验室外接听
- 遵守这条黄金原则：己所不欲，勿施于人

6.2.5 良好的实验习惯

所谓实验习惯，是实验者在实验过程中逐渐形成并能在行动中自觉运用的行为习惯，包括实验者的实验意识、实验态度、实验的前期准备、实验的规范操作等多方面。良好的实验习惯需要在实践中培养，并不断身体力行，使其成为一种自然行为。在实验教学，尤其是本科实验教学中，同学们在初次进入实验室时，实验教师会对实验守则、实验室规章制度和实验要求进行详细说明，针对每次实验，教师还会进行规范操作演示，强调一些易违反的实验细则，这些都是良好实验习惯的积累过程。

（1）实验安全类

① 进入实验室必须穿实验服，禁止穿背心、短裤或裙子、拖鞋等暴露过量皮肤的衣服，不得佩戴隐形眼镜，长发必须扎起。

② 严禁在实验室饮食、吸烟，严禁把食物带入实验室和试吃实验药品。

③ 做完实验做到药品归位，用过的器皿、仪器等恢复原样，保持实验台面干净整洁，养成随手清理的好习惯。

④ 使用浓酸、浓碱，必须小心操作，避免溅到皮肤或衣服上。若不慎溅在实验台或地面，必须用湿抹布擦洗洁净。

⑤ 实验结束后，应仔细洗手，以防化学药品中毒。

⑥ 洗完手后不要直接在实验服前襟或屁股位置擦蹭，实验服不是擦手巾。

（2）仪器试剂类

① 使用电器设备（如恒温水浴、加热套、电炉等）时，禁止用湿手或在眼睛旁视时开关电器。实验完毕后，拔下电源插头，切断电源。如不慎触电，立即用木棍切断电源，然后联系实验老师处理。

② 实验室中所有的加热操作（如常压蒸馏、回流），都必须有通气孔接通大气，不可密闭加热。

③ 使用精密科研仪器需要登记仪器使用记录。

④ 用完玻璃器皿要及时冲洗干净。

⑤ 实验中所用的药品不得随意遗弃，废料、废液等应放入指定的容器中，需要收受接管的药品应放入指定收受接管瓶中。

（3）实验过程类

① 做好实验前的准备工作，对实验流程和实验中的注意事项进行思考，准备好实验所需的各种试剂和仪器，以免实验中发现东西不齐，导致手忙脚乱。

② 准确标注实验所用溶液，在溶液容器上贴上标签，以免拿错或对他人造成困扰。

③ 做好实验记录。定时对实验数据、结果进行汇总，找出规律，做出总结。

④ 做实验时要专心，不要聊天。

实验室常见坏习惯

实验前

1. 称量前，不校正，不看水平气泡是否在中心。
2. 天平读数还没稳定就开始称量、计数。
3. 使用天平的时候，喜欢用手指尖按按钮，致使按钮损坏。
4. 称量样品时，多次重复使用称量纸。
5. 不戴手套进行称量或其他操作。
6. 配制酸、碱溶液时不在通风橱内进行。
7. 定容最后环节不采用滴管，而是直接用洗瓶，定容得不太准确，常常使静置后液面超出刻度线。
8. 定容时，不平视容量瓶刻度线。
9. 看滴定量的时候，不把滴定管取下，在滴定夹上直接看。
10. 配制溶液时不记录步骤。
11. 用药匙取料，多余的药品仍放回瓶内。
12. 不注重进入实验区的穿戴：有时不穿实验服，夏天穿拖鞋，赤手取物品。

实验中

1. 样品称量或者测定的时候，把数据先记录在草稿纸上，样品做完再抄到记录本上，有时候实验完毕才统一填写记录。
2. 需要计时的步骤，使用手机或者电脑上的时间，控制得不严格。
3. 贪图省事，实验室门经常不关，导致环境条件得不到有效的控制。
4. 贪图省事，用手指擦蹭烧杯、滴管、针头、药匙等实验物品。
5. 洗完手以后直接在实验服上擦手。

实验后

1. 实验室废液直接倒入下水池，而不是处理回收。
2. 做完滴定实验后，滴定管的液体不及时倒掉，有时候会放置很久。
3. 用过的胶头滴管、玻璃棒、小烧杯等小器材随手乱扔。

4. 使用天平完毕后，不关闭天平门。

5. 戴着手套开关门把手。

6. 将实验服穿到学习区域。

影响他人的

1. 实验完成后不及时清理现场，总留给别人一个烂摊子。

2. 在工作期间长时间上网、聊天、游戏，妨碍他人工作。

3. 不爱惜公用仪器，损坏后隐瞒不报，推卸责任。

4. 瓶子不做标记，不知道里面装的是什么。

5. 标准溶液瓶上的配制信息偷懒不更新。

6. 频繁无计划地开冰箱，并且冰箱门大开进行某些操作，导致冰箱温度不稳定，影响了其他的放置物品的冻存效果。

7. 乱翻储存柜中的物品且不整理，导致他人要费很多时间才能找到所需物品。

8. 存放化学品的冰柜里面放置饮料、雪糕、面包等食品。

9. 他人消毒后的物品，没有在超净台中而私自打开。后不告知而又重新包装上。

10. 戴在手上，并且粘有有毒物质的手套乱摸，包括：门把手、键盘等，导致他人裸手而间接粘上此类有毒物质。

11. 粘有有毒物质的瓶子不给予特殊处理，而同其他的瓶子放到一起。

12. 在公用试剂的标签上乱写，标明自己的剂量，而影响他人使用。

13. 乱放移液枪，不放回枪架。

14. 移液枪用完没有立刻调回最大刻度，让移液枪的弹簧好好休息。

15. 有些过期不用的东西不及时清理，造成实验台面、实验室空间拥挤。

16. 电子天平使用之后不及时清理，残留称量物在天平内和工作台面上，影响电子天平的使用寿命与准确性。

17. 不注意节约能源，长时间开冰箱门，打开水浴锅的盖子不关，走时不关灯，空调开一夜、常用设备（如超声仪、离心机、低于80℃的烘箱等）过夜不断电。

思考

请同学们阅读上面列举的良好实验习惯和实验室常见坏习惯，结合自己在实验室的学习/工作经验，思考和总结在实验室时应该注意哪些事项，并收集、列举更多良好的实验习惯。

参考文献

[1] 时照，傅贵，解学才，等．安全文化定量分析系统的研发与应用［J］．中国安全科学学报，2022，32（8）：29-36.

[2] 傅贵，何冬云，张苏，等．再论安全文化的定义及建设水平评估指标［J］．中国安全科学学报，2013，23（4）：140-145.

[3] 王秉，吴超．安全文化学［M］．北京：化学工业出版社，2021.

[4] 傅贵．安全管理学：事故预防的行为控制方法［M］．北京：科学出版社，2013.

[5] 侯德俊，张社荣，张磊，等．依托实验室安全文化建设提升实验室安全工作水平［J］．实验室技术与管理，2014，31（6）：9-11.

[6] 谭小平，师琳，李会芳．新形势下现代高校实验室安全文化体系构建［J］．实验技术与管理，2021，38（02）：269-

272+284.
[7] Jeffrey M T. Safety moments in chemical safety education [J]. J. Chem. Educ. 2021, 98 (1): 9-14.
[8] 葛文德. 清单革命 [M]. 王佳艺, 译. 杭州: 浙江人民出版社, 2012.
[9] Amber D. Lab etiquette: The perils of pet peeves [J]. Nature, 2017, 547: 481-482.

习题

1. 根据 Nature 杂志文章《如何避免成为实验室的“讨厌鬼”》，以下为“实验室黄金原则”的是（　　）。

A. 服从权威　　B. 学而时习之

C. 今朝有酒今朝醉　　D. 己所不欲勿施于人

2. 以下实验习惯正确的是（　　）。

A. 用戴手套的手触碰进出实验室的门把手

B. 倒出试剂过多，再倒回原试剂瓶

C. 在别人进行计数等专注时刻，大声讲话

D. 打电话或接电话时到实验室外接听

3. 请结合实验室安全，谈谈实验室“less is better（少即是好）”原则的具体做法。

4. 2016 年 9 月，上海某大学一研究生在氧化石墨烯制备实验向浓硫酸和碳粉中加入 30 克高锰酸钾时反应发生爆炸，很不幸，学生当场失明并全身数处被玻璃划伤。请同学们使用 RAMP 原则对以下“氧化型石墨烯制备实验”（大学化学 Univ. Chem. 2021，36，1912042）进行分析，讨论如何有效确保实验室安全。

（1）实验原理

石墨具有典型的层状结构，尽管理论上单层结构难以稳定存在，但研究结果表明可以通过强氧化剂将石墨边缘氧化，破坏片层间的作用力，在石墨层间生成氧化基团，从而在层间可以实现单层或多层剥离。本制备实验中，加入强氧化剂浓 H_2SO_4、$NaNO_3$ 和 $KMnO_4$，通过控制反应温度以达到剥离、氧化的目的。反应过程可分为低温反应、中温反应和高温反应三个阶段：低温反应在 20℃以下进行，石墨被强氧化剂浓 H_2SO_4、$NaNO_3$ 和 $KMnO_4$ 吸附氧化后，产生羟基、环氧基等氧化基团，使石墨层与层间的间距变大。中温反应在 32～40℃进行，石墨被深度氧化，实现单层石墨烯的剥离。高温反应温度保持在 70～80℃，随着大量去离子水的加入，浓 H_2SO_4 大量发热，彻底破坏片层中的残留作用力，完全实现氧化型石墨烯的片层剥离。加入 H_2O_2 还原过量的氧化剂 $KMnO_4$，结束整个反应过程。

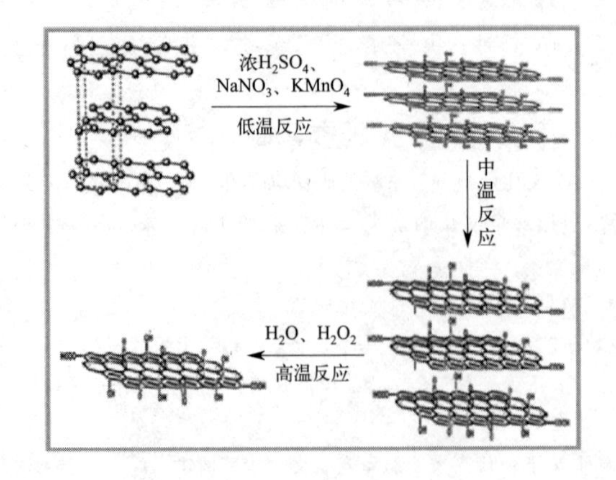

(2) 实验步骤

① 剥离及氧化

本实验须在通风橱中进行。(i) 低温反应：在冰水浴中放入洗净烘干的 100 mL 烧杯，向其中加入 6 mL 浓 H_2SO_4，待其温度低于 4℃时，一边搅拌，一边加入 0.25 g 石墨粉和 0.13 g $NaNO_3$。然后缓慢加入 0.75 g $KMnO_4$，注意调整加入 $KMnO_4$ 速率，以控制混合溶液温度不超过 20℃。加完 $KMnO_4$ 后，将混合溶液在磁力搅拌器上继续反应 60 min。(ii) 中温反应：将冰水浴换成温度范围为 32～40℃的温水浴，在磁力搅拌器搅拌下，反应 30 min。(iii) 高温反应：在上述溶液的烧杯中，缓慢滴加 30 mL 去离子水，注意控制滴加速率，防止反应过于剧烈、溶液溅出，保持反应温度在 70～80℃范围，缓慢滴加 30% H_2O_2 约 2 mL，此步反应时间约为 20 min。

② 分离

反应完成后，使用高速离心机分离未剥离的石墨和氧化型石墨烯混合物，并用去离子水进行洗涤。(i) 第一步分离：利用石墨和石墨烯密度的差异（石墨密度为 2.25 g/cm^3，石墨烯密度为 1.06 g/cm^3）进行分离。将溶液转移到 50 mL 离心试管中，在转速设定为 1500 r/min 的离心机离心分离约 2 min。分离结束后，石墨在离心试管下部，氧化型石墨烯分散在离心试管上部的液相中，用倾析法将石墨和氧化型石墨烯分离。(ii) 第二步分离：将分离后含有氧化型石墨烯的液体进一步进行离心分离。将装有氧化型石墨烯液体的离心试管置于转速设定为 10000 r/min 的离心机中离心 1 min 后，氧化型石墨烯沉降在离心试管底部，用倾析法倒掉上层清液，并反复用去离子水洗涤氧化型石墨烯至无 SO_4^{2-}。可用 $BaCl_2$ 溶液检验 SO_4^{2-} 是否存在，至清洗干净为止。

附录

RAMP 原则运用案例

案例一：硫酸亚铁铵的制备和性质

董平坤（湖南大学化学生物学 2202 班）

R：识别危害	A：风险评估
该实验所有的危险源： 1. 95%乙醇含有一定的刺激性气味，人若是长时间闻，很容易导致呼吸系统伤害。乙醇属于一种易燃易爆品，如果保存不当，一旦接触明火或者是温度高的地方，可能会引起火灾，发生安全事故。 2. 硫酸：遇水大量放热，可发生沸溅。与易燃物（如苯）和可燃物（如糖、纤维素等）接触会发生剧烈反应，甚至引起燃烧。遇电石、高氯酸盐、雷酸盐、硝酸盐、苦味酸盐、金属粉末等发生剧烈反应，引起爆炸或燃烧。具强腐蚀性和吸水性。对水生生物有害。易制毒。 3. KSCN（质量分数 25%）：有毒，长期接触少量氰化物出现神经衰弱综合征、眼及上呼吸道刺激。可引起皮疹。 4. 布氏漏斗和抽滤瓶：瓶身结构不对称易打翻、碰碎，碎玻璃易划伤实验员。 5. 酒精灯：酒精灯灯嘴与灯体分离，一旦灯体翻倒，会造成酒精外流，有引发火灾的危险。酒精灯使用不当如用嘴吹酒精灯，可能使高温的空气倒流入瓶内，引起爆炸。 6. 台式天平和真空泵：同学使用电气设备有用电安全隐患。	1. 化学试剂 （1）暴露于上述危害的可能性大小：暴露在化学试剂下的可能性很大，同学们刚进入实验室做实验，对于实验步骤并不是很熟练，难免出现试剂洒落的情况。实验时统一打开了通风橱，且该实验使用的试剂挥发出有毒气体的程度都较小，所以同学们吸入有毒气体的可能性较小。 （2）考虑化学品的暴露：该实验需要用量筒倾倒量取硫酸溶液和硫氰化钾溶液，所以皮肤接触试剂的可能性较大。 （3）后果严重性：硫酸腐蚀皮肤可造成皮肤溃烂。乙醇接触明火或者是温度高的地方，可能会引起火灾。使用硫氰化钾可能引发化学品中毒。 2. 用火用电安全 （1）暴露于上述危害的可能性大小：暴露在火下的可能性较大，因为同学们实验经验有限，存在不小心碰倒酒精灯的可能性。暴露在电下的可能性较小，因为实验室的电气设备都质量完好，插头插座也有专门的保护盖。但由于同学们在做实验时手上难免会被液体沾湿，所以在插拔插头时有暴露在电下的可能。 （2）后果严重性：酒精属于易燃易爆液体，一旦不小心打翻酒精灯，火苗会迅速窜大，极易造成严重的烧伤。而实验室的插头都有地线保护，所以在实验室触电的危害并不会很大。
M：风险最小化 完全消除危害：该实验可消除因操作不当等人为因素造成的危害，如碎玻璃划伤自己及他人。 部分替代危害：酒精灯加热可以换为水浴加热，无明火会更安全。 改善实验室硬件条件：加强对电器设备的监管与维修；增添水浴锅装置，避免实验室内出现明火。 重视实验室管理：实验室各仪器、试剂瓶有序摆放；易燃	P：应急预案/环境保护 KSCN 溶液泄漏事故应急处理方案： （1）警告附近同学不要接近，并设立警示牌。 （2）疏散无关人员，隔离泄漏污染区。 （3）急救伤员参照化学危险品受伤人员急救程序执行紧急救治：实验室外的门口处有冲淋装置和洗眼器且能够正常使用，实验室内靠墙处有未过期能够正常使用的灭火器。 （4）切断火源（若易燃物泄漏，则必须切断污染区的点火源）。

续表

<table>
<tr>
<td>易爆物品加强管理；实验室安排值班人员对电器设备进行定时的检修。
配备个人防护装备：穿好实验服，戴好口罩和手套。女生把头发扎起来，不戴多余的首饰。不穿拖鞋、凉鞋进入实验室。
1. 个人防护装备种类
（1）眼睛防护：安全镜、护目镜
（2）头面部及呼吸道防护：口罩、面罩、个人呼吸器、防毒面具、帽子
（3）躯体防护：实验服、隔离衣、连体衣等
（4）手、足防护：手套、鞋套
（5）耳（听力保护器等）：耳塞和耳罩两大类
2. 个人防护装备防护等级
A级防护：可对周围环境中的气体与液体提供最完善的保护
B级防护：存在有毒气体（或蒸气）或者针对致病物质对皮肤危害不严重的环境
C级防护：适用于低浓度污染环境或现场支持作业
D级防护：适用于现场冷区或冷区外的人员
3. 应对实验事故的个人防护装备
洗眼装置、淋浴装置</td>
<td>（5）实验室的柜子上贴有紧急联系人及其联系方式。本科阶段做实验时老师都在场指导，如遇紧急情况应第一时间通知实验老师。如遇化学药品腐蚀，应尽快去冲淋装置处进行冲淋；如遇烧伤烫伤，应立刻到冲淋装置处冲淋，并尽快联系校医院就诊。
（6）疏散逃生路线：实验室共六排，前三排同学从前门出，后三排同学从后门出，尽快逃离到实验室外的空地。
（7）穿上必要的防护用品（如手套、防毒口罩、眼罩）。
（8）处理泄漏（泄漏场所通风—堵漏或更换容器—清理泄漏液—用清水清洗地面）。
环境保护：
（1）碎玻璃等固体废弃物单独归类，液体废弃物倒入专用废液桶中，实验产物集中回收。
（2）不同类别废液缸（桶）贴好标签，以方便废弃物处理。</td>
</tr>
</table>

任彦霖（湖南大学化学生物学2201班）

<table>
<tr>
<td>R：识别危害
化学试剂：（MSDS）
1. 盐酸　　强酸性，有腐蚀性，易挥发
2. 硫酸　　强酸性，强腐蚀性
3. 硫氰化钾　不易燃，高温易分解，有毒
4. 硫酸铵　　不燃，有刺激性，受热易分解
5. 碳酸钠　　有腐蚀性，刺激性，不燃
6. 乙醇　　易燃，有刺激性
7. 铁屑　　无
反应过程：
有加热过程，使用水浴锅，酒精灯
√需要注意明火和电器使用
有蒸发过程，使用酒精灯
√需要注意明火和高温设备
过程中可能有有毒气体释放
√需要在通风橱中进行
有抽滤过程，使用抽滤装置
√需要使用电器设备</td>
<td>A：风险评估
1. 盐酸　能造成严重皮肤灼伤和眼损伤
易暴露　　挥发造成
2. 硫酸　能造成严重皮肤灼伤和眼损伤
易暴露　　操作不慎倾洒
3. 硫氰化钾　误服致急性中毒时，引起恶心、呕吐、腹痛、腹泻等胃肠道功能紊乱
不易暴露　　注意不要误食即可
4. 硫酸铵　对眼睛，皮肤，黏膜有刺激作用
有可能暴露　　扬尘导致粉末吸入
5. 碳酸钠　造成严重眼刺激
6. 乙醇　易暴露　极易挥发
7. 铁屑　吸入铁粉或氧化铁粉尘刺激呼吸道，引起咽喉发炎、咳嗽；皮肤接触热金属会灼伤，眼睛接触粉尘可导致发炎和灼伤
不易暴露　　固体　　注意不要扬起</td>
</tr>
<tr>
<td>M：风险最小化
暂无可替代试剂以减弱相关试剂的危害。
改善实验室硬件条件：
1. 实验室应当改进废液废气的处理装置。
2. 实验室应当建立初步处理废液的机制，这样可以重复利用一些可回收物质。
3. 实验室应当建立废气处理装置，在废气处理后再排放，减少对环境的影响和伤害。
重视实验室管理：</td>
<td>P：应急预案/环境保护
应急预案：
1. 紧急装置：配备急救箱，实验室门口有冲淋装置，实验室门口配备洗眼器，实验室须有干粉、二氧化碳灭火器。
2. 紧急联系人：
实验室负责人电话××
学校保卫处电话××
学校设备管理处电话××
火警电话××</td>
</tr>
</table>

续表

1. 实验室应当加强对危险试剂的管理，妥善安排学生实验时试剂用量。 2. 实验室应当加强仪器清洗的管理，减少废弃物的残留。 个人防护设备： 1. 防酸碱，防火实验服 2. 防酸碱手套(橡胶) 3. 化学安全护目镜 4. 选择性佩戴口罩 5. 全程在通风橱中操作 应对安全事故时个人防护设备： 1. 防毒，防化面具 2. 耐酸碱防化服 3. 正压式呼吸器	急救电话×× 3. 张贴逃生疏散路线，及时展开演习。 环境保护： 1. 废弃物：各种多余的化学原料，硫氰化钾对环境可能有影响，对水生生物有害。硫酸、盐酸对设备有腐蚀性，对水生生物有害。 实验中废弃的滤纸及沾染相关化学试剂的 pH 试纸，需要妥善处理。 2. 废液缸相容性 ① 碳酸钠可以和硫酸、盐酸反应产生大量气体，所以碳酸钠废液不能和酸废液放在一起。 ② 硫氰化钾有一定毒性，废液应当单独存放。 ③ 酸液应当单独放在一个废液桶中单独处理。 3. 实验前应当提前给废液桶贴上标签，这样就可以在废液产生时快速处理。

案例二：化学反应速率、反应级数和活化能的测定

章喆（湖南大学化学生物学 2201 班）

R:识别危害 试剂:(MSDS) 1. $(NH_4)_2S_2O_8$(0.20 mol/L) 2. KI(0.20 mol/L) 3. $Na_2S_2O_3$(0.010 mol/L) 4. $(NH_4)_2SO_4$(0.20 mol/L) 5. $Cu(NO_3)_2$(0.02 mol/L) 操作： 1. 水浴加热 2. 搅拌	A:风险评估 从三方面评估风险：①暴露于以上危害中的可能性大小；②根据化学试剂的性质和使用考虑化学品暴露；③后果严重性。 试剂:(暴露风险较高) 1. $(NH_4)_2S_2O_8$呼吸过敏、皮肤过敏、可加剧燃烧。吞咽有害，皮肤接触有害，可能导致皮肤过敏反应，吸入可能导致过敏或哮喘病症状或呼吸困难，对水生生物有害。 2. KI 皮肤刺激、眼睛刺激。吞咽有害，造成皮肤刺激，造成严重眼刺激。 3. $Na_2S_2O_3$对皮肤有腐蚀作用，对眼有严重损伤、刺激，吞咽有害。 4. $(NH_4)_2SO_4$对眼睛、皮肤、黏膜和上呼吸道有刺激作用。受热分解放出氮氧化物、氨和氧化硫烟雾。 5. $Cu(NO_3)_2$吸入对呼吸道有刺激性，出现咳嗽、气短等。对眼和皮肤有刺激性。 操作:(暴露风险高) 1. 水浴加热 易造成人员烫伤、烧伤。可能造成电器起火等实验室事故。 2. 搅拌 易造成玻璃仪器碎裂，划伤、割伤。
M:风险最小化 试剂： 1. $(NH_4)_2S_2O_8$切勿受热。采取防范措施，避免与可燃物混合。避免吸入粉尘/烟/气体/烟雾/蒸气/喷雾。操作后彻底清洁皮肤。使用本产品时不要进食、饮水或吸烟。避免释放到环境中。戴防护手套/穿防护服/戴护目镜/戴面罩。 2. KI 操作后彻底清洁皮肤。使用本产品时不要进食、饮水或吸烟。穿戴防护手套/ 眼保护罩/ 面部保护罩。 3. $Na_2S_2O_3$ 防止吸入、皮肤接触、眼睛接触、食入。标准防护。	P:应急预案/环境保护 试剂： 1. $(NH_4)_2S_2O_8$　如果吞咽并觉不适：立即呼叫解毒中心或就医。如果皮肤接触：用大量肥皂和水清洗。如吸入：将患者移到新鲜空气处休息，并保持呼吸舒畅的姿势。如出现皮肤刺激或皮疹：求医/就诊。如有呼吸系统病症：呼叫解毒中心或医生。沾污的衣服清洗后方可再用。火灾时：用干的砂子、干的化学品或耐醇性的泡沫来灭火。存放于通风良好的地方。保持容器密闭。 2. KI　如果吞咽并觉不适：立即呼叫解毒中心或就医。如果皮肤接触：用大量肥皂和水清洗。如与眼睛接触，用水缓慢

续表

<table>
<tr>
<td>4. $(NH_4)_2SO_4$ 穿工作服。戴防护手套。工作后，保持良好的卫生习惯。
5. $Cu(NO_3)_2$ 应与还原剂、易（可）燃物分开存放，切忌混储。
操作：
1. 水浴加热
(1)水浴锅使用时，必须先加水后通电，严禁干烧；
(2)水浴锅使用时，必须有可靠的接地以确保使用安全；
(3)水位低于电热管，不准通电使用，以免电热管爆裂损坏；
(4)水位也不可过高，以免水溢入电器箱损坏元件；
(5)水浴锅长期不使用时，应将水槽内的水放净并擦拭干净，定期清除水槽内的水垢。
2. 搅拌
注意力度。</td>
<td>温和地冲洗几分钟。如戴隐形眼镜，取出隐形眼镜，然后继续冲洗。如觉皮肤刺激：求医/就诊。如仍觉眼睛刺激：求医/就诊。脱掉沾污的衣服，清洗后方可再用。
3. $Na_2S_2O_3$　如吸入：请将患者移到新鲜空气处。皮肤接触：用肥皂和大量的水冲洗。眼睛接触：用水冲洗眼睛作为预防措施。食入：用水漱口。
4. $(NH_4)_2SO_4$　皮肤接触：用肥皂水及清水彻底冲洗。眼睛接触：拉开眼睑，用流动清水冲洗 15 分钟。吸入：脱离现场至空气新鲜处。食入：误服者，饮适量温水，催吐。
5. $Cu(NO_3)_2$　皮肤接触：用大量流动清水冲洗。眼睛接触：提起眼睑，用流动清水或生理盐水冲洗。吸入：迅速脱离现场至空气新鲜处。食入：饮足量温水，催吐。
操作：
1. 水浴加热　准备灭火器、干砂、灭火毯等设备以应对失火。使用前检查是否可靠的接地以确保使用安全。确保水位在安全范围内，及时添加。定期检查各接点螺丝是否松动，如有松动应加紧固，保持各电气接点接触良好。
2. 搅拌　玻璃碎裂时第一时间清理玻璃碎渣至专用收集桶。清洁并消毒伤口后包扎。若过于严重，则第一时间就医。
环境保护主要考虑实验废弃物的处理：
将内容物/容器处理至得到批准的废物处理厂。</td>
</tr>
</table>

案例三：苯甲酸乙酯合成

王宇舟（湖南大学化学生物学 2202 班）

R：识别危害

化学试剂

1. 苯甲酸

侵入途径：吸入、食入。

危害：对皮肤有轻度刺激性。蒸气对上呼吸道、眼和皮肤产生刺激。在一般情况下接触无明显的危害性。对环境有危害，对水体和大气可造成污染。遇高热、明火或与氧化剂接触，有引起燃烧的危险。有害燃烧产物为一氧化碳、二氧化碳。对微生物有强烈的毒性，但其钠盐的毒性则很低。对大鼠经口 LD_{50}：1700 mg/kg。每日口服 0.5 g 以下，对人体并无毒害，甚至用量不超过 4 g 对健康也无损害。

2. 无水乙醇

危害：易燃，其蒸气与空气可形成爆炸性混合物，遇明火、高热能引起燃烧爆炸。与氧化剂接触发生化学反应或引起燃烧。在火场中，受热的容器有爆炸危险。其蒸气比空气重，能在较低处扩散到相当远的地方，遇火源会着火回燃。具有刺激性。

3. 环己烷

侵入途径：吸入、食入、经皮吸收。

危害：对眼和上呼吸道有轻度刺激作用。持续吸入可引起头晕、恶心、嗜睡和其他一些麻醉症状。液体污染皮肤可引起痒感。属低毒类。有刺激和麻醉作用。DNA 损伤。极易燃，其蒸气与空气可形成爆炸性混合物。遇明火、高热极易燃烧爆炸。与氧化剂接触发生强烈反应，甚至引起燃烧。在火场中，受热的容器有爆炸危险。其蒸气比空气重，能在较低处扩散到相当远的地方，遇明火会引着回燃。有害燃烧产物为一氧化碳、二氧化碳。对生物具有毒性。

禁配物：强氧化剂、强酸、强碱、卤素。

4. 浓硫酸

侵入途径：皮肤、口、眼、呼吸道。

危害：对皮肤、黏膜等组织有强烈的刺激和腐蚀作用。蒸气或雾可引起结膜炎、结膜水肿、角膜浑浊，以致失明；引起呼吸道刺激，重者发生呼吸困难和肺水肿；高浓度引起喉痉挛或声门水肿而窒息死亡。口服后引起消化道烧伤以致溃疡形成；严重者可能有胃穿孔、腹膜炎、肾损害、休克等。皮肤灼伤轻者出现红斑、重者形成溃疡，愈后瘢痕收缩影响功能。溅入眼内可造成灼伤，甚至角膜穿孔、全眼球炎以至失明。对环境有害，可造成水体，土壤污染。助燃，具强腐蚀性、强刺激性，可致人体灼伤。遇水大量放热，可发生沸溅。与易燃物（如苯）和可燃物（如糖、纤维素等）接触会发生剧烈反应，甚至引起燃烧。遇电石、高氯酸盐、雷酸盐、硝酸盐、苦味酸盐、金属粉末等猛烈反应，发生爆炸或燃烧。有强烈的腐蚀性和吸水性。有害燃烧产物二氧化硫。具有强腐蚀性、氧化性、脱水性。

5. 乙醚

危害：具有刺激性和腐蚀性。直接接触可引起皮肤和眼灼伤。长时间接触本品溶液可引起湿疹、皮炎、鸡眼状溃疡和皮肤松弛。误服可造成消化道灼伤、黏膜糜烂、出血和休克。本品极度易燃，具刺激性。其蒸气与空气可形成爆炸性混合物，遇明火、高热极易燃烧爆炸。与氧化剂能发生强烈反应。在空气中久置后能生成有爆炸性的过氧化物。在火场中，受热的容器有爆炸危险。其蒸气比空气重，能在较低处扩散到相当远的地方，遇火源会着火回燃。

6. 无水氯化钙

危害：粉尘会灼烧、刺激鼻、口、喉，还可引起鼻出血和破坏鼻组织；干粉会刺激皮肤，溶液会严重刺激甚至灼烧皮肤。

7. 无水硫酸镁

危害：粉尘对黏膜有刺激作用，长期接触可引起呼吸道炎症。误服有导泻作用，若有肾功能障碍者可致镁中毒，引起胃痛、呕吐、水泻、虚脱、呼吸困难、紫绀等。对环境有危害，对水体可造成污染。高温下分解产生有害气体。

8. 苯甲酸乙酯

危害：吸入、摄入或经皮肤吸收后对身体有害。蒸气或烟雾对眼睛、皮肤、黏膜和上呼吸道有刺激作用。遇明火，高温可燃。

9. 二氧化碳

有窒息危险。

反应条件与反应过程

1. 试剂的添加，可能引发起火，试剂瓶炸裂，溶液沸腾，烫伤。
2. 反应时需要加热，可能引发起火，烫伤，反应加热过度。
3. 反应时需要搅拌，可能导致溶液飞溅，损伤皮肤或眼睛，或引发起火。
4. 反应时使用微波反应器，可能引发起火。

A：风险评估

1. 在添加试剂时，顺序不当，可能会引发溶液沸腾，试剂瓶破裂，烫伤甚至火灾等一系列危害。
2. 在反应加热过程中，操作不当会有较大的风险引发火灾。
3. 在加热时，如果不做好个人防护，会有较大可能吸入苯甲酸、浓硫酸、苯甲酸乙酯，大量吸入会对呼吸道和眼睛产生刺激作用，对神经系统产生损伤。
4. 在反应过程中，温度控制不好，可能引起混合物起泡冲料，对环境造成腐蚀，严重时会引发火灾。
5. 在加入反应液和搅拌过程中，如果不做好个人防护，有极大可能会沾染上浓硫酸和苯甲酸，对皮肤造成腐蚀。
6. 在操作过程中，可能打翻试剂瓶，如果不做好个人防护，有极大可能会沾染上浓硫酸和苯甲酸，对皮肤造成腐蚀。
7. 在实验过程中，要预防静电的产生，不预防可能会引发起火。
8. 在处理废液时，如果分类不当，或者处理方法错误，可能对环境产生危害，也可能使废液缸中产生反应，引起一系列化学反应，具有很大的安全隐患。

M：风险最小化

必须的个人装备防护：戴化学安全防护眼镜、穿防毒物渗透工作服、戴防化学品手套。

实验操作要在通风橱中进行。

处理意外的试剂：牛奶、蛋清、饮用温水、苏打水、稀氨水、大量清水、大量生理盐水。

处理意外的工具：防毒面具、应急沐浴器、泡沫/二氧化碳/干粉灭火器、灭火毯。

P：应急预案/环境保护

应急预案：

1. 皮肤沾染有毒化学品：脱去衣物，用大量清水冲洗，并联系指导老师。
2. 皮肤沾染浓硫酸：先用干布拭去，然后用大量水冲洗，最后用小苏打溶液冲洗，严重时应立即送医院。
3. 眼睛接触有毒化学品：立即翻动上下眼睑，用流动清水或生理盐水处理，联系老师，就医。
4. 吸入大量有毒化学品：迅速脱离现场至空气新鲜处。保持呼吸道通畅。呼吸困难时给输氧。呼吸停止时，立即进行人工呼吸。就医。
5. 苯甲酸大量泄漏：隔离泄漏污染区，周围设警告标志，切断火源。应急处理人员戴好防毒面具，穿一般消防防护服。用清洁的铲子收集于干燥洁净有盖的容器中，运至废物处理场所。如大量泄漏，收集回收或无害处理后废弃。

续表

6. 食入化学品 苯甲酸、浓硫酸：误服者漱口，给饮牛奶或蛋清，就医。 环己烷、乙醇、乙醚、苯甲酸乙酯：饮足量温水，催吐，就医。 7. 浓硫酸泄漏：迅速撤离泄漏污染区人员至安全区，并进行隔离，严格限制出入。建议应急处理人员戴自给正压式呼吸器，穿防酸碱工作服。不要直接接触泄漏物。尽可能切断泄漏源。防止流入下水道、排洪沟等限制性空间。小量泄漏：用砂土、干燥石灰或苏打灰混合。也可以用大量水冲洗，洗水稀释后放入废水系统。大量泄漏：构筑围堤或挖坑收容。用泵转移至槽车或专用收集器内，回收或运至废物处理场所处置。 8. 火灾处理 苯甲酸灭火。灭火剂：雾状水、泡沫、二氧化碳、干粉、砂土。 乙醇灭火。尽可能将容器从火场移至空旷处。喷水保持火场容器冷却，直至灭火结束。灭火剂：抗溶性泡沫、干粉、二氧化碳、砂土。 环己烷灭火。喷水冷却容器，可能的话将容器从火场移至空旷处。处在火场中的容器若已变色或从安全泄压装置中发出声音，必须马上撤离。灭火剂：泡沫、干粉、二氧化碳、砂土。用水灭火无效。 浓硫酸灭火。灭火剂：干粉、二氧化碳、砂土。避免水流冲击物品，以免遇水会放出大量热量发生喷溅而灼伤皮肤。 乙醚灭火。尽可能将容器从火场移至空旷处。喷水保持火场容器冷却，直至灭火结束。处在火场中的容器若已变色或从安全泄压装置中产生声音，必须马上撤离。灭火剂：抗溶性泡沫、二氧化碳、干粉、砂土。用水灭火无效。 苯甲酸乙酯灭火。灭火剂：雾状水、抗乙醇泡沫、干粉、二氧化碳。 废弃物处理。对于废弃浓硫酸，用水稀释后即可排放；苯甲酸废液需要单独存放；乙醇、环己烷、乙醚、苯甲酸乙酯可集中在一起；无水氯化钙、碳酸钠可以集中在一起。

案例四：三草酸合铁酸钾的制备和性质

潘欣宇（湖南大学化学类2203班）

R：识别危害	A：风险评估
1. 实验用到3 mol/L硫酸，硫酸具有强酸性、强腐蚀性、强氧化性，若是洒落到皮肤上则后果极其严重。 2. 实验用到饱和草酸溶液，且加入草酸溶液时溶液处于加热状态，草酸易受热分解产生CO和CO_2，其中的CO无色无味无臭，难以察觉，易使人体出现中毒症状。 3. 实验用到摩尔盐，具有还原性和低毒性，其溶液还可能有刺激性。 4. 实验用到高锰酸钾，浓度过高的高锰酸钾溶液或结晶会对人体皮肤、黏膜有腐蚀损伤。 5. 实验用到无水乙醇，误服后会抑制神经出现急性中毒，引发胃肠道黏膜损伤，且实验中用到酒精灯，无水乙醇有燃烧的风险。 6. 实验用到乙醇-丙酮1∶1混合液，丙酮有毒，直接接触皮肤就会使得人的皮肤和黏膜损伤。 7. 实验中用到锌粉，有强还原性，遇水燃烧，且可能产生氢气，不纯的氢气在有酒精灯的实验室中有爆炸风险。 8. 实验中使用酒精灯加热至溶液煮沸，如果加热方式不当（如未垫石棉网）可能会使烧杯炸裂。酒精灯添加燃料酒精时可能出现酒精洒落引发火灾等危险。	1. 实验操作时会取用硫酸，乙醇-丙酮1∶1混合液，高锰酸钾溶液等药品，操作不当有可能使得它们滴落，沾到衣物甚至裸露皮肤上，其风险可能性较高。 2. 实验中边加热边加入饱和草酸溶液，而使用酒精灯时的加热温度无法具体确定，实验时极有可能会超过草酸的分解温度，从而产生CO等有毒气体，可能性较大。 3. 摩尔盐溶解过程中一旦酸化不完全，就有可能在加热过程中产生氨气，该可能性存在。但由于摩尔盐的用量和水解反应本身特性，产生的氨气不算很多。 4. 锌粉为浅灰色细粉末，实验时即取即用即归置原位，一般情况下不会大量遇水或是暴露在空气中，但也存在实验中失手打翻的可能性。如果天气潮湿，洒落的高纯锌粉可能会自燃。 5. 实验中酒精灯加热操作如果不当，极有可能导致烧杯炸裂。在实验室里，由于学生的不规范操作，发生玻璃仪器炸裂的可能性很大。烧杯炸裂可能使得溶液溅落，高温液体可能使人烫伤，可能与其他药品混合发生连锁反应。
M：风险最小化	P：应急预案/环境保护
1. 要做好个人防护措施，穿着正确的实验服装，一来假如有硫酸等液体沾在服装上，能够更明显地发现它，二来实验过程中难免会有各种试剂洒落，会污染穿着服装，而实验服相对价格便宜，对钱包安全。	1. 实验室配有急救箱，冲淋装置、洗眼器、灭火器等一般位于实验室楼道处、实验室门口处，做实验前一定要摸清楚这些装置的具体位置和使用方式，并且记住绿色通道的位置，还需要时常检查这些仪器以防故障。

续表

2. 一定要做好必要的保护措施，如穿戴护目镜，取用硫酸等腐蚀性液体时戴好手套等。 3. 将盛装锌粉的试剂瓶和其他试剂瓶分开，将无水乙醇、乙醇-丙酮 1∶1 混合液等远离酒精灯放置。 4. 使用酒精灯时一定注意安全，严格遵守烧杯垫石棉网加热的加热方式。 5. 树立正确的实验室安全理念，切忌在实验室里吃吃喝喝，以防将硫酸当矿泉水喝了等意外。且切不可尝试剂的味道，闻气体的味道时一定轻扇瓶口浅闻，切不可对着瓶口猛吸一口。	2. 一旦意外发生，紧急报告实验老师进行处理，在场所有实验人员听从指挥，统一行动。 3. 组织开展实验事故安全演练，发生事故时在能保证安全的条件下尽可能缩小其影响，在安全受威胁的情况下集体通过绿色通道有序撤离实验室。 4. 将实验制取到的三草酸合铁酸钾进行收集存储，实验中产生的废火柴、废滤纸等收集到固体废渣桶中，破碎的玻璃仪器放入锐器垃圾桶中，实验废液倒入废液缸中，在废液缸上贴标签标明成分。

案例五：间接碘量法测定铜盐中铜的含量

李紫阳（湖南大学化学强基 2201 班）

R:识别危害 1. 碘酸钾：白色结晶或结晶性粉末，无气味，有强氧化性，有刺激性。与还原剂、有机物、易燃物如硫、磷或金属粉末等混合可形成爆炸性混合物。对上呼吸道、眼及皮肤有刺激性。口服引起头晕、恶心、呕吐、眩晕及胃肠道刺激。可致视神经损害。 2. 硫酸铜：对胃肠道有刺激作用，误服引起恶心、呕吐、口内有铜腥味、胃烧灼感。严重者有腹绞痛、呕血、黑便。对眼和皮肤有刺激性。中等毒性。未有特殊的燃烧爆炸特性。受高热分解产生有毒的硫化物烟气。 3. 氨水：无色透明液体。吸入后对鼻、喉和肺有刺激性，引起咳嗽、气短和哮喘等。可因为头水肿而窒息死亡。可发生肺水肿，引起死亡。氨水溅入眼内，可造成严重损害，甚至导致失明，皮肤接触可致灼伤。反复低浓度接触，可引起支气管炎。皮肤反复接触，可致皮炎，表现为皮肤干燥、痒、发红。如果身体皮肤有伤口一定要避免接触伤口以防感染。 4. 重铬酸钾：室温下为橘红色结晶性粉末，溶于水，不溶于乙醇。是一种有毒且有致癌性的强氧化剂，被国际癌症研究机构划归为第一类致癌物质。
A:风险评估 1. 碘酸铜、硫酸铜接触或者误服，接触时毒性较弱，但吸入或者误服时会导致严重伤害，概率较低，风险较小。 2. 氨水侵入途径：吸入、食入。氨水易挥发，但吸入量较少危害性较低不易造成损伤。
M:风险最小化 1. 碘酸铜 呼吸系统防护：可能接触其粉尘时，应该佩戴自吸过滤式防尘口罩。 眼睛防护：戴化学安全防护眼镜。 身体防护：穿聚乙烯防毒服。 手防护：戴橡胶手套。 2. 硫酸铜 呼吸系统防护：实验人员应该佩戴防尘口罩。 眼睛防护：可采用安全面罩。 身体防护：穿实验服。 手防护：必要时戴防护手套。 3. 氨水 呼吸系统防护：可能接触其蒸气时，应该佩戴防毒面具。紧急事态抢救或逃生时，建议佩带自给式呼吸器，在通风橱内进行相关实验。 眼睛防护：戴化学安全防护眼镜。 身体防护：穿实验服。 手防护：戴防化学品手套。 4. 其他 实验室禁止吸烟、进食和饮水。保持良好的卫生习惯。提供洗眼设备。

续表

P:应急预案/环境保护

1. 碘酸铜

皮肤接触:脱去被污染的衣着,用肥皂水和清水彻底冲洗皮肤。就医。

眼睛接触:提起眼睑,用流动清水或生理盐水冲洗。就医。

吸入:迅速脱离现场至空气新鲜处。保持呼吸道通畅。

食入:饮足量温水,催吐。就医。

灭火方法:喷水冷却容器,可能的话将容器从火场移至空旷处。

灭火剂:雾状水、砂土。

小量泄漏:避免扬尘,小心扫起,收集转移至安全场所。

大量泄漏:用塑料布、帆布覆盖。然后收集回收或运至废物处理场所处置。

2. 硫酸铜

皮肤接触:脱去污染的衣着,用大量流动清水彻底冲洗。

眼睛接触:立即翻开上下眼睑,用流动清水或生理盐水冲洗。

吸入:迅速脱离现场至空气新鲜处。保持呼吸道通畅。

食入:误服者用0.1%亚铁氰化钾或硫代硫酸钠洗胃。也可内服大量鸡蛋清,并用盐类泻剂。

3. 氨水

皮肤接触:立即用水冲洗至少15分钟。若有灼伤,就医治疗。对少量皮肤接触,避免将播散面积扩大。

眼睛接触:立即提起眼睑,用流动清水或生理盐水冲洗至少15分钟。或用3%硼酸溶液冲洗。立即就医。

吸入:迅速脱离现场至空气新鲜处。保持呼吸道通畅。

食入:误服者立即漱口,口服稀释的醋或柠檬汁,就医。

4. 其他

(1)熟悉紧急装置(急救箱、冲淋装置、洗眼器、灭火器和其他灭火器材等)的位置。

(2)确定紧急联系人、联系方式与响应时间,以及紧急情况急救人。

(3)疏散逃生路线以及具体事故应急处理方案与演习。

5. 环境保护

(1)含铜离子废弃物有害,应该分类回收、统一处理。不能流入下水道。

(2)提前给不同类别废液缸(桶)贴好标签,以方便废弃物处理。

案例六：无水四氯化锡的制备

陈睿冰（湖南大学化学强基2201班）

R:识别危害

化学试剂,反应产物

1. HCl(浓):易挥发,具有刺激性气味。接触其蒸气或烟雾,可引起急性中毒,出现眼结膜炎,鼻及口腔黏膜有烧灼感,鼻衄、齿龈出血、气管炎等。误服可引起消化道灼伤、溃疡形成,有可能引起胃穿孔、腹膜炎等。眼和皮肤接触可致灼伤。

2. H_2SO_4(浓):强酸性,强烈吸水及氧化性质。会和人体里的蛋白质及脂肪发生水解反应并造成严重化学性烧伤,还会与碳水化合物发生高放热性去水反应并将其炭化,造成二级火焰性灼伤,对眼睛及皮肉造成极大伤害。

3. NaOH(6 mol/L):溅到皮肤上,会腐蚀表皮,造成烧伤。溅入眼睛可能导致失明。

4. Cl_2(反应过程中产生):刺激性气体,可损伤呼吸道,对眼睛黏膜和皮肤有高度刺激性。

反应装置,操作

1. 加热装置:酒精喷灯,存在灼伤,打翻起火等风险。

2. 三颈烧瓶,蒸馏烧瓶:加热过程中可能破裂。若操作不慎导致液体回流,也有破裂风险。

A:风险评估

1. 吸入挥发的氯化氢气体:可能性较低。后果:引起呼吸道,眼部不适。

2. 吸入泄漏的氯气:可能性较低。后果:引起呼吸道,眼部不适。

3. 皮肤接触浓盐酸、浓硫酸、浓氢氧化钠:有一定可能性。后果:皮肤遭受损伤。

4. 眼睛溅入浓盐酸、浓硫酸、浓氢氧化钠:在佩戴护目镜前提下,可能性较低。后果:导致失明。

M:风险最小化

1. 佩戴口罩,护目镜,手套,穿实验服,可减少与化学试剂接触的风险。

2. 操作过程中保持桌面整洁,避免仪器被打翻。

3. 实验开始前,对连接好的装置进行检漏,防止氯气泄漏。

4. 实验过程中随时关注反应进程以及缓冲瓶状况,防止倒吸。

5. 选用较新的反应容器,防止加热时碎裂。

6. 选用较新的连接管,防止连接管老化导致气体泄漏。

续表

P:应急预案/环境保护
应急预案: 1. 酒精灯打翻:用湿抹布扑灭。 2. 吸入少量氯化氢气体:到室外稍作休息,必要时可吸入雾化的碳酸氢钠溶液。 3. 少量氯气泄漏:立刻打开通风橱,熄灭酒精灯,打开窗户并离开实验室。 4. 皮肤接触浓硫酸:先用干抹布迅速将液滴擦去,然后再将稀释了的碳酸氢钠溶液涂抹在被溅的皮肤上,最后用大量清水冲洗。 5. 皮肤接触浓盐酸:立即用大量清水冲洗,并涂上稀释的碳酸氢钠溶液。 6. 皮肤接触浓氢氧化钠:快速用抹布擦干,并用稀硼酸溶液清洗,最后用大量清水冲洗。 7. 眼睛溅入化学试剂:立即用大量清水冲洗,如情况严重需就医。 8. 酸试剂打翻:立即撒上熟石灰,中和后清理,并开窗通风。 9. 碱试剂打翻:远离现场,撒上沙土后用弱酸中和并收集。 10. 玻璃仪器碎裂:扫起,装入尖锐废弃物垃圾桶,若有试剂,应清理地面。 11. 需要准备:湿抹布,洗眼器,干抹布,稀释的碳酸氢钠溶液,稀释的硼酸溶液,砂土,熟石灰,扫把,拖把。 12. 紧急联系:实验室老师(电话:××)校医室(电话:××)(需张贴于实验室门口) 环境保护: 1. 氯气尾气处理:用氮气将剩余的氯气赶入尾气吸收装置。 2. 浓硫酸,浓盐酸:用碳酸氢钠溶液中和后倒入废液桶。 3. 浓氢氧化钠溶液:用硼酸溶液中和后倒入废液桶。

结 语

实验室安全是高校教学和科研顺利开展的保障，也是创建平安校园的基础。加强实验室安全教育是防范化解风险隐患、筑牢安全防线的有效手段。实验室的安全风险具有不确定性、隐蔽性和突发性，依据“安全第一、预防为主”的准则，本书介绍了一种实验室安全管理新范式——RAMP原则，旨在从化学实验室使用者的角度理解和学习实验室安全事故的防范方法。

RAMP原则包括：**R**ecognize hazards（识别危害），**A**ssess risks（风险评估），**M**inimize risks（风险最小化），**P**repare for emergencies/**P**rotect environment（应急预案/环境保护）。

R：识别危害，指的是识别实验室中可能引发有害或负面效应的各种物质或情境。如识别实验使用的化学试剂、反应条件、反应过程等，是否能引发化学品中毒、火灾、爆炸、外伤和辐射等伤害。

A：风险评估，是指暴露在有害物质或情况下，对人类健康产生的潜在不利影响进行系统性科学评估。如从暴露于危害中的可能性大小、化学品暴露的程度、后果严重性等角度，对化学实验室中已识别的危险源的风险等级进行评估。

M：风险最小化，根据风险的分级控制措施，可以从完全消除危害、部分替代危害、采取工程控制措施、采用管理控制措施和配备个人防护装备五个层次来进行安全管理，最大程度地降低和控制风险。

P：应急预案/环境保护，应急预案是针对可能发生的事故或灾害，为保证迅速、有序、有效地开展应急与救援行动、降低事故损失而预先制定的计划或方案。如针对化学品中毒、灼伤、火灾等事故制定应急处理方案。环境保护主要考虑的是对环境危害类化学品的处理，如化学品泄漏的处置方法、实验废弃物的收集与处理等。

RAMP原则的目的就是帮助实验人员在真正事故发生之前，分析、评估可能发生的各种情况及相应的风险等级，并储备合理的处理方案，增强个人安全防护意识，为自己、为他人提供一个安全的学习和工作环境。

本书最后附有学生在化学实验室安全课程中运用RAMP原则针对一些化学实验进行的案例分析，可作为参考。实验室安全教育工作任重而道远，本书还有很多地方需要提高和完善，我们将不忘初心，继续努力。

编者

2023年3月